KB026998

우리 몸에 완벽한 식사

케토채식

KETOTARIAN
The (Mostly) Plant-Based Plan to Burn Fat, Boost Your Energy, Crush Your Cravings, and Calm Inflammation by Will Cole
Copyright ⓒ 2018 by Will Cole
All rights reserved.

This Korean edition was published by Taste Books in 2020 by arrangement with Kaplan/Defiore Rights through KCC(Korea Copyright Center Inc.), Seoul.
이 책은 (주)한국저작권센터(KCC)를 통한 저작권자와의 독점계약으로 테이스트북스에서 출간되었습니다.
저작권법에 의해 한국 내에서 보호를 받는 저작물이므로 무단전재와 복제를 금합니다.

우리 몸에 완벽한 식사

케토채식

KETOTARIAN

닥터 윌 콜

정연주 옮김

taste BOOKS

추천사

"강력하고 유용한 방식을 탄생시키기 위해서는 한두 명의 천재만 있으면 된다. 윌 콜 박사는 《케토채식》을 선보이면서 천재의 면모를 아낌없이 드러냈다. 이는 새로운 물결이 될 것이다. 내가 먼저 생각해내지 못했기에 질투가 나기도 하지만 이 똑똑하고 훌륭한 의사 덕분에 모두가 건강해질 수 있으니 얼마나 행복한지 모른다."

베스트셀러 《클린Clean》의 저자이자 의학박사 알레한드로 융거Alejandro Junger

"윌 콜 박사가 케토제닉을 제대로 손봤다! 케토채식은 우리를 건강하게 만들어줄 새롭고 신선한 식습관이다. 채식과 케토제닉의 장점만 모아서 치유력과 맛, 두 가지를 끌어올렸다."

《흙을 먹자Eat Dirt》의 저자이자 자연의학 의사 조쉬 액스Josh Axe

"식습관의 판도를 완전히 뒤바꿀 책이다. 케토제닉과 채식에 대해 알고 싶다면 다른 책을 찾아볼 필요도 이유도 없다."

〈뉴욕타임즈〉 베스트셀러 《새로운 건강의 규칙The New Health Rules》의 저자이자 의학박사 프랭크 립맨Frank Lipman

"윌 콜 박사의 《케토채식》은 누구나 식단을 바꿀 수 있는 최고의 방법이다. 최고의 영양가를 가진 음식을 치유력이 높은 레시피로 제시한다. 다른 방법은 생각하지 말자. 우리에게 필요한 바로 그 책이다."

작가이자 라이프스타일 블로거, 기업가 로렌 스크러그스 케네디Lauren Scruggs Kennedy

"나는 몇 년 동안 건강을 되찾을 방법을 찾아 헤맸다. 내 몸을 제대로 돌보고 집에서도 밖에서도 다시금 건강한 기분을 느낄 수 있게 된 것은 최적의 건강법을 알려준 윌 콜 박사 덕분이다."

《정확하게 겨냥하라Aim True》의 저자이자 국제 요가 강사 캐슬린 부딕Kathryn Budig

"비건과 베가쿠아리언으로 23년이 넘게 살아온 덕분에 의식적인 식사를 실천한다는 것이 얼마나 큰 도전인지 잘 이해하고 있다. 케토채식은 과학에 기반을 둔 간단한 건강법으로, 최적의 건강 상태를 달성하고 유지할 수 있도록 도와준다. 인류와 지구를 위한 패러다임의 변화를 이끌어가는 윌 콜 박사에게 깊은 감사를 보낸다."

《건강한 아이, 건강한 세상Healthy Child Healthy World》의 저자이자 어니스트컴퍼니의 공동 창립자 크리스토퍼 개비건Christopher Gavigan

"윌 콜은 지식이 풍부하고 함께 일하기 즐거운 기능의학 전문가다. 《케토채식》은 큰 변화를 느끼고 싶은 사람이라면 반드시 읽어야 할 책이다."

《글로우 팝Glow Pops》의 저자이자 마인드바디그린의 선임 푸드에디터 리즈 무디Liz Moody

"윌 콜 박사는 제대로 된 식이요법을 통해 자신에게 투자를 하는 방법을 알려준다. 건강이 우리의 재산이니까. 케토채식은 우리의 미래까지 책임지는 아름다운 방법이다."

배우 켈리 러더포드Kelly Rutherford

"내가 존경하는 콜 박사는 인류의 건강을 알려주는 사상적 선도자다. 케토채식은 서구 세계에 닥친 건강 위기에 대한 해결책이다. '비울수록 풍요로워진다'는 교훈을 다시금 깨닫게 해주는 책이다."

《채식 해결책The Plant-Based Solution》의 저자이자 의학 박사 조엘 칸Joel Kahn

"건강은 아는 것이 힘이다. 콜 박사는 병원에 찾아오는 환자에게 두뇌와 신진대사, 호르몬을 최적화하는 데 필요한 모든 정보를 제공한다. 건강한 삶이란 하나의 스펙트럼으로 존재한다. 특히 여성이라면 '건강'과 '진단성 질환' 사이를 아주 미세한 경계선이 가르고 있다는 점을 이해할 것이다. 이 책을 통해 절벽 끝에서 돌아설 수 있는 멋진 기술을 만나보자."

굽Goop의 홍보총책임자 엘리스 로넨Elise Loehnen

"영양 케토시스의 수많은 장점을 누리기 위한 케토채식은 나를 행복하게 만든다. 또한 케토채식은 자신을 서서히 죽이는 위험한 다이어트로부터 사람들을 구제한다!"

베스트셀러 《명료한 케토제닉Keto Clarity》과 《케토식 치료법The Keto Cure》의 저자 지미 무어Jimmy Moore

---

"세상 모든 사람에게 맞는 식단은 없다고 굳게 믿어왔지만, 콜 박사는 《케토채식》을 통해 염증을 줄이고 두뇌 기능을 체계적으로 개선하며 호르몬 상태를 조화롭게 만들면서 동시에 놀랍도록 맛있고 다채로운 음식을 먹을 수 있는 식이요법을 고안해냈다."

《두드푸드Dude Food》의 저자이자 셰프 댄 처칠Dan Churchill

"콜 박사의 새로운 책 《케토채식》은 우리가 꼭 지켜야 할 식단과 현재 겪고 있는 질환을 퇴치하는 법에 대한 과학적 정보를 이해하기 쉽게 풀어낸다. 특정 식품이 자신에게 미치는 영향을 이해하는 것은 매우 중요한 일이다. 이 책은 넓은 통찰력으로 그 영향과 문제의 해답을 알려준다."

《5일간의 자연 식품 해독법The 5-Day Real Food Detox》의 저자이자 웰니스 전문가 니키 샤프Nikki Sharp

---

"케톤 연소는 육류의 과다 섭취라는 걱정거리 아래 가려져 있던 케토제닉의 굉장한 장점이다. 나는 이 책이 정말 마음에 들면서도 의아스럽다. 이렇게 똑똑하고 건강한 '케토채식'이라는 개념이 이 세상에 존재할 수 있다니! 그 답이 궁금하다면 윌 콜 박사의 맛있고 영양가 넘치는 이 책을 반드시 읽어보자!"

뉴욕주 컬럼비아대학 정신과 임상 조교수이자 의학박사 드류 램지Drew Ramsey

"나는 이 책을 비만과 제1형 및 제2형당뇨병 등 신진대사 질환, 신경계 및 통증 질환 등 염증과 통증을 줄여야 하는 환자와 자가면역질환과 연관돼 있는 근골격계 문제를 가진 환자를 위한 자료로 사용할 것이다. 콜 박사는 복잡한 생화학과 생리학 및 최신 연구결과를 알기 쉽게 설명하면서 명확하고 직관적인 해결책을 제시한다. 일반 채식이나 케토제닉 식단을 지키고 있지만 체중 감량과 건강 개선에 어려움을 겪고 있다면 케토채식을 시작해보자."

크리스탈클리닉 척추 웰니스 센터 의료 디렉터이자 정형외과 척추외과 의학박사, 제1형당뇨병 환자이기도 한 캐리 둘러스Carrie Diulus

Contents

아침 식사

저녁 식사용 달걀 요리

샐러드와 사이드 메뉴

스무디와 건강차, 간식

Intro
duction

케토채식

케토채식

〔명사〕

케토제닉과 채식을 융합한 새로운 슈퍼 식단.

〔형용사〕

1 맛있고 건강한 지방과 채소를 조합한 식단으로 신진대사 및 두뇌, 호르몬 등 전반적인 건강 상태를 최적화한다.

2 당 대신 지방을 연소하는 방식으로 신진대사를 변화시켜 음식에 대한 집착에서 벗어난다.

《케토채식》은 건강을 추구하고 몸에 좋은 식습관을 지키고자 하는 사람들을 위한 새로운 안내서다. 몸에 해로운 다이어트는 집어치우고 제대로 건강해지고 싶은 사람을 위한 방법을 제시한다. 체중을 감량하고 음식에 대한 갈망을 다독이며 염증을 가라앉히고 활력 넘치는 인생을 살기 위해 먹어야 할 것과 먹지 말아야 할 것을 나누고 제대로 된 식사를 할 수 있도록 새로운 매뉴얼을 소개한다.

잠시 유행하고 지나갈 다이어트 식단을 시도하고 요요 현상을 겪는 지겨운 반복은 이제 그만두자. 체중을 줄여서 건강해지려고 애쓰는 대신 건강을 되찾아서 체중을 줄이도록 하자. 체중 감량과 유지는 건강을 얻으면서 자연스럽게 따라오는 부산물이어야 한다.

우리는 손끝만 움직이면 방대한 양의 정보를 접할 수 있는 시대를 살고 있다. 그 양날의 검은 건강이란 무엇인가를 열심히 알려주는 동시에 무엇을 먹어야 할지에 대해서 상충되는 정보의 소용돌이 속으로 우리를 밀어 넣는다. 실로 변덕스럽고 혼란스럽다.

최적의 건강 상태를 유지하는 최고의 방법은 무엇일까? 팔레오 다이어트Paleo Diet(원시시대의 식습관을 모방하는 식이요법으로 육류와 채소를 많이 가공하지 않은 형태로 섭취한다-옮긴이)나 앳킨스 다이어트Atkins Diet(케토제닉 등 소위 '저탄고지' 다이어트의 원조-옮긴이)처럼 육류 섭취량이 많은 식습관을 고수해야 할까? 동맥이 막히고 살이 찌지 않을까? 어쩌면 식물성 음식만 먹는 채식주의나 엄격한 비건이 해답일지도 모른다. 하지만 비타민B군이나 철분 같은 영양소 결핍에 시달리지는 않을까? 채식을 하면 콩이나 곡물 등에 주로 의존하게 되는데 그게 정말 건강에 이로울까?

《케토채식》은 음식을 약처럼 사용해 신체의 모든 시스템을 최적화하는 방법을 알려준다. 케토채식을 하면 우리의 두뇌와 호르몬, 신진대사가 모두 활발해진다. '믿을 수 있을까?'라고 생각하는 사람도 있겠지만, 나는 미국에서 최고라는 평을 듣는 선도적인 기능 의학 개업의로 전 세계 수천 명의 환자를 검진했다. 그리고 우리가 먹는 음식 중에 효과가 있는 것과 그렇지 못한 것을 확인했다. 수년간의 임상경험을 통해 맛있는 음식을 약으로 활용하는 방법을 깨달았고 그 내용을 글로 정리했다.

케토제닉에 대해서 이미 들어본 사람도 있을 것이다. 케토제닉은 저탄수화물과 적당한 단백질, 고지방을 강조하는 식습관으로 웰니스Wellness 열풍을 불러일으키고 있다. 신진대사를 지방을 연소하는 발전소로 탈바꿈시켜서 수년간 아무리 노력해도 꿈쩍하지 않던 체중을 효과적으로 감량시킨다. 물론 체중 감소와 더불어 두뇌 기능 개선 및 현대사회 구성원이 직면하고 있는 만성적인 건강 문제의 근본 원인인 만성염증 감소에도 효과가 있다.

문제는 케토제닉 식단을 따르는 사람 대부분이 공장식 사육으로 생산한 가공육 및 베이컨, 소고기, 치즈, 유제품을 소비한다는 것이다. 이런 식품에는 항생제와 호르몬이 잔뜩 들어 있지만 케토제닉 전문가는 '저탄수화물과 고지방'에 맞다는 이유만으로 큰 문제가 없다고 일축해버린다. 또한 기존의 케토제닉 식단은 '저탄수화물'이라는 이름 아래 아스파탐과 수크랄로스, 다이어트 음료 등의 인공감미료를 허용한다. 수많은 건강 문제를 일으키는 물질이더라도 저탄수화물이기만 하면 케토제닉 식단에 속하는 것이다. '저탄고지'라는 다량영양소 비율만 맞추면 뭐든지 먹어도 좋다. 심지어 음식의 질보다 다량영양소의 비율에만 집착하는 탓에 탄수화물 함량이 높은 채소를 두려워하고 피하는 사람도 있다. 이것이 기존 케토제닉 식단의 가장 큰 문제점이다.

그렇다면 비건과 채식 식단을 살펴보자. 케토제닉과 전형적으로 대조되는 식단으로 저지방과 고탄수화물이 특징이다. 채식을 옹호하는 사람은 고기와 유제품 등 동물성 식품을 피하면 질병을 예방하고 심장 건강이 좋아질 뿐만 아니라 지구 환경에도 이롭다고 주장한다. 또한 육류 대신 채소를 선택하면 탄소발자국이 줄어서 기후변화를 막을 수 있다고 한다. 케토제닉과 반대로 비건이나 채식은 저지방, 적당한 식물성 단백질, 고탄수화물 식단을 권장한다. 두 식단은 극과 극인 셈이다. 나의 경험에 따르면 비건이나 채식 환자의 경우 '채식'이라는 이름 아래 실제로는 빵과 파스타, 콩, 비건 디저트 등 주로 탄수화물을 섭취하는 소위 '탄수화물주의' 식단을 영위하게 되는 문제가 있다. 빵을 먹지 않는 경우 콩단백질에 심각하게 의존하는데, 콩은 유전자변형식품에 속하며 에스트로겐 함량이 높다는 단점이 있다. 지구를 사랑한다면 이렇게 먹어야 한다고 굳게 믿으면서 소화기관이 약해지고 전반적으로 건강이 나빠지는 것을 무시하는 비건과 채식주의자를 한두 명 본 것이 아니다. 이제는 수많은 다이어트 학설과 유행하는 음식 트렌드를 버려야 할 때다. 정말로 건강에 이로운 것, 사실은 건강에 해로운 것은 무엇일까?

케토채식은 저탄수화물과 채식의 장점을 결합해 본의 아니게 잘못된 방식으로 각각의 식단을 고수하는 사람이 빠지기 쉬운 함정을 피했다. 케토채식 식단을 따르면 건강한 식물성지방과 깨끗한 단백질, 그리고 영양소 가득한 채소를 마음껏 즐길 수 있다.

염증의 시대

우리 사회에 염증의 폭풍이 일어나고 있다. 최소 5,500만 명의 미국인이 자가면역질환을 앓는 중이며 수백만 명이 자가면역염증 스펙트럼 사이에 속해 있고, 34초마다 누군가가 심장마비를 일으키며 놀랍게도 남성은 두 명 중 한 명, 여성은 세 명 중 한 명이 암에 걸린다. 안타깝게도 이 수치는 계속 증가하고 있다. 그러나 흔한 일이라고 정상으로 분류할 수는 없다. 이 정도 수준의 질병은 어디에나 존재하지만 당연히 정상은 아니다. 그리고 모든 질환에는 공통점이 있다. 염증이다.

면역체계가 균형 잡힌 상태라면 염증반응을 통해 목숨을 구할 수도 있다. 안정적인 염증 수치는 부상 및 감염을 치료한다. 반대로 면역체계의 균형이 깨지면 영원히 꺼지지 않는 불꽃이 돼 체내 모든 세포에 영향을 미친다.

불균형은 파괴를 낳는다. 변화하는 지구의 기후처럼 불균형한 면역체계는 만성질환과 자가면역이라는 형태로 신체의 방어 체계를 과열시켜서 건강한 시스템을 공격한다. 성인의 20% 정도가 진단이 가능한 정신장애를 가지고 있다.[1] 현재 염증성질환으로 판단되는 우울증은 전 세계적으로 여러 가지 장애의 주요 원인이 되고 있다. 불안장애는 4,000만 명 이상의 미국인에게 영향을 미치며, 알츠하이머는 미국인의 주요 사망 원인 중 여섯 번째를 기록했다. 한 보고서에 따르면 1979년 이후 두뇌 질환으로 인한 사망률이 남성은 66%, 여성은 무려 92%가 증가했다.[2] 자폐증 및 자폐증 스펙트럼장애ASDS도 단기간에 급증했다. 1970년에는 약 1만 명의 어린이 중 한 명이 자폐증인 것으로 추산됐으나 1995년에는 500명 중 한 명, 2001년에는 250명 중 한 명인 것으로 추산된다. 현재는 어린이 68명 중 한 명이 자폐증 진단을 받고 있다. 3세에서 17세 사이의 미국 어린이(약 1,500만 명) 다섯 명 중 한 명은 진단 가능한 정신적, 정서적 장애 또는 행동장애를 가지고 있다. 질병통제예방센터CDC 발표 결과 10대, 특히 소녀들의 우울증이 악화되고 있으며, 소녀들의 자살률은 최근 40년 중 가장 높은 상태다.[3]

미국은 OECD 국가 중 의료비 지출국 1위이며 10위까지 의료비 지출국의 비용을 전부 합한 것보다 더 많은 비용을 지출한다.[4] 수조 달러를 소비하는데도 건강한 삶을 영위하는 데 있어서는 선진국 중 마지막 순위에 머무르고 있다. 미국의학협회저널JAMA에 따르면 미국은 성인의 수명 손실 및 영아 사망률에 있어서도 13개 선진국 중 가장 최하위 국가다.[5] 또 다른 미국건강재단United Health Foundation의 보고서에서도 비슷한 결과를 확인할 수 있다. 여기서는 미국인의 평균수명을 다른 35개국의 평균수명과 비교했다. 미국은 1인당 더 많은 의료비를 지출하는데도 불구하고 비슷한 국가와 비교했을 때 27위를 차지했다.[6]

81%의 미국인은 하루에 적어도 한 종류의 약을 복용한다. 이제 처방약은 헤로인과 코카인보다 더 많은 사람을 죽이고 있다고 한다.[7] 미국의학협회저널에 따르면[8] 매년 10만 명 이상이 처방약을 '제대로' 사용하지만 사망한다. 과다 복용 또는 잘못된 약물 복용이 아니라 '올바른 약물'의 부작용 때문이다.[9] 이런 상황에서 지속적으로 성장할 것으로 예상되는 분야는 수십억 달러 규모의 제약산업뿐이다. 기능 의학에서는 약물 치료를 하지 않는다. 많은 사람이 약물 덕분에 생존하며 특히 응급치료 부문은 현대 의학의 발전 덕분에 수많은 생명을 구할 수 있었다는 것을 알고 있다. 그저 우리는 질문을 던질 뿐이다. 부작용을 최소화하는 가장 효과적인 선택지는 무엇일까? 어떤 상황에서는 약물이 이 기준에 맞아 떨어지기도 한다. 그러나 대부분 의약품은 해답이 되지 못하면서도 유일한 선택지에 속하고 만다.

우리의 DNA는 운명을 결정짓지 않는다

다양한 연구에 따르면 수명의 90% 이상이 유전학이 아닌 우리의 선택에 의해서 결정된다. 물론 특정 질병을 일으키는 유전적 소인을 물려받은 사람도 있지만(우리 대부분이 포함된다) 이런 특정 유전자는 후천적인 생활 습관으로 유발하지 않으면 발현되지 않을 수도 있다.

장수로 유명한 오키나와를 연구한 결과에 따르면 우리 대부분이 질병 없이 건강하게 100년 이상을 살아가지 못할 이유가 없다. 우리의 건강을 결정하는 것은 유전자와 환경 사이의 상호작용이다. 우리가 먹는 음식, 스트레스 수준, 수면, 활동, 그리고 독소에 대한 노출은 지속적이고 역동적으로 유전자 발현을 지시한다. 이는 우리 자신이 건강을 좌우할 수 있다는 책임감을 가지게 만드는 혁신적인 메시지다.

최고의 약은 수저에 담겨 있다

"음식을 약으로, 약을 음식으로 삼자"는 히포크라테스의 조언을 생각해보자. 현대의학을 창시한 인물의 발언이 실제로 의료계를 위협하고 있다는 점에서 인간이 얼마나 옆길로 새고 말았는지 깨닫게 된다.

오늘날 미국 의과대학에서는 4년간의 교육 과정 중 평균 19시간 정도의 영양 교육을 제공하고 있다.[10] 미국 의과대학의 고작 29%만이 의과대학 학생에게 25시간의 영양 교육을 제공하는 것이다.[11] 국제 청소년 의학 및 건강 저널의 연구에 따르면 소아과 연수 프로그램에 참여하는 의과대학 졸업생의 기본 영양 및 건강 지식을 평가한 결과 이들은 질문 18개 중 고작 52%만 정확하게 답했다.[12] 즉, 대부분의 의사는 영양 부문에서 낙제점을 맞는 것이다. 이 점을 알게 되면 어째서 기능 의학에 종사하는 사람이 건강을 위해 음식을 활용하는 방법을 공부하는지 쉽게 이해할 수 있다.

주류 의학에서 건강한 음식에 대한 안내를 기대하는 것은 차량 정비공에게 정원 가꾸기에 관한 조언을 구하는 것과 마찬가지다. 현장에서 제대로 훈련을 받지 않은 사람에게 알맞은 조언을 얻을 수는 없다. 주류 의료계에서 뛰어난 의사는 질병을 진단하고 그에 해당하는 의약품을 찾아내는 훈련을 받는다. 이런 약물 찾기 게임으로 효과를 볼 수도 있지만, 대체로 환자의 처방약 목록만 길어지고 건강 문제는 오히려 커지기도 한다.

제약산업이 정부 및 기존 의료 정책에 영향을 미치기 때문에 음식을 활용해 신체를 치유하는 것이 주류 의약의 우선순위가 아니라는 점은 비밀이라 할 것도 없다. 한 번이라도 병원에서 환자식을 먹어보았다면 누구나 깨달을 수 있는 진실이다. 더욱이 미국 현행법에 따르면 음식이 사람을 치료한다고 말하는 것은 불법이다. 정말이다. '치료Treat', '치유Cure', 그리고 '예방Prevent'이라는 단어는 사실상 미국식품의약국FDA과 제약산업이 소유하고 있기 때문에 의료계에서는 오직 약물을 설명할 때만 이 단어들을 언급할 수 있다. 이것이 우리가 살고 있는 조지 오웰식 세상이다. 그 어느 때보다도 의료계에 많은 비용을 지출하고 있는데도 건강 문제는 증가하는 중이며, 약이 아닌 일상에서 건강을 추구하는 행동은 급진적이라고 평가받거나 돌팔이 의사라는 꼬리표를 달게 만든다.

만성염증이 편재하는 지금, 자신의 염증 수준이 어느 정도이며 그 원인은 무엇인지를 파악하는 것은 무척 중요하다. 오늘날 만성염증의 가장 흔한 원인은 우리가 먹는 설탕, 그리고 당으로 변하는 가공 및 정제된 탄수화물 때문이다.

같은 행동을 반복적으로 하는 행위를 광기라고 정의한다. 물론 이 글을 읽는 당신이 미쳤다고 말하는 것이 아니다. 이는 하나의 문화이자 집단적 결정을 통해 우리에게 생긴 의도치 않은 결과물이다. 다른 결과를 얻고 싶다면, 행동을 달리해야 한다.

당 vs 지방: 어떤 영양소를 연료로 삼고 있는가?

오늘날 서양식 표준 식단은 형태만 다를 뿐 결국 한 가지 재료가 중심이다. 바로 설탕이다. 정크푸드의 정제 탄수화물부터 빵, 파스타, 과일, 주스에 이르기까지 설탕은 우리가 먹는 음식의 대부분을 구성한다. 과연 설탕이 두뇌와 신진대사, 신체에 좋은 에너지원일까?

사람은 당 연소 상태가 되면 피로, 호르몬 불균형, 면역기능 장애, 두뇌 및 신진대사 문제 등의 건강 문제가 생긴다. 달콤한 음식이나 곡물 기반으로 이루어진 끼니에서 다음 끼니로 이동하는 사이 제대로 당이 보충되지 않으면 '허기져서 분노가 치밀어 오르는' 상태가 된다. 건강하고 깨끗한 식사를 하는 사람도 이런 혈당 롤러코스터에 얽매일 수 있다.

반면 당이 아닌 지방을 주요 에너지원으로 삼는 케토제닉은 두뇌 건강에 도움을 준다. 건강한 지방은 많은 이가 겪었던 혈당 롤러코스터와 달리 느리고 지속 가능한 형태의 에너지원이다. 이 점을 제대로 깨우친 분야는 생물학이다. 우리는 아기일 때부터 두뇌 발달과 에너지를 위해 모유 형태로 지방에 의존하며 생존했다. 결론적으로 우리의 두뇌와 신체가 제대로 작동하려면 많은 에너지가 필요하다. 그리고 생물학적 관점과 진화적 관점에서 보았을 때 두뇌 건강을 위한 가장 지속 가능한 형태의 에너지는 좋은 지방이다.

케토제닉은 인체가 갖춰야 할 자연스러운 상태다. 이제부터 신진대사를 다시 프로그래밍하는 방법을 배우게 될 것이다. 기계를 초기화하듯이 우리 또한 당 연소에서 본래 인체가 작동하도록 설계된 방식인 지방 연소로 전환할 수 있다. 지방을 신체의 에너지로 사용하면 마치 불 속의 장작처럼 천천히 타고 오래간다. 우리가 먹는 곡물과 설탕은 마치 불쏘시개처럼 금방 타오르고 훅 가라앉아 연기밖에 남기지 않는 강렬한 불꽃처럼 기능한다. 즉, 지방 혹은 케토 적응화에 성공하면 두뇌와 신진대사에 하루 종일 이어지는 에너지를 제공하고 음식에 대한 갈망을 퇴치할 수 있다는 뜻이다. 다이어트가 실패하는 가장 큰 이유 중 하나는 음식에 대한 격렬한 갈망 때문이다. 케토채식에서는 이 점이 전혀 문제되지 않는다.

순식간에 폭발했다가 추락하게 만드는 에너지만을 제공하는 음식에 집중하는 대신 우리 신체에 이로운 음식의약에 초점을 맞추자. 케토채식 식단을 따르면 오늘부터 당장 활력을 되찾을 수 있다. 연료로 사용되는 건강한 지방뿐만 아니라 피로를 퇴치하고 신진대사를 개선하는 최고의 음식을 함께 소개한다. 다이어트를 할 때 우리는 의지력과 칼로리 때문에 실패한다. 우리는 다이어트를 버리고 건강을 찾아야 한다. 신진대사를 지방 연소 상태로 전환해야 한다. 지방을 연소해 에너지를 만드는 케토에 적응하면 끊임없이 음식을 갈구하는 기분과 요요 현상을 넘어설 수 있다. 케토채식주의자는 배부르게 음식을 먹고, 또 만족한다. 그래서 케토채식은 지속 가능하고 현실적인 생활 방식이다.

케토채식을 따르면 소화가 쉽지 않은 염증성 일반 육류와 거부 반응을 일으키는 사람이 많은 유제품 등을 먹지 않고도 케토제닉 특유의 두뇌 기능 강화와 지방 연소, 호르몬 치유, 활력 충전이라는 이점을 온전히 누릴 수 있다. 또한 케토채식 생활 방식은 단발성 에너지를 얻기 위해 탄수화물에 의존하지 않으면서 채식 식단의 이점을 경험할 수 있다. 혈당 롤러코스터에서 내려와 환상적인 기분을 만끽해보자. 케토채식은 염증 수치를 낮추고 해독 경로를 정화하며 건강한 장내 미생물군에게 먹이를 공급하는데, 이는 최적의 건강을 확보하기 위한 필수 요소다.

이 책에서는 케토채식이 건강하게 장수하기 위한 가장 효과적인 방법이라는 것을 최첨단 연구 결과를 통해 알아볼 것이다. 또한 내가 즐겨 먹는 간단하고 맛있는 케토채식 레시피도 소개한다. 최고의 컨디션으로 건강을 유지하는 케토채식 지방 연소 인간이 되려면 무엇을 먹어야 하는지 정확히 알려줄 것이다.

케토제닉과 채식의 장점을 통합

케토채식은 케토제닉과 채식의 장점만 모아 정립한 모두를 위한 식이요법이다. 케토채식 식단은 다음 조건을 충족시키는 맛있고 만족스러운 음식으로 이루어져 있다.

- **채식 기반**_ 케토채식 레시피는 대부분 비건 또는 채식에 속한다.
- **팔레오/원시 다이어트 친화적**_ 케토채식은 모두 진짜 음식으로 구성돼 있으며 원칙상 콩류와 유제품, 글루텐, 곡물을 배제한다.
- **자가면역 친화적**_ 이 책에서는 자가면역 프로토콜Autoimmune Protocol, 즉 AIP로 통칭한다. 대체로 견과류와 가지과, 달걀을 배제한 레시피다.

케토채식은 체중 감량, 음식에 대한 갈망을 극복, 활력 회복, 염증수치 감소를 원하는 사람을 위한 독특하고 신선한 식단이자 생활 방식이다. 대체 무엇을 먹어야 할지 혼란스럽고 짜증스러웠다면 이제 고민을 접을 때가 됐다.

음식으로부터의 자유와 평화

내가 낙관론이라면 사족을 못 쓰는 사람인 탓도 있겠지만, 이왕 함께 살아가게 되었다면 서로의 공통점을 찾아내고 차이점을 받아들이면 좋지 않을까? 주방과 식탁에서 먼저 변화를 만들어보자.
케토채식은 채식과 케토제닉 모두를 만족시키면서 통합하는 방법이다. 우리 자신과 우리가 사는 세상 모두를 치유하면서 지속 가능하게 만든다.
나에게 케토채식이란 음식보다 심오한 존재로, 자유와 동의어다. 우리에게 도움이 되지 않거나 기분을 나쁘게 만드는 음식으로부터의 자유, 끝없는 식욕과 갈망으로부터의 자유, 브레인 포그Brain Fog(머릿속이 안개가 낀 듯 멍해서 집중하기 힘든 증상-옮긴이)와 피로감으로부터의 자유, 요요를 불러일으키는 지속 불가능한 다이어트와 온갖 규칙으로부터의 자유, 음식을 둘러싼 죄책감으로부터의 자유이자 몸과 음식이 이루는 평화다. 이는 삶을 변화시키는 패러다임의 전환이다. 수치심과 죄책감만 남기는 다이어트 대신 끝내주게 환상적인 기분에 집중해보자. 우리의 신체를 살리는 것과 해치는 것을 제대로 구분한다면 음식으로부터 진정한 자유를 얻게 될 것이다. 그럼 이제 혁명을 시작해보자.

Part
1

케토제닉의 이해

이제 기초부터 차근차근 짚어보자. 케토제닉이란 저탄수화물, 고지방, 즉 저탄고지(LCHF)를 추구하는 식단이다. 우선 모든 저탄수화물 식이요법이 케토제닉은 아니다. 지방은 많이, 단백질은 적당히, 탄수화물은 적게 섭취하는 식으로 다량영양소를 조절해야 우리 신체를 케토시스Ketosis라고 칭하는 지방 연소 상태로 전환할 수 있다.

케토 원리 1:
지방을 에너지원으로 활용

평균적으로 미국인은 5일 동안 설탕 765g을 섭취하며, 이 중 대부분은 전혀 예상치 못한 데 있거나 낯선 명칭으로 숨어 있다. 1822년 당시 미국인이 5일 동안 섭취한 설탕량은 45g였다. 오늘날 미국인은 매년 59kg의 설탕을 추가로 섭취하고 있으며, 평생 1.6톤 정도의 엄청난 양을 먹고 있는 셈이다. 스키틀즈 캔디 170만 개, 또는 트럭 하나에 넣는 산업용 쓰레기 분량과 동량이다. 상상하기도 힘든 양이다.

길거리를 걸어 다니는 사람들 대부분은 탄수화물(당)을 연소시켜 에너지로 삼는다. 탄수화물을 포도당으로 분해하는 것은 가장 간단한 에너지원이며, 인슐린이 혈류를 따라 포도당을 운반하는 역할을 맡는다. 신체는 고혈당을 피하기 위해 당이 존재할 때마다 '연소시키는' 것을 우선순위로 삼는다. 신체가 연소시키지 못한 당은 간과 위장 주변의 지방 및 순환 지방(트리글리세라이드Triglycerides, 즉 중성지방)으로 저장된다.

하지만 케토제닉 식단의 지지자로서 증명할 수 있다. 당은 유일한 에너지원이 아니다. 당 대신 지방을 연소시키는 쪽이 훨씬 효율적이다. 탄수화물 섭취량을 낮추면 혈당 수치와 인슐린 수치가 낮아진다. 인슐린 수치가 정상일 때 에너지가 필요해지면 지방세포에서 지방산이 혈류로 흘러나오며 체내에서 베타 산화Beta-Oxidation 과정에 의해 대사된다.

베타 산화의 결과 아세틸코에이Acetyl-CoA 분자가 생성되는데, 지방산이 계속 방출되면 세포 내 아세틸코에이 수치가 상승한다. 이 과정이 신진대사의 순환 고리를 일으키면서 간 세포가 아세틸코에이를 케톤 생성에 사용해 케톤체를 생산하게 만든다. 그러면 이제 간이 케톤체를 혈류로 내보내 신체에 연료를 공급한다. 혈액 내 케톤 수치가 혈액뇌장벽을 넘을 정도로 높아지면 우리 두뇌는 케톤을 대체 에너지원으로 사용할 수 있다. 즉, 케톤이 두뇌를 위한 슈퍼푸드가 되는 것이다!
케토제닉은 신체에 음식을 공급하지 않고 굶는 것이 아니다. 신진대사를 더 나은 상태로 조정해서 케톤을 소비하는 것이다. 케토시스란 우리의 신진대사를 휘발유에서 하이브리드 엔진으로 전환시켜 더욱 효율적인 연료를 활용하게 만든다.
신체가 케토시스 상태로 바뀌면 혈류에 세 가지 형태의 케톤체가 존재한다.

- **제일 먼저 아세토아세테이트Acetoacetate가 생성된다.**
- **아세토아세테이트에서 베타하이드록시뷰티레이트Beta-Hydroxybutyrate가 생성된다.**
- **아세톤Acetone 또한 아세토아세테이트에서 생성된다.**

혈당 수치와 인슐린 수치가 낮고 건강하면 케톤은 두뇌와 신체에 필요한 에너지 대부분을 공급하는 주요 연료원이 된다. 케토제닉 상태일 때 혈류 내 케톤 수치는 섭취한 단백질과 탄수화물의 양에 따라 0.5~5mmol(밀리몰 농도) 정도다. 신진대사계의 약속의 땅, 영양 케토시스Nutritional Ketosis에 도착한 것을 환영한다.

| 케토시스의 장점 |

영양 케토시스는 건강에 좋은 영향을 미친다. 우리 몸이 케토시스 상태일 때 느낄 수 있는 장점은 무엇인지 알아보자.

- **체중 감량**

- 활력 증가
- 맑은 정신
- 혈압 개선
- 여드름 및 피부 문제 개선
- 전반적인 염증 감소
- 음식 갈망 억제
- 간질 환자의 발작 감소(또는 소멸)
- 일부 암 위험 감소
- 다낭성난소증후군(PCOS) 증상 반전 또는 개선
- 제2형당뇨병 반전 또는 개선

위의 장점에 대해서는 계속 자세히 알아보도록 하자. 건강한 케토제닉 생활 방식은 다음 끼니만 기다리거나 하루 종일 기력이 올라갔다 떨어지기를 반복하는 대신 일관성 있는 활력과 최적의 건강 상태를 유지하게 된다. 신체에 대한 통제권 또한 되찾는다.

| 배고파서 화가 난 적이 있는 사람, 모여라 |

케토제닉 상태란 신진대사 효율에 대한 문제다. 영양 케토시스에 안착한 사람은 하이브리드 차량처럼 지방을 연소시켜 에너지로 삼는다. 지방 적응화를 마치고 나면 연소를 천천히 진행해서 효율성 있게 지속 가능한 방식으로 에너지를 만들고 삶을 영위하게 된다. 즉, 내가 운전하는 내 몸이라는 자동차는 연료를 가득 채우지 않아도 오랫동안 순조롭게 작동하는 것이다.

당을 연소시켜 에너지를 얻는 것은 탁한 화석 연료를 연소시키는 것과 비슷하다. 연료통을 가득 채우지 않으면 금방 텅 빈 상태로 되돌아가면서 온갖 종류의 염증성 오염을 남긴다. 필요할 때마다 급하게 탄수화물이나 설탕을 채워야 할 뿐만 아니라 건강에도 좋지 않다. 우리 중 50%는 현재 당뇨병 전 단계 증상이거나 제2형 당뇨병을 앓고 있다. 실제로 두 명 중 한 명은 심각한 혈당 문제를 겪고 있으며, 한때 희귀했던 이 질환은 이제는 평범한 질환이 돼버렸다. 그러나 흔하다고 해서 이 상황을 정상으로 취급할 수는 없다.

혈당 문제는 수천 년간 변하지 않은 인간의 DNA와 설탕과 독성 가득한 세상 사이의 간극으로 탄생한 현대적인 증상이다. 우리가 매일 경험하는 혈당 롤러코스터는 결코 정상이 아니다. 혈당은 호르몬이나 면역체계, 장내 박테리아와 마찬가지로 너무 높지도, 너무 낮지도 않고 적당해야 한다.

| 혈당 문제의 핵심은 인슐린 저항성이다 |

오늘날 존재하는 대부분의 혈당 문제는 대체로 인슐린 저항성에서 기인한다. 이 문제는 정도에 따라 건강에 여러 해악을 미친다. 인슐린은 우리 몸의 세포로 하여금 혈당(포도당)을 흡수해 에너지 혹은 체지방으로 변환시키도록 지시하는 호르몬이다. 인슐린 저항성이 생기면 염증 혹은 독소로 인해 세포 수용체 부위가 둔화되고 막혀서 메시지가 제대로 수신되지 않는다. 신체는 다시 메시지를 보내기 위해 더 많은 인슐린을 생산하고 악순환이 이어진다. 그 결과 근육량이 감소하고 과도한 체지방이 붙는다. 살이 찌는 것도 충격이지만 더 중요한 것은 심장마비와 뇌졸중의 주요 원인 중 하나인 당뇨병으로 이어질 수 있다는 것이다.

모든 음식은 어느 정도 인슐린 생산을 자극한다. 하지만 주된 범인은 인슐린 스파이크의 주요 원인인 설탕과 탄수화물(단백질도 비교적 낮지만 어느 정도 영향을 미친다)이다. 만일 건강한 지방을 섭취하면서 탄수화물, 심지어 단백질도 제한하지 않는다면 인슐린과 포도당 수치가 낮아지지 않아 케토제닉의 장점을 제대로 누리지 못할 수 있다.

케토 원리 2:
지방은 우리의 친구

과거에 지방은 논란의 중심에 있었다. 느린 속도이기는 하나 지방 또한 건강을 유지하는 필수 영양소이며 무조건 질병을 촉진하고 동맥을 막는 악당이 아니라는 사실이 입증되고 있다. 지방에 대한 잘못된 정보와 끝없는 집중 포화는 오랫동안 지속돼 왔다. 오래된 신념은 쉽게 사라지지 않지만, 이제 우리는 콜레스테롤과 포화지방이 심장병을 유발하는 것이 아니라는 사실을 알고 있다. 이제 지방에 대한 오해를 풀어보도록 하자.

코코넛오일, 아보카도오일, 올리브오일, 기Ghee(인도 요리에 주로 사용하는 정제 버터의 일종–옮긴이) 등 건강한 지방을 채소와 함께 섭취하면 지용성비타민이 더욱 잘 흡수된다. 건강한 지방에는 비타민A, D, E 및 K_2와 같은 지용성비타민이 함유돼 있어서 영양분을 더 잘 흡수할 수 있게 만들어준다. 따라서 끼니마다 지방을 섭취하면 영양소를 흡수하는 능력을 북돋울 수 있다.

건강한 지방은 세포 건강에도 필수적이다. 신체를 구성하는 기반인 세포가 건강한 세포막을 만들기 위해서는 건강한 지방이 필요하다. 두뇌는 우리 몸에서 가장 살찐 부위로 60% 정도가 지방으로 이뤄져 있다. "내가 뚱뚱하다는 소리야?"라고 나를 공격하기 전에 변명을 하자면, 우리 모두는 태어날 때부터 머리에 살이 찐 상태로 자궁에서 벗어난 이후부터 두뇌 발달과 에너지를 위해 모유라는 지방에 의존한다.[1] 자신은 모유를 먹지 않고 분유를 먹었다고 말할 수도 있지만 분유에는 모유를 모방한 MCT, DHA, ARA 지방이 함유돼 있다.

또한 건강한 지방은 호르몬 균형 유지에도 도움이 된다. 세포 간 소통은 호르몬 건강의 핵심이다. 건강한 지방이 함유된 식단을 섭취하면 신체 전반에 소통 경로가 구축돼 호르몬이 전환되거나 필요한 곳에 도달하기 쉬워진다. 호르몬 균형은 기분과 신진대사, 체중 유지에 필수다.

우리의 세포와 호르몬, 두뇌는 최적의 기능을 위해서 지방에 의존하므로 장기간

저지방 식단을 유지하면 이들을 굶주리게 만드는 셈이다. 케토제닉의 대전제는 포도당보다 케톤에 의존해서 더욱 균형 잡힌 에너지원을 구축하는 것이다. 혈당과 인슐린을 건강한 수준으로 낮추고 케톤을 영양 케토시스 범위로 높이면 코르티솔 등 스트레스호르몬도 건강하게 유지할 수 있다. 나아가 염증의 균형을 유지하고 면역 체계에 영향을 미치는 스트레스까지 낮출 수도 있다.

건강한 지방은 세포 건강에도 필수다. 신체를 구성하는 기반인 세포가 건강한 세포막을 만들기 위해서는 건강한 지방이 필요하다.

| 건강한 지방과 해로운 지방 |

건강한 지방을 챙기려면 건강한 지방과 해로운 지방의 차이를 이해해야 한다. 일부 지방은 건강에 필수적인 반면, 그 외의 지방은 산화스트레스나 염증을 유발하고 오히려 건강에 나쁜 영향을 줄 수 있다. 지방은 네 가지 유형으로 구분한다. 단일불포화지방, 다중불포화지방, 트랜스지방, 포화지방이다.

- **단일불포화지방(MUFAs)**_ 이 지방은 실온에서는 액체지만 냉장고에 넣거나 차가워지면 단단한 고체가 된다. 올리브오일, 아보카도오일, 씨앗류 및 견과류 오일이 단일불포화지방에 속한다. 심장 건강 및 건강한 콜레스테롤, 뇌졸중 위험 감소, 인슐린 저항성 향상, 복부 지방 감소 등에 기여한다. 건강한 지방이 중요한 케토제닉 식단에서 반드시 갖춰야 할 필수품이다.
- **다중불포화지방(PUFAs)**_ 많은 사람들이 혼란스러워하는 지점이다. 정어리, 연어, 고등어 등 기름진 생선 및 아마씨나 호두 같은 견과류에서 발견되는 다중불포화지방은 우리 몸에 이롭지만, 일부 다중불포화지방은 우리 건강에 아주 해로울 수 있다. 피해야 할 종류는 유채씨유, 대두유, 홍화유 등 식물성 오일이다. 전자(오메가지방)는 천연 다중불포화지방이고 후자(식물성 오일)는 고도로 가공한 다중불포화지방이라는 차이가 있다. 천연 다중불포화지방은 건강한 콜레스테롤 수치를 개선하고 염증을 진정시킬 수 있지만 가공되거나 정제된 오일은 염증을 유발하고 지방질을 망쳐버린다. 정제된 오일은 최대한 피하도록 한다.

혈당 상태가 이상하다는 징후

혈당 문제가 있다는 것을 어떻게 알 수 있을까? 만일 아래 사항 중 하나 이상 해당된다면 혈당 수치를 확인해보자.

- 단것이나 빵, 페이스트리 등이 심하게 당긴다.
- 달콤한 음식을 먹어도 설탕에 대한 갈망이 완화되지 않는다.
- 끼니를 놓치면 짜증이 나고 '허기로 인한 분노'가 치밀어 오른다.
- 하루 종일 카페인이 필요하다.
- 끼니를 놓치면 살짝 어지럽다.
- 식사를 하고 나면 피곤하고 낮잠을 자야 한다.
- 체중 감량이 어렵다.
- 자주 지치고 몸살 기운이 느껴지며 신경 과민이 된다.
- 소변을 자주 본다.
- 자주 흥분하거나 화를 내고 긴장을 한다.
- 기억력이 예전 같지 않다.
- 시야가 흐릿하다.
- 허리둘레가 엉덩이둘레와 비슷하거나 더 굵다.
- 성욕이 약하다.
- 항상 목이 마르다.

위와 같은 증상과 혈당이 롤러코스터처럼 치솟았다가 떨어지는 상태를 감내하면서 살 필요는 없다. 이 책에 그 해결책이 담겨 있다. 어떻게 하면 날렵하고 친환경적인 지방 연소를 만들 수 있을까? 다음은 환자의 혈당 균형 상태를 평가하고 인슐린 저항성을 확인할 때 진행하는 검사 수치다.

- **혈청 인슐린** 최적 범위: <3uIU/mL
- **C펩타이드** 최적 범위: 0.8~3.1ng/mL
- **공복혈당** 최적 범위: 70~90mg/dL
- **Hgb A1C** 최적 범위: <5.3%
- **중성지방** 최적 범위: <100mg/dL
- **HDL** 최적 범위: 59~100mg/dL

- **트랜스지방**_ 의사와 어머니, 페이스북 친구들이 앞다투어 경고하는 바로 그 지방이다. 지방의 화학적 구조를 변경하고 수소를 더하면(부분수소화오일이라는 이름이 붙은 이유다) 유통기한이 늘어나는 동시에 위험성이 증가한다. 트랜스지방은 LDL콜레스테롤을 높이고 HDL콜레스테롤을 낮춰서 심장질환을 유발한다. 식료품점에서 가공 음식을 들고 상표를 읽으면 종종 '부분수소화오일'이라는 단어를 볼 수 있다. 마가린과 커피 크리머가 들어간 음식 및 쿠키, 케이크, 감자칩 등 과자류에서도 발견된다. 단가를 낮추고 유통기한을 늘릴 수 있어 자주 사용되지만 기업에서 절약한 비용은 의료비가 돼 소비자에게 전가된다. 레스토랑과 패스트푸드 체인점에서도 트랜스지방(고도불포화지방과 더불어)을 튀김용 기름으로 사용한다. 두말할 것 없이 완전히 피해야 할 지방이다. 만일 외식을 할 때 어떤 기름을 사용했는지 알 수 없다면 물어보자. 물건을 살 때는 상표를 읽자. 자신의 건강을 지키려면 우리에게 해를 끼치는 지방을 피하도록 노력해야 한다.
- **포화지방(SFAs)**_ 심장병의 원인으로 오해받고 부당한 비난을 받고 있는 포화지방은 사실 면역기능과 호르몬 건강, 세포 건강, 두뇌 건강을 위해 반드시 필요한 요소다. 포화지방의 종류에는 목초비육버터, 기(정제 버터), 코코넛오일, 달걀, 육류 등이 있다. 이 지방은 건강한 HDL콜레스테롤 수치를 높일 수 있다. 단일불포화지방과 달리 포화지방은 실온에서도 고체 상태를 유지한다.

지방 반대론자가 포화지방을 비난하기 위해 종종 인용하는 연구에서는 포화지방 섭취 증가를 심장질환이 아닌 콜레스테롤 수치 증가와 연관시킨다. 진실을 말하자면 총 콜레스테롤은 심장마비와 뇌졸중 위험을 평가하기에 정확하지 않은 예측 인자다. 연구 결과에 따르면 총 콜레스테롤 수치가 높아도 심장마비 및 뇌졸중 위험과 연관이 없을 수 있다.[2]

지방 반대론자는 코코넛오일 같은 포화지방을 옥수수 및 식물성 오일 같은 다중불포화지방으로 바꿔야 한다고 제안한다. 이들이 인용하는 자료는 수십 년 묵은 미네소타 관상동맥 실험이다. 하지만 최근 영국의학저널에 발표된 재평가 자료에 따르면 포화지방을 다중불포화 옥수수오일로 바꾼 연구 대상자의 경우 콜레스테롤 수치가 30포인트 내려갈 때마다 사망 위험은 22%가 증가했다![3] 심장마비 및 뇌졸중 위험에 관해서는 C반응성단백질(CRP)과 호모시스테인 등의 높은 염증지표, 낮은 HDL콜레스테롤 수치, 높은 중성지방 수치, 높은 소형 고밀도LDL단백질 운반체 수치 등이 더 정확한 예측 인자다. 그 외의 LDL아형은 HDL처럼 방어성이 있는 대형 부양성 입자, 비산화 및 비염증성 LDL입자다.

연구에 따르면 코코넛 등 건강한 음식에서 비롯된 포화지방은 HDL콜레스테롤을 높이고 중성지방 및 소형 LDL콜레스테롤 입자 수치를 낮춘다는 사실을 알아냈다.[4] 태평양 제도 주민들은 섭취 칼로리의 대부분이 총 콜레스테롤 수치를 높이는 건강한 포화지방으로 이루어져 있는데 대체로 '좋은' HDL콜레스테롤 수치가 높아졌다.[5] 영국의학저널에 실린 또 다른 메타 분석에서도 포화지방 섭취량 증가와 심장마비, 뇌졸중 및 사망 위험 증가 사이의 연관성을 발견하지 못했다.[6] 미국임상영양학저널American Journal of Clinical Nutrition에 실린 무작위 대조 시험에 따르면 포화지방 칼로리 비중을 높인, 풍부한 지방으로 구성된 식이요법은 심혈관대사질환 위험 요인을 낮추는 것으로 드러났다. 즉, HDL콜레스테롤은 상승하고 중성지방 수치는 감소하며 인슐린 민감성이 개선되고 혈당이 낮아졌다.[7] 총 콜레스테롤 수치가 200을 넘는다고 단순히 '나쁘다'고 판단하는 것보다는 총 콜레스테롤을 구성하는 계기판의 맥락과 질을 따지는 것이 더 중요하다. 나쁠 수도 있지만, 그렇지 않을 수도 있다. 코코넛오일 같은 포화지방은 콜레스테롤의 질을 향상시키면서 동시에 양까지 증가시킨다.

포화지방 섭취량과 콜레스테롤 수치를 낮춘다고 해서 심장마비가 감소하는 것은 아니라는 결과가 점점 더 많은 연구에서 나타나고 있다.[8] 코코넛오일 등 포화지방의 문제는 사람들이 이를 빵과 파스타, 달콤한 음식 등 정제 곡물(몸에서 당으로 변하는)과 함께 섭취하기 때문이다. 이런 '혼합 식사' 조합이 당의 염증을 증폭시킨다. 앞으로도 채소를 먹지 않고 탄수화물 그득한 정크푸드를 즐길 생각이라면 포화지방 섭취를 제한하도록 하자. 하지만 가능하면 양질의 진짜 음식(되도록 유기농으로)을 섭취할 것을 권장한다.

다섯 가지 종류의 케토제닉

케토제닉은 다섯 가지 종류로 구분할 수 있다.

| 표준 케토제닉 식이요법(SKD) |

케토제닉 생활 방식을 택하는 사람에게 가장 일반적이고 인기 있는 선택지다. 탄수화물 비중을 매우 낮추고 단백질을 적당히 섭취하며 고지방에 중점을 둔다. 원조 케토제닉을 전제로 하는 기본적인 내용이다. 가장 효과적이며 다른 식이요법에 비해 유지 및 관리가 편하다. 대체로 건강한 지방 75%, 단백질 20%, 탄수화물 5%의 비율로 구성된다.

| 고단백 케토제닉 식이요법 |

고단백 케토제닉은 SKD처럼 '저탄고지'지만 단백질 추가 섭취를 허용한다. 즉, 단백질을 10~15% 정도 더 섭취하고 건강한 지방을 동량만큼 줄인다는 차이점이 있다. 비율은 두 가지 방식으로 구성한다. 지방 60%에 단백질 35%, 탄수화물 5% 또는 지방 65%에 단백질 30%, 탄수화물 5%다.

| 순환식 케토제닉 식이요법(CKD) |

극단적으로 식단을 조절하는 운동선수나 보디빌더를 위해 설계한 순환식 케토제닉은 일반적으로 5일간 SKD를 진행한 후 2일간 탄수화물 로딩을 이어간다. 탄수화물 로딩(카보 로딩Carbo Loading)이란 탄수화물을 고비율로 섭취하는 것이다. 탄수화물 로딩을 며칠 잡을 것인지에 따라 변형이 가능하지만, 기본적인 전제 조건은 운동이나 보디빌딩 중에 손실되는 글리코겐 저장고를 보충하는 것이다.

| 목표성 케토제닉 식이요법(TKD) |

또 다른 운동선수형 케토제닉 접근법으로, 탄수화물을 이용해 운동을 최적화하는 것을 목표로 삼는다. 운동하기 30분 전에 1일 탄수화물 총 할당량을 전부 섭취하는 것으로, 순수한 메이플시럽처럼 빠르게 소화되는 탄수화물을 선택한다. 이 책에서도 탄수화물의 양을 조정하고 개별화하는 방법을 정확하게 알아볼 예정이다.

| 제한성 케토제닉 식이요법 |

사람들은 대부분 손 닿는 곳에 음식을 두고 있기 때문에 진정한 금식 기간을 갖는 일이 드물다. 제한성 케토제닉은 암이나 발작 장애 등 만성질환이 있는 사람에게 적용한다. 간헐적 단식과 탄수화물 섭취 제한을 병행해 섭식을 제한하는 방식이다. 신체가 케톤을 생산해서 포도당 생산이 감소되면 많은 종류의 암세포가 굶주리고 염증이 줄어든다. 간헐적 단식에 대해서도 자세히 살펴볼 예정이다.

케토제닉의 건강상 이점

케토제닉 또한 유행하는 다이어트의 하나로 치부하고 회의적으로 바라보기 쉽다. 우리 사회는 항상 새로운 '최고의 방법'에 집착하지 않는가? 하지만 케토제닉은 생화학에 기반하고 있으므로 근거 없이 유행을 따르는 다이어트법과 달리 제대로 따르기만 하면 올바른 효과를 누릴 수 있다.

케토제닉의 장점은 단순한 체중 감량을 넘어선다(물론 이 또한 확실한 장점 중 하나지만!). 사람마다 생화학적 특징이 다르므로 케토제닉의 긍정적인 결과 또한 다양한 모습으로 나타날 수 있으나, 전반적으로 느낄 수 있는 주요 이점은 다음과 같다.

| 미토콘드리아 기능 |

우리 신체는 에너지를 생산하기 위해 연료가 필요하다. 사람들은 수북한 파스타 한 접시를 먹어치우거나 그래놀라 한 개를 우물거리면서 탄수화물로 활력을 끌어올리는 방식에 익숙해져 있다. 당이 활력을 빠르게 올려준다는 점에는 논란의 여지가 없지만, 어느 정도 시간이 지나면 기운이 바닥까지 떨어진다.

케토시스는 우리 신체를 세포 DNA의 근원까지 파고들어 자연스럽게 타고난 상태로 돌려준다. 아기는 에너지를 얻고 성장하기 위해 곡물 형태의 당이 아닌 모유 형태의 지방에 의존한다. 우리는 케토시스로 삶을 시작한 다음, 사회 문화 속에서 고도로 가공된 달콤한 음식의 영향을 받으며 천천히 변화한다.[9]

미토콘드리아는 우리 신체 세포의 발전소다. 주로 세포 호흡을 담당하며 포도당 같은 영양소를 섭취해서 에너지로 전환시킨다. 세포는 에너지를 내기 위해서 음식 대사 과정을 통해 생성되는 아데노신3인산(ATP) 분자를 사용한다. 1단위의 당은 36개의 ATP 분자를 생성하는 한편 1단위의 지방은 48개의 ATP 분자를 생성한다. 간단히 말해서 지방은 설탕보다 많은 에너지를 제공한다. 실제로 케토제닉은 미토콘드리아 생체 생성, 즉 새로운 미토콘드리아 생산을 증가시키는 것으로 나타났다.[10]

아이스버킷 챌린지(얼음물을 뒤집어쓰는 영상을 촬영해 공유하며 다음 사람을 지목하는 식으로 SNS상에서 퍼진 이벤트-옮긴이)를 알고 있는가? 아이스버킷 챌린지 이벤트는 원래 루게릭병, ALS 등의 이름으로 알려진 근위축성측색경화증에 대한 연구를 지원하기 위해 시작됐다. ALS 환자는 미토콘드리아 활동이 감소되는 경향이 있는데, 케토제닉 식이요법을 통해 이를 개선할 수 있는 가능성도 있다.[11]

| 염증 감소 |

베타하이드록시뷰티레이트(BHB)와 같은 케톤은 단순한 연료를 넘어서 항염증 경로를 위조하고 지원하는 신호 분자이자 후생유전적 변조기다. 만성적인 전신 염증은 거의 모든 건강 문제에 영향을 미치는 눈엣가시 같은 존재다. 다양한 질병을 깊이 파고 들면 한 가지 공통점을 발견할 수 있다. 바로 염증이다. 불안, 우울증, 피로, 심장병, 자가면역질환은 서로 연관이 없는 건강 문제처럼 보이지만 사실 염증에 뿌리를 두고 있다.

염증이 본질적으로 나쁜 것은 아니다. 우리 신체가 바이러스에 감염되거나 상처를 입으면 급성염증이 발생해 손상된 조직을 치료하고 침입자와 싸우는 데 일조한다. 하지만 만성염증은 영원히 불타는 숲과 같아서 시간이 지날수록 건강 문제에 불씨를 당긴다. 너무 적으면 신체가 스스로를 방어할 수 없고 너무 많으면 자가면역질환에서 볼 수 있듯이 신체가 스스로를 공격한다.

현재 확인된 자가면역질환의 종류는 100종에 달하며, 추가적으로 40종 정도가 자가면역 요소를 지니고 있다. 의학이 발전하면서 더욱 많은 질병에서 자가면역 성분을 발견하게 될 테니 이 수치는 계속 증가할 수밖에 없다. 슬프게도 지금은 자가면역의 시대다. 그러나 무언가가 편재성을 지닌다고 해서 이 상태가 정상이라거나 우리에게 아무런 방법이 없다는 뜻은 아니다.

미국에서만 5,000만 명이 자가면역질환 진단을 받은 것으로 추정된다.[12] 이때 공식적인 진단 기준은 환자의 면역체계가 이미 신체를 상당히 파괴했다는 것이다. 예를 들어 자가면역 부신 문제 또는 에디슨병으로 진단을 받으려면 부신이 90% 정도 손상돼야 한다.[13] 또한 다발성경화증(MS) 등 신경학적 자가면역질환이나 위장성 자가면역질환인 셀리악병 진단을 받으려면 신경 및 소화기 계통에 주된 손상을 입어야 한다. 이 정도의 자가면역 염증 공격은 하룻밤 사이에 발생하지 않으며 이는 더욱 큰 자가면역 염증 스펙트럼의 마지막 단계다. 전반적으로 이 과정에는 세 가지 단계가 있다.

- **불활성 자가면역**_ 양성 항체 반응을 보이나 눈에 띄는 증상은 없다.
- **자가면역 반응성**_ 양성 항체 반응을 보이며 환자가 증상을 느낀다.
- **자가면역질환**_ 진단을 내리기에 충분할 정도로 신체 파괴가 진행됐으며 잠재적인 증상이 여러 가지 존재한다.

나는 기능 의학 센터에서 2단계에 이른 환자를 많이 접했다. 정식 진단을 받을 만큼 아프지는 않지만 자가면역 반응의 영향을 느끼는 중이다. 이 염증 스펙트럼 어딘가에 서 있는 사람은 의사를 찾아다니면서 수북한 검사 결과지와 약을 달고 살지만 그 성과는 전혀 누리지 못한다. 거의 이런 말을 들을 뿐이다.

"음, 아마 몇 년 후에 루푸스를 앓게 될 겁니다. 그때 다시 찾아오세요."

진단명을 받을 수 있을 정도로 건강이 악화될 때까지 아무런 대처 없이 마냥 기다리기만 한다면 무슨 의미가 있을까? 그 정도로 악화되고 나면 스테로이드나 면역 억제제라는 선택지가 남을 뿐이다. 분명 그보다 나은 대처법이 있다. 영양분의 치유력을 이용해서 신체를 치료하는 기능 의학이 그중 하나다.

케토제닉은 만성적인 염증을 담당하는 기타 메커니즘을 조절하는 데 있어서 놀라운 역할을 한다. 예를 들어 Nrf-2 경로는 항산화 유전자 유도를 조절하고 세포 기능과 염증 외에도 항산화 및 해독 경로를 담당하는 유전자를 켜준다. Nrf-2 경로가 최적의 수준으로 기능하면 염증이 진정되고 상태가 나빠지면 염증이 발생한다. 이때 영양 케토시스로 생성된 케톤은 Nrf-2 경로 및 강력한 항염증성 사이토카인 IL-10을 상향 조절하고 전염증성 사이토카인을 하향 조절한다.[14]

영양 케토시스 상태인 신체가 연료로 사용하는 케톤은 염증과 싸우는 강력한 슈퍼 히어로다. 베타하이드록시뷰티레이트는 감염과 조직 손상 및 대사 불균형에 의해서 유발되는 염증성 단백질로 염증을 활성화시키고 광범위한 자가면역성 염증 질환에 연관된 NLRP3 염증조절복합체(Inflammasome)를 억제함으로써 염증에 영향을 미친다.[15]

또한 베타하이드록시뷰티레이트는 에너지 균형 조절에 관여하는 중요한 AMPK 경로를 활성화하고 신체의 염증성 NF-kB 경로를 억제해 염증을 줄일 수 있다.[16] 또한 COX-2 효소를 억제함으로써 비스테로이드성 항염증제인 이부프로펜Ibuprofen과 비슷한 영향을 미친다.[17] 이 효소에는 원래 COX-1과 COX-2의 두 가지 형태가 있다. 이부프로펜은 두 가지 효소를 모두 차단하지만 체내에서 염증 문제를 일으키는 것은 COX-2다. 반면 COX-1은 위장 내벽에서 발견된다. 이부프로펜이 장누수증후군 발생과 연관이 있는 이유가 바로 이 때문이다. 케토시스는 소화기에 나쁜 영향을 미치지 않으면서 이부프로펜의 이점을 누리게 한다.

| 자정작용 스위치 켜기 |

케토제닉의 또 다른 이점은 영양 케토시스가 자식自食작용을 증가시킨다는 것이다.[18] 말 그대로 '스스로를 먹는다'고 설명하는 자식작용은 신체의 자연스러운 청소 및 재활용 시스템이다. 자식작용을 통해 체내의 건강한 세포는 질병에 걸리고 기능에 문제가 생긴 세포를 사냥한다. 건강한 세포가 손상된 세포를 사냥한 다음 에너지로 사용하거나 재활용한다.

자식작용은 우리 세포를 더욱 강하고 효율적으로 만드는 방법 중 하나다. 케토제닉과 간헐적 단식은 자식작용을 증가시키는 가장 좋은 방법이다. 자식작용을 건강하고 활동적인 수준으로 유지하면 염증 수준이 균형을 유지하고 노화와 질병까지 방지한다. 정말 마음에 드는 이론이다.

| 신경학적 개선 |

체내 콜레스테롤의 25% 정도가 두뇌에서 발견된다.[19] 두뇌의 60%는 지방으로 구성돼 있다.[20] 곰곰이 생각해보자. 우리 두뇌의 절반 이상이 지방이다! 우리에게 익숙한 '저지방이 최고다'는 두뇌를 구성하는 주재료를 고갈시키는 발상인 것이다. 콜레스테롤 강하제인 스타틴Statin의 잠재적 부작용이 두뇌 문제와 기억력 저하인

것은 우연이 아니다.[21]

위장과 두뇌는 자궁 내에 있을 때 동일한 태아 조직에서 형성되며, 장뇌축과 미주신경을 통해 평생 특별한 유대 관계를 유지한다. 행복 신경전달물질인 세로토닌의 95%가 장에서 생성되고 저장되는 것만 봐도 위장이 두뇌 건강에 영향을 미치지 않는다고 우길 수 없다.[22] 의학에서도 위장은 '제2의 두뇌'로 알려져 있으며, 인지 기능 사이토카인 모델 연구는 전 영역에 걸쳐 만성염증과 부실한 위장 건강이 두뇌에 미치는 영향을 파악하는 데 전념하고 있다.[23]

만성염증은 장 투과성을 증가시킬 뿐만 아니라 혈액뇌장벽 파괴를 유발한다. 이 보호 기능이 손상되면 면역체계가 과열되면서 두뇌염증을 유발한다.[24] 염증은 우울증 환자의 전두엽에서 뉴런의 점화율을 감소시킬 수도 있다.[25] 따라서 근본 문제를 해결하지 못하고 항우울제만 복용한다면 큰 효과를 보지 못할 것이다. 또한 두뇌 시상하부 세포에서 발생하는 동일한 염증성 산화스트레스는 브레인 포그의 잠재적 요인 중 하나다.[26]

신생 과학계에서는 자폐증과 주의력 결핍/과잉행동장애(ADHD), 양극성 장애, 정신분열증, 불안, 우울증 등 두뇌 관련 문제가 생겼을 때 약물 복용보다 케토제닉이 효과적일 수 있다는 사실을 증명하고 있다.[27] 케토제닉을 통해 두뇌와 장의 염증을 진정시킬 수 있을 뿐만 아니라 장내 미생물군까지 개선할 수 있다.[28]

케톤은 혈관뇌장벽을 넘어서 두뇌에 강력한 연료를 공급해 정신을 맑게 하고 기분을 개선시킨다. 혈관뇌장벽을 넘어서는 능력과 타고난 항염증성 덕분에 외상성뇌손상(TBI) 및 퇴행성신경질환 개선에 놀라운 치유력을 발휘하기도 한다.[29]

케토채식의 건강한 지방군에 속하는 코코넛의 중쇄중성지방(MCTs)은 베타하이드록시뷰티레이트 수치를 증가시키고 알츠하이머병 환자의 기억 기능을 향상시키는 것이 입증됐으며[30] 파킨슨병 환자의 신경 퇴화를 예방하기도 한다.[31] 특히 자연산 생선 등 다중불포화지방이 풍부한 식이요법은 알츠하이머병이 60% 감소하는 현상과 관련이 있었다.[32] 파킨슨병 환자에 관한 또 다른 연구에 따르면 케토제닉을 지속하고 1개월 만에 증상의 심각성이 43% 개선됐다.[33] 또한 케토제닉은 자폐증

염증 측정

자신의 염증 상태를 확인하고 싶다면 다음과 같은 검사를 진행해보자.

- **C반응성단백질(CRP)** 염증성단백질이다. 또 다른 전 염증성단백질 IL-6를 측정하는 대리 지표이기도 하다. CRP와 IL-6 모두 만성염증 건강 문제와 관련이 있다. 최적 범위는 1mg/L 미만이다.

- **호모시스테인**Homocysteine 심장질환 및 혈액 내 장벽 파괴, 치매와 관련이 있는 염증성 아미노산이다. 자가면역 문제로 어려움을 겪는 사람에게도 흔히 나타난다. 최적 범위는 7Umol/L 미만이다.

- **미생물군 테스트** 미생물군은 위장과 구강, 피부 표면에 존재하는 수조 개의 박테리아와 효모를 칭하는 용어다. 여기서는 면역체계의 80%가 속해 있고 많은 이들의 만성염증의 원인이 되는 장내 미생물군의 건강 상태를 평가한다.

- **장 투과성 실험** 혈액검사를 통해 장 내벽을 지배하는 단백질(오클루딘Occluding, 조눌린Zonulin)에 대한 항체 및 신체 전반에 염증을 유발할 수 있는 박테리아 독소 지질다당류(LPSs)를 찾는다.

- **자가면역 반응성 실험** 다양한 실험을 통해 면역체계가 두뇌와 갑상선, 위장, 부신 등 신체의 여러 부분에 항체를 생성하는지를 확인한다. 자가면역질환을 진단하기 위한 것이 아니라 비정상적인 자가면역 활동이 이루어지고 있다는 증거를 찾기 위한 실험이다.

- **교차반응 실험** 글루텐 민감성을 지닌 사람과 글루텐프리 식단으로 바꾸고 깨끗한 식사를 하고 있으나 여전히 소화 문제 및 피로, 신경성 증상을 경험하는 사람에게 도움이 되는 검사다. 면역체계가 글루텐프리 곡물, 달걀, 유제품, 초콜릿, 커피, 대두, 감자 등의 비교적 건강한 음식 단백질을 글루텐으로 오인해 염증을 유발할 수 있다. 그런 사람은 마치 글루텐프리를 전혀 시도하지 않은 것 같은 면역체계를 유지한다.

- **메틸화 검사** 메틸화는 건강한 면역체계와 두뇌, 호르몬, 위장을 생성하는 거대한 생화학 초고속도로다. 체내에서 초당 10억 번 정도 발생하므로, 메틸화가 잘 이루어지지 않으면 몸이 삐걱거리게 된다. MTHFR 같은 메틸화 유전자 돌연변이는 자가면역 염증과 밀접한 관련이 있다. 예를 들어 나는 MTHFR C677t 유전자가 이중 돌연변이 상태인데, 이는 내 신체가 호모시스테인이라는 염증 원인을 제대로 줄이지 못한다는 뜻이다. 또한 나는 부계와 모계 모두 자가면역질환 인자가 존재한다. 이처럼 유전자의 약점을 미리 알면 건강을 지키고 위험 요소를 억제하기 위해 더 주의를 기울일 수 있다. 나는 건강한 메틸화 경로를 유지하도록 양배추나 브로콜리 새싹 등의 녹색 채소와 유황이 풍부한 채소를 섭취한다. 또한 메틸화 비타민B 보충제를 의식적으로 챙겨 먹는다.

증상을 개선시키는 것으로 나타났다.[34] 알츠하이머병 위험을 높이고 기타 퇴행성 신경질환 발병 위험을 증가시키는 것으로 밝혀진 고탄수화물 식이요법과는 대조적이다.[35]

신생 과학계에서는 두뇌 관련 문제에 약물 복용보다 케토제닉이 효과적일 수 있다는 사실을 증명한다.

외상성뇌손상, 즉 TBI에도 케토제닉이 도움이 된다. TBI를 계속 유지하고 있을 경우 포도당 대사가 손상되고 염증이 발생할 위험이 있으나, 건강한 고지방 케토제닉을 통해 포도당 대사와 염증 수치 모두 안정화시킬 수 있다.[36]

또 다른 신경학적 이점으로 케토시스는 기존의 뉴런을 보호하고 새로운 뉴런의 성장을 장려하는 뇌유래신경영양인자(BDNF)를 증가시킨다는 점을 꼽을 수 있다.[37]

현대 케토제닉 식이요법 연구는 초기 단계에서는 간질 치료에 중점을 뒀다.[38] 간질을 앓는 어린이 중 케토제닉 식단을 적용한 그룹은 약물 치료를 받은 그룹보다 행동 양식이 개선되고 기민해졌으며 인지기능이 향상되는 모습을 보였다.[39] 이는 미토콘드리아 기능이 증가하고 산화스트레스가 감소하며 감마아미노뷰티르산(GABA) 수치가 높아진 덕분이며, 그 결과 발작 증상을 감소시키는 데 도움이 됐다. 이런 메커니즘은 브레인 포그와 불안, 우울증을 겪는 사람에게도 효과가 있다.[40]

| 대사 건강 |

포도당 대신 케톤을 연소시키면 혈당이 균형을 잡는 것을 도와준다. 특히 대사 장애와 당뇨병, 체중 감량 저항력이 있는 사람에게 이롭다. 앞서 언급한 신진대사의 부정적인 호르몬 변화인 인슐린 저항성은 혈당 문제의 핵심이다. 인슐린 저항성은 신체에 혼란을 초래해 결국 심장병, 체중 증가, 당뇨병으로 이어진다. 건강한 지방은 포도당보다 더 강력한 에너지원이다. 케토제닉은 인슐린 수치를 낮추고 염증을 줄이며 인슐린 수용체 부위의 민감도를 향상시켜서 신체가 본디 설계된 방식대로 기능하도록 돕는다. 초기 실험 보고서에 따르면 케토제닉을 통해 제2형당뇨병 증상을 단 10주 만에 원래대로 되돌릴 수 있었다![41]

혈당 수치와 알츠하이머병을 연관시키는 흥미로운 연구가 이루어지기도 했다. 실제

혈당 측정

자신의 혈당 상태를 확인하고 싶다면 다음 검사 목록을 참고하자.

- **혈청 인슐린** 최적 범위: <3uIU/mL
- **C펩타이드** 최적 범위: 0.8~3.1ng/mL
- **공복혈당** 최적 범위: 70~90mg/dL
- **Hgb A1C** 최적 범위: <5.3%
- **중성지방** 최적 범위: <100mg/dL
- **HDL** 최적 범위: 59~100mg/dL

로 일부 전문가는 이제 알츠하이머병을 제3형당뇨병이라고 부를 정도다. 혈당 수치가 올라가고 인슐린 저항성이 높아지면 두뇌의 기억 센터인 해마의 퇴행이 더 심해진다.[42] 제1형당뇨병과 제2형당뇨병 환자의 알츠하이머병 발병 위험이 높은 것은 이 때문이다. 혈당 수치의 균형을 맞추고 두뇌가 당 대신 케톤을 연소시켜야 하는 또 다른 이유이기도 하다.

| 배고프지 않고도 체중 감량에 성공하기 |

사람들이 케토제닉을 고려하는 가장 큰 이유는 체중 감량일 것이다. 케토제닉을 시작하기 전까지는 체중 감량 외의 놀라운 이점은 귀에 잘 들어오지 않는다. 물론 케토제닉은 체중 관리 효과가 있다. 여러 연구 결과에 따르면 케토제닉 식단은 다른 식단보다 덜 배고프기 때문에[43] 다이어트를 하는 사람에게 다른 다이어트법보다 기분 좋은 상태를 유지하게 만든다.[44] 다이어트를 해서 행복하다는 말을 들어

본 적이 있는가? 긍정적인 기분이 든다면 당연히 다이어트를 유지할 가능성이 높아질 것이다.[45]

| 심장 건강 |

케토제닉에 관해 논할 때 걱정이 되는 문제가 하나 있다. 바로 심장병이다. 이렇게 지방을 많이 섭취하는 것이 과연 우리 몸에 좋을까? 내 생각은 좀 다르다. 건강한 지방 비중이 높은 식이요법은 중성지방과 산화된 소형 고밀도 LDL 수치를 낮추고 지질단백질 축적으로 인한 동맥성 플라그를 감소시켜 오히려 심장병 발병 위험을 낮춘다.[46] 이미 심장마비를 경험한 사람이라면 어떨까? 케토제닉은 심장마비 경험자의 회복에도 지속적으로 도움을 주는 것으로 나타났다.[47]

| 항암 및 예방 효과 |

미국 암 학회는 한 해에 150만 명이 넘는 환자가 암 진단을 받을 것으로 추정한다.[48] 수천 년간 동일하게 유지돼온 우리의 DNA는 잠재적인 유전적 소인을 자극하는 음식과 환경의 극적인 변화를 따라잡지 못했다.

많은 암세포는 바르부르크 효과Warburg Effect(무산소로 에너지를 얻는 암세포의 대사 작용을 뜻하는 용어-옮긴이)라고 해서 성장과 신진대사를 포도당에 의존하는 특징이 있다.[49] 여러 연구에 따르면 케토제닉은 위암,[50] 폐암,[51] 전립선암[52] 등 다양한 암의 종양 크기와 성장을 줄이는 데 도움이 된다. 그리고 성상 세포종[53] 같은 중증 뇌암 종양 및 다형성교아종Glioblastoma Multiforme[54] 등 중추신경계 종양의 성장 또한 감소시키는 것으로 나타났다.

케토제닉은 세포 성장 및 분열 촉진을 담당하는 단백질(mTOR)을 저해하고 종양이 커지는 것을 억제하는 AMPK 경로를 활성화시킨다. 여러 연구 결과를 통해 mTOR 경로의 관리와 다양한 암 종양 감소 사이에 상관관계가 있다는 사실을 관

찰할 수 있다.[55]

| 다낭성난소증후군(PCOS) 관리 |

비정상적인 포도당 및 안드로겐 대사와 관련이 있는 대사질환이다. 전체 여성의 10% 정도에게 영향을 미치는 호르몬 문제로, 체중 감량에 저항하고 생식에 문제가 생기는 등 많은 문제를 유발한다.[56] 케토제닉은 인슐린 민감성 관리에 도움이 돼 다낭성난소증후군의 자연 치료법으로 활용하기 좋다.[57]

케토제닉의 잠재적 문제점

케토제닉은 신경학적 개선, 체중 감량 성공, 혈당 조절 및 기타 강력한 장점 덕분에 많은 관심을 끌었다. 그러나 케토제닉 식단을 오랫동안 유지하면 잠재적인 위험이 발생할 수 있다.

| 질보다 다량영양소 |

엄밀히 말해서 특정 식품이 '케토'라고 해서 반드시 건강에 좋거나 신체에 이롭다고 할 수는 없다. 시중에 '케토 친화적'이라는 이름이 붙은 훌륭한 식품이 많이 나와 있다. 그중에는 케토제닉 소비자를 위해 특별히 만든 순수한 아보카도오일 등 멋진 제품도 있다. 그러나 케토라는 이름 아래 붙는 추가 비용도 문제가 되고 몸에 그다지 좋지 않은 가공식품 등의 문제도 존재한다.
또한 케토제닉을 시작하면 우리가 먹는 음식의 질을 의식하지 않고 다량영양소 비중에만 집중하기 쉽다. 일단 1일 다량영양소 공식에 맞아떨어지기만 하면 많은 케토제닉 소비자는 기꺼이 받아들인다. 결국 위장을 해하고 만성염증과 건강 문제를 일으키는 인공감미료는 물론 기존의 유제품과 육류 등 문제가 많은 염증성 식품까지 섭취하게 된다.

| 과도한 유제품 섭취 |

케토제닉에서는 대체로 유제품을 많이 소비한다. 과연 유제품이 건강에 도움이 될까? 우리는 우유가 몸에 이롭다고 배우면서 성장한 사람들이다. 단백질과 칼슘이 풍부하고 우유를 먹어야 키가 크고 건강해진다고 알고 있다. '어쨌든 몸에 좋지 않겠어?'라고 생각하기 쉽지만 유제품은 많은 이들에게 염증을 일으킨다. 유제품은 글루텐과 함께 잠재적으로 염증을 일으키는 식품 중 하나이자 가장 일반적인 음식 알레르기항원이다.[58] 유제품 알레르겐, 유당불내증으로 인한 염증은 수백 만에 이르는 사람에게 영향을 미치고 가스가 차거나 복부 팽만감, 설사, 여드름, 관절통, 변비 및 습진 등의 증상을 동반한다.[59]

주요 원인은 유제품에 있는 단백질인 카세인Casein 때문이다. 주요 유형인 베타카세인에는 A1과 A2의 두 가지 아류형이 있다. 미국의 소는 대부분 수천 년에 걸친 교배로 인해 카세인 유전자돌연변이를 가지고 있어서 식료품점에서 구할 수 있는 일반 우유에는 A1 아류형이 더 많다. 불행히도 A1 베타카세인은 소화 문제와 염증을 유발한다.

이 점도 해롭지만, 대부분의 소는 호르몬과 항생제를 투여 받고 건강에 해로운 조건에서 성장하며 수천 년간 방목하며 뜯어먹은 풀 대신 옥수수 사료를 우물거린다. 그런 소에게서 우유를 짠 다음 저온살균과 균질화를 거친 후 지방을 제거한다. 그리고 영양이 거의 사라진 상태를 보완하기 위해 합성비타민을 주입해서 자연이 식품에 담아낸 가치를 모방하려고 애쓴다.

오늘날 유제품의 문제는 유제품 자체의 문제가 아니다. 우리가 젖소에게 행한 일이 문제다. 유제품이 인간에게 많은 문제를 일으키는 것은 당연한 일이며, 표준 케토제닉 식이요법에서는 유제품이 중요한 요소인 만큼 그 피해가 커진다.
그래서 케토채식에서는 기(정제 버터)를 사용할 것을 권장한다. 목초로 비육한 소에서 착유 및 생산한 버터를 정제하면 카세인이 제거되고 온전히 목초비육한 유지방만 남는데, 대체로 거부 반응을 덜 일으키는 편이다.

| 식물성 식품 피하기 |

케토제닉을 따르는 사람은 흔히 채소를 제한해야 한다는 오해를 하기 쉽다. 케토제닉은 저탄수화물 식이요법이고 채소에는 다양한 비중으로 탄수화물이 포함돼 있는 탓에 본의 아니게 많은 사람들이 채소 섭취를 두려워한다. 안타깝게도 건강한 장내 미생물군을 유지하기 위해 필요한 식물성 영양소와 프리바이오틱 식품을 피하게 되는 셈이다.
지방 비중이 높고 식물성 섬유질 비중이 낮은 식이요법은 오히려 신체에 염증을 유발하는 것으로 나타났다.[60] 대사성 내독소증Metabolic Endotoxemia이라고 불리는 이 염증 상태는 미생물군에 존재하는 그람음성Gram-Negative 박테리아로부터 비롯된다. 이 박테리아의 세포벽에는 지질다당류(LPS), 즉 균체내독소가 함유돼 있다. 장 투과성 또는 장누수증후군으로 인해 지질다당류가 혈류에 유입되면 신체 전반에 염증이 증가한다. 반면 케토채식 같은 고섬유질 식단은 유익한 대사 산물을 생산하고 염증을 줄이는 데 도움이 되는 유익한 박테리아에 먹이를 공급한다.[61]
케토제닉과 관련된 또 다른 문제는 자연스러운 체액 손실로 인한 전해질, 나트륨, 마그네슘, 칼슘 및 칼륨의 손실이다. 나트륨은 음식에 천일염으로 간을 하면 쉽게 얻을 수 있지만, 식물성 식품을 따로 먹지 않으면 심장과 두뇌, 신장 건강 및 세포 기능에 중요한 역할을 하는 칼륨을 얻기 어렵다. 가장 좋은 칼륨 공급원은 다음과 같다.

- **아보카도**_ 아보카도 1개당 1,067mg

- **시금치**_ 시금치 1컵당 839mg
- **고구마**_ 고구마 1개당 855mg
- **케일**_ 케일 ½컵당 329mg
- **호박**_ 호박 1컵당 896mg

마그네슘은 건강을 위해서 반드시 챙겨야 할 필수 영양소다. 실제로 체내에서 네 번째로 풍부한 미네랄이며 신체 내 300가지 이상의 중요한 생화학 반응에 필요하다.[62] 마그네슘 결핍의 원인은 여러 가지지만 대체로 부실한 식단이 가장 문제다. 인구의 50~90% 정도가 마그네슘 결핍 상태인 것으로 추정된다. 마그네슘이 부족하면 브레인 포그,[63] 편두통,[64] 불안, 우울증[65] 같은 두뇌 문제가 발생할 수 있으며 갑상선호르몬 생성[66]에도 마그네슘이 필요하기 때문에 갑상선 문제가 생기기도 한다. 신체의 모든 세포가 제대로 기능하려면 갑상선호르몬이 필요하므로 마그네슘이 부족하면 다양한 문제를 겪게 되리라는 것을 쉽게 깨달을 수 있다. 칼륨과 마찬가지로 마그네슘도 식물성 식품에 다량으로 함유돼 있다.

- **시금치**_ 시금치 1컵당 157mg
- **근대**_ 근대 1컵당 154mg
- **아보카도**_ 아보카도 1개(중)당 58mg

| 가공 및 일반 육류 |

베이컨 애호가는 기뻐하라! 일반적인 케토제닉 식단에서는 담백한 육류는 물론이고 기름진 부위 또한 출처와 품질이 확실하다면 먹지 않을 이유가 없다.
우리가 먹는 음식의 영향을 제대로 인식하고 있지 않다면 고기를 먹을 수 있다는 사실 자체에 야단법석을 떨기 쉽다. 실제로 지방과 육류 섭취를 옹호하는 식이요법은 거의 없기 때문이다. 비유기농 및 곡물, 일반 육류는 염증의 원인이며 암 등의 질병과 건강 문제와 밀접하게 관련돼 있다. 햄, 베이컨, 육포, 소시지 등의 가공육은 암과 질병에 영향을 미친다. '저탄고지'라도 일반적인 방식으로 기르고 가공한 육류를 섭취하면 건강에 아무런 도움이 되지 않는다.[67]

보통의 사람들은 유전이나 위장 건강 상태에 따라 유기농 육류라도 식단 내 비중을 낮추는 것이 좋다. 내가 케토채식을 주창하게 된 것에는 케토제닉의 이점을 온전히 누리고 싶지만 붉은 살코기를 늘리면 적응이 쉽지 않거나 먹고 싶지 않은 사람을 돕고자 하는 마음도 들어 있다. 앞으로 살펴보겠지만 육류의 함정에 빠지지 않고도 케토제닉의 이점을 제대로 누릴 수 있다. 하지만 그 전에 먼저 채식에 대해 살펴보도록 하자.

Part
2

채식의 장점과 단점

건강한 식단을 떠올리면 아마 신선한 과일과 채소로 가득 찬 바구니 같은 이미지가 떠오를 것이다. 웰니스 세상에서 채식 및 비건 식단은 깨끗한 식습관의 상징으로 활용된다.

실제로 육류와 유제품을 배제한 비건 비율은 2014년에 비해 2017년에는 500%나 증가했다. 스스로를 비건으로 규정하는 미국인은 몇 년 전에는 고작 1%에 지나지 않았으나 현재는 6%까지 성장했다. 단순히 비건이 증가한 것을 떠나 채식 제품 자체가 인기를 끌고 있다. 예를 들어 2017년에는 독일인의 44%가 저육류 식단을 따랐는데, 2014년의 2%에 비하면 훨씬 높아진 수치다.

식물성 식품에 대한 인식이 높아지고 있다는 사실은 부인할 수 없다. 과학적으로도 채소가 풍부한 식단을 섭취하면 질병 위험이 얼마나 줄어드는지 꾸준하게 보여주고 있다. 지금보다 채식 비중이 높은 식사를 고수하면 연간 1조 달러로 추정되는 의료 비용과 생산성 손실을 절약할 수 있으며, 환경에 미치는 이점은 언급할 필요도 없다.[1]

채식의 장점

| 해독 |

우리는 그 어느 때보다 많은 독소에 둘러싸여 있다. 매일 사용하는 화장품과 미용제품 등에 들어 있는 미심쩍은 화학물질은 물론, 살충제와 제초제를 뿌린 유전자변형식품을 생각해보자. 인간의 유전학은 독소의 맹공격을 미처 따라잡지 못했으며, 이것은 염증 스펙트럼에 속하는 건강 문제가 상승하는 현상만 봐도 분명하게 알 수 있다.

깨끗하고 친환경적인 삶을 살기 위해 노력하더라도 모든 독소를 피하는 것은 불가능하다. 독소에 노출되는 것뿐만 아니라 독소에 내성이 생기는 것도 문제다.

독소를 포함해서 인생에 존재하는 다양한 스트레스 요인을 제대로 해독하고 처리할 수 있는 사람도 있지만, 그렇지 못한 사람도 많다. 누군가는 하루에 담배를 세 갑씩 피우고도 80세까지 살지만 그 옆 사람은 간접흡연 때문에 40세에 사망하기도 한다. 독소에 대한 임계값이 사람마다 다른 것이다.

또 다른 해독약은 필요 없다. 이제 우리의 삶을 정화해야 할 차례다. 우리 몸이 요구하는 것은 바로 식물이다.

세상에는 나를 포함한 많은 사람들이 MTHFR 유전자돌연변이 같은 메틸화장애를 지니고 있다. 이 유전자 변화는 자가면역질환 발병 가능성을 증가시키고 체내 시스템에서 독소를 제거하는 기능을 방해한다.

독소는 자가면역 퍼즐의 한 조각일 뿐이다. 앞서 언급했듯이 자가면역질환은 거대한 자가면역 염증 스펙트럼의 마지막 단계에 불과하며, 독소는 만성염증의 원인 중 하나일 뿐이다. 독소는 매일 별생각 없이 지나치는 것에도 빠짐없이 숨어 있다. 흔한 독소도 자가면역질환의 진행과 악화에 기여할 수 있다.[2]

- **수은**_ 일부 해산물 및 아말감 치아 충전물에서 발견된다.
- **염화비닐**_ 일부 수돗물, 차량 실내 커버, 플라스틱 주방용품 등에서 발견된다.
- **BPA**_ 여러 플라스틱 제품에서 발견된다.
- **중금속**_ 일부 수돗물과 수많은 피부·모발 세정제에서 발견된다.
- **유기용제**_ 일부 페인트, 니스 및 래커 등 광택제, 접착제, 풀, 세제에 함유돼 있으며 염색제, 플라스틱, 섬유, 인쇄용 잉크, 농산물, 의약품 생산 중에 발생한다.
- **포름알데히드**_ 피부·모발 세정제에서 발견된다.
- **살충제**_ 비유기성 식품 및 상수도에서 발견된다.

머리카락을 자주 염색할 경우 암과 호르몬 기능 장애에 관련이 있는 파라페닐렌디아민P-phenylenediamine, 포름알데히드Formaldehyde, 레조르시놀Resorcinol 등과 같은 독소에 노출될 가능성이 있다.[3]

하지만 또 다른 해독약을 먹을 필요는 없다. 이제 우리의 삶을 정화해야 할 차례다. 우리 몸이 요구하는 것은 바로 식물이다. 식물은 저마다 강력한 해독 메커니즘을 개발했다. 피토케라틴Phytochelatin과 메탈로티오네인Metallothioneins(강력한 해독제) 등 특정 항산화 식물영양소는 독소로부터 식물을 보호하는 중금속 결합체로, 이런 식물원을 섭취하면 마찬가지로 인간의 신체를 보호한다.[4] 한 연구에 따르면 녹색 잎채소인 물냉이처럼 식물영양소가 풍부한 식품 섭취를 늘린 여성의 메탈로티오네인 생산이 놀랍도록 증가했다.[5]

클로렐라나 스피룰리나 같은 식용 해초, 파슬리나 고수 등의 허브는 가장 강력한 피토케라틴 항산화제에 속한다(고수를 듬뿍 얹은 타코를 먹어치울 또 다른 핑계다. 건강한 지방이 가득한 과카몰리도 좀 주세요!). 양파, 브로콜리, 브로콜리 새싹, 방울양배추, 양배추, 콜리플라워, 버섯은 모두 메틸화 해독 경로를 돕는다. 이들 식품을 정기적으로 식단에 포함시키면 독소의 해독을 돕고 자연스럽게 삶을 정화할 수 있다. 건강한 메틸화 경로에 필요한 또 다른 필수 비타민인 엽산은 케일, 콜라드, 시금치, 근대 등 짙은 녹색 잎채소에서 발견할 수 있다.

| 염증 감소 |

식물에 함유된 영양소는 염증 수준을 진정시키는 데도 탁월한 기능을 한다. 메탈로티오네인 등 폴리페놀이 증가하면 만성염증성 질환 발병과 관련된 염증성 NF-kB 신호 전달이 억제된다.[6] 또한 채소와 과일, 향신료, 허브 등 식물성 공급원에 있는 폴리페놀은 NF-kB를 낮추고 항염증제로 기능하는 Nrf-2를 활성화시킨다.[7] 내가 즐겨 먹는 대표적인 식품은 다음과 같다.

- **녹차**
- **블루베리**
- **생강**
- **커큐민(강황)**

식물성 식품은 심장질환 및 천식, 대장염, 다발성경화증, 기타 자가면역질환 등의 염증성 상태를 개선시키는 페록시솜 증식체 활성화 수용체Peroxisome Proliferator-Activated Receptors(PPARs)를 증가시킨다. PPAR 활성화제로는 녹차, 생강, 산자나무, 황기 등 많은 채소를 꼽을 수 있다. 참고로 케토시스 상태 및 자연산 연어도 PPAR을 향상시킨다.

항산화 기능 조절에 일조하는[8] 단백질인 우리의 친구 Nrf-2를 기억하는가? Nrf-2 경로는 항산화 및 해독 경로를 담당하는 유전자를 활성화시키는 역할을 한다. Nrf-2가 활성화되면 염증이 진정되고 Nrf-2 수치가 낮아지면 염증이 악화된다. 다음을 비롯해 여러 식용 항산화제가 Nrf-2를 활성화시킨다.

- **녹차의 EGCG**
- **강황의 커큐민**
- **로즈메리의 로즈마린산**
- **브로콜리의 L-설포라판**
- **마늘의 티오설포네이트 알리신**

| 미생물 건강 강화 |

식물은 체내 미생물군을 위한 먹이 역할을 해 장내 박테리아가 단쇄지방산Short Chain Fatty Acid(SCFAs)을 생성하게 만든다. 이로운 장내 박테리아가 결장 내에서 섬유질을 발효시킬 때 SCFA가 생성된다. 이런 섬유질을 어디에서 얻을수 있을까? 주로 식물성 식품이다.

신체의 주요 SCFA로 위장에 강력한 항염증 효과를 가져오는 부티레이트가 있다. 부티레이트는 소화기 및 면역체계의 건강을 증진시키고 과민성대장증후군(IBS), 궤양성대장염, 크론병을 개선한다.[9]

| 천식 감소 |

가공한 붉은 살코기 소비와 천식의 관계를 연구한 결과 숙성 가공육을 1주일에 4회 섭취할 경우 천식 발작 가능성이 76% 증가했다.[10]

| 혈당 수치 감소 |

채식의 또 다른 장점은 혈당 수치를 개선하고 당뇨병 위험을 줄일 수 있다는 것이다. 많은 연구에 따르면 주로 채식 식단을 고수하는 사람의 경우 당뇨병 비율이 현저하게 낮았다.[11] 2,000명 이상의 남성을 19년 동안 관찰한 장기 연구에 따르면 동물성단백질 칼로리를 고작 1%만 식물성단백질로 대체해도 당뇨병 발병 위험이 18% 감소했다.[12]

| 항암 및 예방 효과 |

여러 연구에 따르면 채식 및 비건 식단을 고수하면 암에 걸릴 위험이 현저하게 낮아진다. 많은 연구 결과 가공한 붉은 살코기 섭취와 대장암 발생률 증가 사이에 연관성이 있으며,[13] 대장암 이외의 암에도 영향을 미친다. 연구 결과를 확인하면 채식 식단이 암의 가능성을 줄이는 데 최선의 선택이라는 광범위한 결론을 내릴 수 있다.[14]

이 모든 연구를 살펴보면 케토제닉과 채식에 다양한 건강상 이점이 존재한다는 점을 알 수 있지만 '연관이 있다'는 것이 반드시 인과관계가 존재한다는 뜻은 아니라는 점을 기억하자. 이 중에는 무작위 대조 시험을 거치지 않은 연구도 있지만 앞으로 추가적인 연구가 행해진다면 언제든지 환영이다. 아직까지는 케토제닉과 채식 모두 유익하다는 점을 증명하는 강력한 증거가 많다.

실험실의 연구는 잠시 제쳐두고 실생활에서 직접 실험을 해보는 것도 좋다. 과학 연구도 중요하지만 우리는 가끔 '증거를 기반한 과학적 사실'의 가치는 과대평가하고 직접 어떤 것이 효과적이고 무엇이 건강을 개선하는지를 느껴보는 자기 실험과 상식은 비하하는 경향이 있다. 그러나 자기 실험의 결과도 증거에 속한다.
무언가가 건강상 이롭다는 사실을 입증하는 의학 문헌의 모든 연구에는 반대 의견이나 연구가 반드시 따라붙는다. 어째서 잔디가 녹색인지에 대한 책을 쓴다 하더라도 누군가는 반박을 할 것이다. 그러니 이 책에 실린 방법을 직접 실험하면서 혼신의 노력을 기울여보자. 걱정하지 말자, 필요한 모든 과정을 철저하게 안내할 예정이니까.

| 환경 개선 |

환경 개선은 건강상 이점은 아니지만 자연스럽게 따라오는 장점이다. 바로 눈에 띄지는 않지만 사회에서 살아가야 하는 우리의 건강과 지속 가능성에 중요한 영향을 미친다. 사람의 식단을 채식 중심으로 바꾸면 우리가 사는 지구의 환경에 큰 영향을 미칠 수 있다. 만약 소가 하나의 국가를 이룬다면 이들은 세계에서 세 번째로 큰 온실가스 방출국이 됐을 것이다.[15]
채식 중심 식단은 온실가스 배출을 줄이고 사람의 건강에도 더 이롭고 만성질환 발병률을 낮춰준다. 온실가스 배출은 비건식을 선택하면 70%까지, 채식이라면 63%까지 줄어든다.[16] 만일 세계 인구의 절반이 하루에 2,500kcal를 먹으면서 육류 소비를 줄인다면 식단 변화 하나만으로도 최소 260억 톤의 가스 배출을 피할 것으로 추정된다. 만일 토지를 이용하기 위한 삼림 벌채까지 피한다면 추가로 390억 톤의 가스 배출을 줄일 수 있다! 이처럼 건강한 채식은 환경을 바꾸는 최고의 해결책 중 하나다.[17]
물론 지속 가능한 방식의 목축을 통해 지구온난화를 줄일 수 있다고 주장하는 현명한 목소리도 들리고 있다. 조엘 살라틴Joel Salatin이나 앨런 세버리Allan Savory는 지구 초원의 $\frac{2}{3}$가 사막으로 변하고 있다고 경고한다. 기존 농법으로는 매일 116마일, 매년 750억 톤의 토양이 소실된다. 야생 환경을 모방해 가축을 이리저리 이동

식단을 채식 중심으로 바꾸면 우리가 사는 지구의 환경과 건강에 큰 변화를 줄 수 있다.

시키면서 방목할 경우 인류가 환경에 가한 피해를 갚을 수 있다고 한다. 인간의 해악으로 토양이 입은 피해를 계산하면 모든 인류에게 필요한 식량의 20배 분량에 해당된다. 하지만 가축이 토양을 휘저으면 더 비옥해진다. 공생관계를 통해 건강한 미생물과 탄소가 공기 중으로 빠져나가는 대신 토양에 주입되는 것이다.[18]

물론 환경오염은 논하기 어려운 문제다. 하지만 고기보다 식물을 더 풍부하게 섭취하는 식단이 지구에 큰 영향을 미칠 것이고 육류를 먹더라도 유기농이나 지속 가능한 방법으로 기른 육류를 섭취하면 더 좋다는 사실에 반대하는 이는 없을 듯하다.

채식과 케토제닉이라는 두 세계에서 장점만 모아 만든 케토채식을 본격적으로 탐구하기 전에, 채식의 잠재적인 위험에 대해 알아보자.

채식이 빠질 수 있는 함정

채식과 비건 식단은 자칫 잘못하면 영양 부족과 염증 발화를 일으킬 수 있다. 채식이 가진 함정을 자세히 알아보고 피하도록 하자.

| 탄수화물 식단과 염증 식단 |

보통 비건 또는 채식주의자는 탄수화물과 가공된 포장 식품으로 식단을 채우기 쉽다. 슬프게도 식품산업이 앞장서서 채식 식단의 '식물'을 제거하고 있기 때문이다. 많은 비건과 채식주의자가 지속 가능한 에너지를 얻기 위해 인간에게 필요한 것은 '건강한' 통곡물 탄수화물이라고 믿고 있다. 이런 신념은 채식의 가장 큰 문제점을 불러일으킨다. 제대로만 한다면 채식은 건강하게 생활하기 위해 필요한 영양소를 충분히 제공할 수 있다. 그러나 현대의 채식에서는 곡물 섭취가 필수 항목이 돼버렸다.

우리는 곡물 중심 사회에 살고 있다. 곡물은 소비자가 식료품점에서 구입하는 물건의 대부분을 차지한다. 슈퍼마켓을 방문하면 다른 사람의 카트에 어떤 제품이 들어 있는지 살펴보자. 우리의 식탁과 접시 대부분은 곡물로 이뤄져 있다. 아침 식사용 시리얼, 점심 식사용 샌드위치, 그리고 서양식 식단에서 저녁 식사의 사이드(그나마 메인 요리가 아닌 것이 다행이다) 요리에 사용되는 곡물을 떠올려보자. 곡물은 정치와 정책에 수십억 달러를 투자하는 산업형 농업의 중추다. 대중에게 무엇을 어떻게 먹어야 할지 가르치는 악명 높은 식품 피라미드(미국 농무부 마이플레이트My Plate 정책의 중요한 부분이다)의 기초를 차지하고 있다.

우리 유전자의 99% 정도는 농업 발전으로 밀과 같은 곡물을 섭취하기 한참 전인 1만 년 이전에 형성된 것이다.

그러니 곡물을 배제하자는 발상 자체를 부정적으로 받아들이는 사람이 많은 것도 놀랍지 않다. 사람들은 곡물에 대해서 매우 방어적인 태도를 취한다. 이미 뼛속까지 중독돼 있기 때문이다. 그러나 미국임상영양학저널에 실린 보고서를 보면 우리 사회는 짧은 기간 동안 엄청난 속도로 변화했다는 것을 알 수 있다.[19] 현재의 식량 공급 형태, 토양 고갈, 환경 독소는 인류의 유전자에는 낯선 존재다. 다시 말해 우리 유전자의 99% 정도는 농업 발전으로 밀과 같은 곡물 섭취가 시작되기 한참 전인 1만 년 이전에 형성된 것이다.

연구진은 밀과 같은 곡물이 아직 인류의 유전자와 본질적으로 조화를 이루지 못했다고 주장한다. 최근에 탄생한 정제 곡물, 품종 교배, 약제 살포, 유전자변형 등으로 인해서 상황은 더욱 악화됐다. 우리의 유전자는 이제 처음 생겼을 때와는 완전히 새로운 세상에 살고 있다.

곡물과 음식은 예전과 매우 달라졌다. 유독한 세상에 사는 우리는 이전 세대에 비해 건강에 해로운 음식을 선택하지 않을 자유가 제한돼 있다. 언제 어떻게 건강 문제가 발생할지 결정하는 것은 곡물, 특히 글루텐이 함유된 곡물과 개인의 유전적 특징 간의 상호작용일 뿐이다.

곡물을 다량으로 섭취하면 혈당이 빠르게 높아지며 시간이 흐를수록 미처 깨닫기도 전에 걷잡을 수 없을 정도로 올라간다. 곡물 또한 당 비중이 높다. 곡물 내 당분은 우리 신체를 압도해서 인슐린이 치솟게 만들어 인슐린 저항성 호르몬 폭풍을 일으키고 중성지방 수치를 상승시키고 염증을 발생시킨다. 모두 만성질환의 특징에 속하는 증상이다.

또한 곡물에는 포드맵FODMAP이라는 당 비중이 높다. 포드맵이란 올리고당Oligosaccharides과 이당류Disaccharides, 단당류Monosaccharides, 폴리올Polyol 등 발효 가능한 당류를 뜻하는 줄임말이다. 이 단쇄성 당은 소화기에서 완전히 소화되지 않으며 위장 내 박테리아에 의해 과발효될 수 있다. 발효되는 동안 위장의 팽창을 유발하는 수소 가스가 방출되면서 통증과 가스, 팽만감, 변비, 설사 같은 증상과 더불어 과민성대장증후군(IBS) 및 소장세균과다증식증(SIBO)을 일으키기도 한다.

글루텐 민감성

곡물은 포드맵 등 당분뿐만 아니라 단백질 면에서도 문제가 있다. 과학계에서는 1,800만 명 정도의 미국인이 '글루텐 민감성'을 지니고 있다고 추정한다. 글루텐은 밀, 호밀, 보리 등의 곡물에서 발견되며 점점 글루텐에 대한 인식이 높아지면서 온갖 글루텐프리 식품이 등장하기 시작했다. 글루텐프리 디저트, 글루텐프리 크래커, 아마 열심히 찾아보면 글루텐프리 글루텐도 구할 수 있을 것이다!

이 사태의 결론은 무엇일까? 글루텐은 꼭 피해야 하는 것일까? 아니면 이제는 건강상 이점이 거의, 혹은 전혀 없다고 밝혀진 '지방을 퇴치하자 운동'을 연상시키는 과장된 유행일 뿐일까? 글루텐 불내증이라는 질환이 실존하기는 할까?

임상 위장병학 간장학 학술지에 실린 한 실험에서 본인이 글루텐 때문에 소화 문제를 겪고 있다고 생각하는 사람들을 대상으로 연구를 시작했다.[20] 연구의 금본위제인 무작위, 이중맹검, 위약 대조, 혼합 현상 시행을 따라 글루텐을 엄격하게 테스트했다. 모든 관련 사항을 빠짐없이 점검했으며 연구 참가자에게 1주일간 소량의 글루텐이 든 알약과 쌀 전분이 든 위약을 제공했다. 그리고 고작 1주일 만에 글루텐 알약을 복용한 사람은 글루텐프리 위약을 복용한 사람에 비해 눈에 띄게 소

화 문제 증상이 증가했다는 결과가 나왔다. 다른 무작위 대조 시험에서도 비슷한 결과를 보였다.[21]

글루텐 불내증을 이해하려면 자가면역질환을 파악해야 한다. 글루텐 불내증이라고 하면 자가면역질환인 셀리악병에 대한 얘기라고 지레짐작하는 사람이 많다. 그러나 셀리악병은 방대한 글루텐 불내증 스펙트럼에서도 끝부분을 차지하는 극단적인 질환이다. 이 스펙트럼의 반대쪽 끝에는 비셀리악 글루텐 민감성(NCGS)이 있다.

글루텐 불내증의 증상에는 어떤 것이 있을까? 연구 참가자들은 다음과 같은 증상을 토로했다.

- **복부 팽만감**
- **궤양**
- **위장 통증**

위장은 인간의 '제2의 두뇌'이므로 글루텐 불내증이 있는 사람은 다음과 같은 증상까지 경험할 수 있다.

- **브레인 포그**
- **우울증**
- **불안**
- **피로**

그런데 우리 신체가 20가지 이상의 밀의 특성에 각각 다르게 반응한다는 사실은 거의 알려져 있지 않다. 환자가 글루텐 불내증 검사를 요청하면 대체로 간단한 알파글리아딘 테스트를 한다. 결과가 음성으로 판정되면 글루텐 불내증이 아니라고 한다. 그러면 기쁜 소식을 얻은 것을 축하하며 빵 한 바구니를 먹어치우고 싶겠지만 안심하기에는 이르다. 알파글리아딘 및 트랜스글루타미나아제 2 관련 일반 셀리악 테스트는 스무 조각 정도로 이루어진 글루텐 불내성 퍼즐의 일부에 불과할 뿐이다.

| 렉틴과 피틴산 |

렉틴Lectin은 일반 곡물은 물론 쌀이나 옥수수 등 글루텐프리 곡물에서도 발견되는 또 다른 유형의 단백질이다. 우리 신체가 소화하기 어려운 방어 메커니즘을 지닌 단백질이기도 하다. 약한 독소지만 렉틴 때문에 위장이 상하면 신체의 방어 시스템이 손상돼 염증이 발생한다.[22] 또한 렉틴은 인슐린과 렙틴 수용체 부위에 결합해 체중 감량 저항 등 호르몬 저항 패턴을 유발할 수 있다.[23]

아직도 찬장 속의 곡물을 죄다 버리지 않았다면 피틴산Phytates에 대해 알아보자. 피틴산은 곡물에 함유된 영양소 거머리의 일종이다. 피틴산은 체내의 미네랄에 결합해서 사용할 수 없는 상태로 만들어버리는 항영양소다. 곡물이 제공하는 약간의 영양소는 피틴산에 의해서 감소되고 결국 신체가 활용할 수 없게 된다.[24] 이를 상쇄하기 위해 영양가 높은 건강한 채소를 아무리 많이 먹어도 소용이 없다.

사포닌Saponin이라는 항영양소 또한 채식 식단에서 인기 있는 식재료인 퀴노아 등의 유사곡물류에 풍부하게 함유돼 있다. 사포닌은 장을 손상시켜 장 투과성을 증가시키기 때문에 염증이나 만성질환을 일으킬 수 있다.

오늘날의 곡물은 과거의 곡물과 다르다는 사실을 기억해야 한다. 현재의 곡물은 교배와 유전자변형을 거쳐서 고작 수십 년 전보다도 화학적으로 달라졌다. 곡물 섭취를 옹호하는 측에서는 곡물을 통해 적절한 양의 섬유질을 섭취할 수 있다고 주장한다. 그러나 채소는 위장과 두뇌, 면역체계, 호르몬을 쓸데없이 공격하지 않으면서도 충분한 양의 섬유질과 수많은 영양소를 제공한다.[25]

곡물 외에 채식의 주요 식재료는 콩이다. 채식에서는 모든 종류의 콩과 렌틸, 땅콩을 추천한다. 콩류는 단백질 함량이 높은 덕분에 채식 및 비건 식단에서 고기 대용으로 사용된다. 콩의 문제는 곡물과 마찬가지다. 콩류에도 렉틴과 피틴산이 다량 함유돼 있다.

| 대두 |

꾸준하게 논란에 시달리고 있는 대두를 언급하지 않고 콩류를 논할 수 없다. 요즘에는 채식이건 아니건 대두가 들어가지 않은 제품을 찾기가 어렵다. 단백질 함량이 높아서 비육류 제품군에서 가장 일반적인 식재료 중 하나기 때문이다.

대두는 완전한 단백질원이자 식물성 에스트로겐 식품으로 간주된다. 대두에는 우리 신체가 내분비계를 통해 생산하지 못하는 이소플라본이라는 식물성 에스트로겐이 풍부하게 함유돼 있다. 식물성 에스트로겐은 체내에서 만들어내지 못하는 대신 식물을 섭취함으로써 얻는다. 식물성 에스트로겐 중에서 가장 유명한 식품이 바로 대두이며, 이소플라본 함량이 높아 수년간 호르몬 대체제로 칭송받았다. 그러나 식물성 에스트로겐은 더욱 강력한 천연 에스트로겐이 에스트로겐 수용체에 결합하는 것을 막아서 호르몬 불균형을 유발할 수 있다. 에스트로겐 우세증 문제가 있는 사람의 호르몬에 오히려 좋지 않은 영향을 미칠 가능성이 있다.

그러나 대두 또한 곡물과 마찬가지로 그 존재 자체가 문제인 식품은 아니다. 오랫동안 건강한 문화권에서는 낫토나 템페(콩을 발효시켜서 단단한 블록 모양으로 만든 인도네시아의 전통 식품 - 옮긴이) 같은 발효 콩 제품을 즐겨 먹었다. 그러나 분리대두단백分離大頭蛋白과 대두분말 등 소위 차세대 대두 제품은 헥산과 알루미늄을 사용해 화학적으로 추출한 것이라 처리 과정에 문제가 있다. 이것들은 비육류 버거와 식용 단백질 보충제, 유아용 분유 같은 제품의 주성분이며 가공식품의 비영양 첨가제로도 사용된다.[26] 현대 식품산업에서 소비하는 대부분의 대두는 유전자변형을 거친 종류다. 사실 미국에서 생산하는 대두는 대부분 유전자변형식품이다.[27]

채식을 고수하는 사람은 보통 아몬드나 캐슈너트, 헤이즐넛 같은 견과류를 즐겨 먹는다. 그러나 견과류에 함유된 영양소를 제대로 흡수하고, 대량으로 생산한 견과류 때문에 발생하는 소화불량을 막기 위해서는 적절한 손질이 필요하다. 연구 결과에 따르면 피틴산 미네랄 복합체는 위장관에서 불용성을 띠며, 미네랄의 생체 이용률을 감소시킨다.[28] 또한 피틴산은 트립신Trypsin, 펩신Pepsin, 알파아밀레이스Alpha-amylase, 베타글루코시다제Beta-glucosidase 같은 소화효소를 억제하는 것으로 나타났다. 따라서 피틴산이 대량으로 함유된 식품을 섭취하면 이론적으로 미네랄 결핍과 단백질 및 전분의 소화율이 감소된다.

그러나 견과류와 씨앗류, 콩류를 미리 물에 불리면 체내에서 소화되는 방식이 바뀌어 원래의 이점을 누릴 수 있게 된다. 물에 불리는 과정을 통해 우리 몸에 필요한 영양소를 제공하도록 준비시키는 것이다. 과일과 채소를 손질하는 데는 시간을 투자하면서 견과류와 씨앗류, 콩류를 제대로 먹을 수 있도록 처리하는 과정에 공을 들이지 못할 이유는 없다.[29]

| 영양 결핍 |

다량의 곡물과 콩류로만 식단을 구성하면 조만간 건강에 문제가 발생할 수 있다. 두 가지 식품군에 크게 의존하지 않는 채식도 영양 부족이 문제가 되곤 한다.

많은 연구 결과에 따르면 채식 및 비건식은 비타민D, 마그네슘, 비타민B, 요오드를 포함한 주요 영양소가 결핍돼 있다. 위 영양소가 부족하면 호르몬, 갑상선 및 메틸화 장애를 유발할 수 있다. 이런 영양소는 대부분 동물성 공급원에서만 구할 수 있으며, 식물성 공급원으로 보충할 수 있다 해도 생체 이용률이 떨어진다. 또한 적당한 영양소를 갖춘 공급원에는 피틴산이 들어 있어 영양소 흡수를 차단한다. 예를 들어 피틴산은 아연 및 철에 결합해 신체 내 아연과 철의 흡수력을 떨어뜨린다. 그렇기에 채식만을 고수한다면 염증성 식품, 소화장애를 유발하는 음식, 그리고 신체가 기껏 섭취한 필수영양소를 활용하지 못하게 방해하는 식재료만 소비하면서 살아갈 수 있다.[30]

채식과 비건식 모두 주요 영양소 결핍이 나타날 수 있지만, 채식주의자는 달걀 등 동물성 식품을 섭취하므로 그 정도의 상황에 처하는 일은 덜하다. 이제 채식이 항상 성공적이지는 않은 이유와 가장 흔히 발생하는 영양소 결핍에 관해 자세히 살펴보자.

| DHA와 EPA |

표준 비건 식이요법의 오메가지방산 결핍은 오랫동안 논쟁의 대상이 됐다. 하지만 육류를 먹지 않은 덕분에 기분이 좋은데 오메가지방산을 섭취하지 않았다고 굳이 걱정해야 할 필요가 있을까? 걱정해야 한다. 지금부터 그 이유에 대해 알아보자. 알파리놀렌산(ALA)과 장쇄성 오메가3지방산인 DHA 및 EPA의 천연 공급원으로 구성된 균형 잡힌 식단은 염증을 예방하고 자가면역 및 심혈관질환 등의 건강 문제로부터 신체를 보호해 장기적으로 건강을 증진시키고 균형 잡힌 삶을 만든다. 두뇌의 60% 정도는 지방으로 구성돼 있다. 우리 몸에서 지방을 빼앗으면 브레인 포그에서 피로, 우울증, 불안에 이르기까지 온갖 불쾌한 두뇌 증상을 겪게 될 수 있다. 다시 말해서 건강한 지방은 최적의 두뇌 건강을 위해 필수적인 요소다.

오메가지방산은 체내에서 합성할 수 없으므로 반드시 음식으로 섭취해야 한다. 채식주의자는 식물성 공급원을 통해 오메가지방산을 얻을 수 있다고 주장하지만, 이를 증명하려면 콩류나 견과류, 씨앗류 등의 공급원이 얼마나 효과가 있는지 생체 이용률을 따져봐야 한다.

보통 미국인은 오메가3지방산을 대부분 ALA 형태로 섭취한다. ALA는 식물성 공급원에서 추출한 것이다. ALA는 우리 세포의 에너지원이며 이 중 적은 비율이 DHA와 EPA로 전환된다.[31] 실제로 EPA는 고작 10%, DHA는 최대 5%만이 신체 내에서 전환된다.[32] 오메가3지방산이 많이 함유된 식품은 연어, 송어, 대구 간, 청어, 고등어, 정어리 등 기름진 냉수성 어류와 새우, 굴, 대합, 가리비 등 조개 및 갑각류다. 이 오메가3지방산은 체내의 생체 이용률이 가장 높다.[33] 채식주의자는 EPA와 DHA가 모두 30% 정도 결핍돼 있는 것으로 추정된다. 비건의 경우 EPA는 50%, DHA는 60% 정도 결핍돼 있다.[34]

ALA는 오메가3지방산의 가장 큰 공급원이자 비건의 유일한 영양원이지만, DHA와 EPA 공급원 또한 반드시 섭취해야 한다. 그렇다, 생선이나 스피룰리나(여기에도 생체 이용률이 좋은 오메가가 함유돼 있다) 같은 해조류를 식단에 포함시켜야 한다는 뜻이다.

| 비타민A와 비타민D |

특히 지용성비타민은 비건과 채식주의자에게 결핍될 수 있으며 심각한 문제를 가져올 수 있는 영양소다. 이 두 가지 비타민은 내장육內臟肉, 달걀, 기 등의 유지방 제품, 자연산 해산물 등 거의 동물성 공급원에서만 발견되기 때문이다.
비타민D는 지용성비타민이 건강에 미치는 중요성과 영향에 대해 말할 때 가장 중요하게 언급되는 비타민이다. 비타민D는 지용성이라 신체의 수천 가지 중요한 경로를 조절하면서 마치 호르몬처럼 기능한다. 우리 신체의 모든 세포 하나하나가 올바르게 기능하기 위해서 갑상선호르몬 외에 필요한 요소가 있다면 바로 비타민D다. 햇빛 비타민이라고도 알려져 있어서 맨살을 햇빛에 노출시키면 체내에서 합성되기도 한다. 식품만으로는 비타민D를 충분히 섭취하기 어렵기 때문에 햇볕이 잘 드는 장소(적도와 가까운 지역)에 거주하지 않는 한, 자외선차단제를 바르지 않고 옷을 잔뜩 껴입지 않고 야외에 자주 나가지 않는 한, 아마도 우리 모두 비타민D 결핍 상태일 것이다.
이처럼 비타민D 결핍은 잡식동물을 포함해서 인류 대부분에게 중요한 문제지만 채식주의자는 훨씬 심각하다. 일반적으로 비건 및 채식주의자는 육식주의자에 비해 비타민D 결핍이 더욱 흔하기 때문이다.[35]
비타민A는 강력한 면역체계를 갖추기 위해 필수적인 영양소이며 비타민A 결핍은 심각하게 증가하고 있는 자가면역질환과 연관돼 있다.[36] 일부 연구진은 비타민A가 면역체계의 경보 세포로 면역을 자극하기 위해 '공습경보'를 보내고 신체에 손상을 줄 수 있는 과도한 면역반응을 억제하기 위해 '진정 신호'를 보내는 수지상세포와 관련이 있다고 본다. 이 '진정 신호'가 비타민A를 활용하기 때문이다.

비타민A의 선구자인 식물 베타카로틴은 고구마와 당근에 함유돼 있다. 그러나 비타민A로 사용할 수 있는 형태인 레티놀Retinol로의 전환율이 아주 낮다. 연구 결과에 따르면 건강한 성인의 경우 베타카로틴Beta-Carotene의 고작 3%만이 레티놀로 전환됐다.[37] 따라서 비건 또는 채식주의자 중 얼마나 많은 이가 비타민A 결핍을 겪고 있을지 예측할 수 있다. 그저 적절한 수준을 갖추기 위해서도 많은 양의 당근과 고구마를 먹어야 한다.

| 비타민B_{12} |

모든 채식 식단에서 잠재적으로 가장 심하게 결핍될 수 있는 영양소다. 비타민B_{12}는 신체 내 생화학 초고속도로인 메틸화에 꼭 필요하다. 메틸화는 우리 몸을 살아 있게 하고 건강한 상태로 유지하기 위해 체내에서 초당 10억 회 이상 발생한다. 우리의 DNA 보호 시스템이다. 해독 과정을 제어해 신체의 모든 세포 하나하나를 관장한다. 메틸화가 제대로 작동하지 않으면 여러 가지 건강 문제가 발생할 수 있다.

진정한 비타민B_{12}는 자연산 생선, 목초비육 소고기, 달걀, 유제품 등 오로지 동물성 식품에서만 섭취할 수 있다. 식물성 대체제로는 발효한 대두나 스피룰리나 등의 식용 해초류를 꼽는다. 그러나 여기에는 진짜 비타민B_{12}가 아니라 생체 이용이 힘든 비타민B_{12} 유사체 코바미드Cobamide가 들어 있다.[38]

비건 및 채식주의자라면 보충제 없이는 비타민B_{12}를 필요한 만큼 섭취할 수 없다. 채식주의자의 68%, 비건의 83%가 이 필수 비타민이 결핍된 것으로 추정된다.[39] 게다가 이는 유전적 결점을 고려하지 않은 수치다. 만일 비타민B_{12} 생산을 조절하는 MTR/MTRR 유전자에 돌연변이가 있다면 비타민B_{12}를 신체가 생산할 수 있는 양보다 더 빨리 소모하게 되므로 정상인 사람보다 더 많이 섭취해야 한다.

| 아연 |

아연은 중요한 미네랄이지만 우리 신체는 아연을 저장할 뚜렷한 방법이 없어서 반드시 식이요법이나 보충제를 통해 섭취해야 한다. 아연은 신체가 백혈구를 증가시켜서 염증과 싸우는 것을 돕고 항체의 방출을 거드는 역할을 한다. 아연이 결핍됐을 때 질병이 증가하는 사례가 보인다는 연구 결과도 있으므로[40] 감기약이나 독감약에서 아연 성분을 발견할 수 있는 것도 놀랄 일이 아니다. 특히 태아가 성장하고 발달하기 위해 꼭 필요한 미네랄이라 임산부는 반드시 섭취해야 한다.[41]

아연은 채식에서는 쉽게 섭취할 수 있다. 그러나 아연이 함유된 식품에는 영양소 흡수를 차단하는 피틴산도 들어 있다는 점을 기억해야 한다. 섭취량을 제대로 확인하지 않으면 여전히 아연 결핍이 발생할 수 있으며 하루 섭취량을 충분히 만족시키려면 아연이 함유된 식품을 생각보다 더 많이 먹어야 한다.

| 철분 |

철분은 세포에 산소를 공급하는 영양소다. 만일 세포에 산소가 부족해지면 제대로 기능하지 못하고 신체의 다른 부위 또한 영향을 받는다. 철분이 부족하면 나타나는 전형적인 증상으로는 피로와 성욕 저하를 꼽을 수 있다.

신체 내 철분 수치를 확인하는 방법에는 두 가지가 있다. 하나는 현재 혈액 내에서 순환하는 철분의 수치를 측정하는 혈청철이다. 다른 하나는 신체의 장기적인 철분 저장량을 측정하는 페리틴이다. 비건 및 채식주의자의 혈청철 수치는 육식주의자와 비슷하지만, 페리틴 수치에서는 차이가 있다. 페리틴 수치가 너무 높아도 염증 증가와 관련이 있으므로 크게 달가운 일은 아니지만, 너무 낮으면 철분이 결핍돼 있다는 신호이므로 마찬가지로 이롭지 않다.

철분은 헴철Iron Heme과 비헴철Non Heme의 두 가지 유형이 있다. 헴철은 체내에서 가장 생체 이용률이 좋은 철분으로 육류에서만 발견된다. 비헴철은 쉽게 흡수되지 않고 유제품, 달걀, 식물성 음식에서 찾아볼 수 있다.

식물성 식품에도 철분이 함유된 것이 많지만 오직 비헴철만 존재한다. 짙은 녹색 잎채소, 버섯, 견과류, 씨앗류, 콩류에는 모두 철분이 다량 함유돼 있다. 하지만 콩류를 많이 섭취하면 영양소 흡수를 감소시키는 피틴산 관련 문제가 발생한다. 또한 칼슘이나 커피, 차 등은 철분 흡수를 억제시킨다. 식물성 공급원과 동물성 공급원은 생체 이용률이 다르다. 이 모든 요소가 복합적으로 작용하면 채식의 비헴철 흡수율은 거의 85% 가까이 낮아진다.[42]

전반적으로 결핍 현상이 증가하면서 보충제 시장도 발전하고 있다. 그러나 이 모든 영양소 결핍을 영양제로 해결할 수 있다 하더라도 우리가 먹는 음식에서 영양소를 충분히 섭취하지 못한다면 과연 건강식이라고 말할 수 있을까? 어쩔 수 없다고 말할 수도 있을 것이다. 하지만 어쩔 수 없는 일이 아닐 수도 있다. 모든 필수 영양소를 갖춘 식단은 분명 존재한다.

Part
3

채식 기반의 케토채식

비건에서
케토채식주의자가 되기까지

내가 처음 채식을 시작한 것은 대학생 때다. 동물성 식품을 먹지 않겠다고 결정하고 건강을 위한 여정을 시작했다. 그리고 동물의 권리를 무시하는 열악한 환경의 공장식 축산과 집중가축사육시설(CAFOs), 육식이 우리의 건강과 환경에 미치는 해악에 대해 열심히 공부했다. 당시의 나는 자신만만했다. 비건이 다른 생활 방식보다 낫다는 주장에 맞장구치는 사람만 보면 일단 장황하게 말을 꺼냈다.

지금 되새겨보면 당시의 집요함은 일종의 독선적인 우월함이었다. 다른 이가 나와 같은 생각이 아니라고 콧방귀를 뀌는 것은 추악한 모습이다. 이제는 우리 모두에게 각자의 여정이 있으며 서로의 의견을 존중해야 한다는 사실을 알고 있다. 물론 자신이 배운 내용을 공유하는 것마저 금지할 필요는 없지만 타인을 멋대로 평가하는 일 없이 정중하게 이뤄져야 할 것이다.

내 인생의 전환점은 기능 의학을 공부하면서부터다. 나는 질병의 근본 원인을 찾는 법을 배우면서 건강해지기 위한 해결책은 단 하나가 아니라는 사실을 깨달았다. 당시 나는 건강하게 먹고 있는데도 불구하고 건강하게 느껴지지 않았고 그 이유를 찾기 위해 씨름했다. 뭔가 빠진 것이 있었다. 그래서 10년간 지켜온 엄격한 비건을 그만뒀고 지금은 그 어느 때보다도 활기찬 기분을 느낀다.

비건이 일반적인 미국식 식단보다 더 이로웠을까? 당연히 그렇다! 하지만 단순히 더 낫다고 해서 그것이 가장 좋은 방법이라고 할 수 없다. 그간 기능 의학의 관점에서 건강을 주제로 글을 쓰면서 비건들에게서 신랄한 비판을 받았다. 그런 전술로 사람의 마음을 바꿀 수는 없다. 그저 분열시킬 뿐이다.

내 개인적인 건강 여정에서 시작해 이제는 사람 대 사람이자 기능 의학 개업의로서 수천 명의 환자를 만난 결과 순수한 비건은 나를 위한 해답이 아니라는 결론에 도달했다. 이유는 다음과 같다.

| 소화력이 약해졌다 |

나는 수년간 건강한 유기농 육류와 지방을 먹지 않은 것이 저산증低酸症, 즉 위산감소증과 담낭 문제에 영향을 미쳤을 것으로 본다. 기능 의학 실험실을 운영하면서 깨달은 사실이다. 저산증 때문에 음식을 제대로 소화하기 어려웠고 여기에 그간 먹은 곡물과 콩류가 더해지며 장내 고투과성, 즉 장누수증후군이 발생했다.

| 해독 경로Detox Pathways가 약해졌다 |

우리 중 40% 정도는 MTHFR 돌연변이 등의 메틸화기능장애를 가지고 있는 것으로 추정되며 나 또한 그중 한 명이다. 메틸화는 인간의 해독 체계와 두뇌, 장 및 면역 건강에 도움을 주는 생화학적 고속도로다. 여기에 돌연변이가 존재하면 두뇌, 호르몬, 소화기에 만성적인 자가면역 위험성이 증가될 수 있다. 건강한 메틸화 경로에 필수적인 요소인 콜린Choline과 비타민B_9(엽산), 비타민B_{12}는 자연산 생선에 풍부하게 함유돼 있다. 물론 영양제로 섭취할 수도 있지만 평소 식단에서 자연스럽게 얻을 수 없다면 내 식단이 내 몸에 가장 좋은 식단이라 말할 수 있을까?

| 피부 트러블이 생겼다 |

나는 여드름이 잘 생겼다. 비건 식단을 유지할 때 장 건강을 잃었을 뿐만 아니라 음식을 통해 유익한 비타민A를 충분히 얻지 못한 탓에 피부 건강이 나빠지고 말았다. 생물학적으로 이용 가능한 형태인, 진정한 비타민A라고도 부르는 레티놀은 오직 생선, 조개 및 갑각류, 달걀노른자, 대구 간유, 목초비육 기Ghee 등 동물성 식품에만 포함돼 있다. 비타민A의 전구체인 식물성 카로틴은 고구마와 당근에 함유돼 있지만 앞서 언급했듯이 체내에서 이용 가능한 형태인 레티놀로의 전환율이 좋지 않다.

일단 대구 간유, 콜라겐(식물성 식품으로는 얻을 수 없는)이 풍부한 식품, 자연산 해양

콜라겐 등 진정한 비타민A가 풍부한 식품으로 식단을 구성하자 피부 상태가 개선되는 것을 느낄 수 있었다.

| 면역체계가 약해졌다 |

나는 종종 쇠약해지는 기분이 들었다. 건강한 지방은 물론 지용성비타민이 부족했기 때문이다. 비타민A는 강력한 면역체계를 갖추기 위한 필수 요소다. 또한 비타민A 결핍은 류마티스관절염 및 제1형당뇨병 등 자가면역질환과 관련이 있다.

왜 그럴까? 면역체계에서 경보 역할을 하는 수지상세포는 면역을 자극하거나, 반대로 신체에 손상을 입힐 수 있는 과도한 면역 염증을 진정시키는 역할을 한다. 면역체계에 "진정해"라는 신호를 보내려면 진정한 비타민A(레티놀)가 필요하다.

비타민D 또한 신체의 대사 활동 및 면역 경로에 필수적인 영양소다. 인터류킨 17 등 여러 염증성 화학물질을 생성하는 헬퍼T세포인 Th17세포를 예로 들 수 있다. 염증성 장질환, 다발성경화증, 건선, 류마티즘관절염 등 자가면역질환 상태일 때는 Th17세포를 통제할 수 없다. 비타민D는 비타민A와 상승작용을 해 Th17세포의 염증반응을 약화시킨다. 비타민D는 비타민A와 마찬가지로 생선, 달걀노른자, 기에 풍부하게 함유돼 있다. 매일 20~60분 정도 햇볕을 쬐면서 시간을 보내는 것도 비타민D 보충에 도움이 된다. 자신의 비타민D 수치가 건강한 상태인지 확인하려면 몇 개월 간격으로 검사를 받는 것도 좋다.

비타민A와 비타민D 외에 종종 간과되는 지용성비타민으로 비타민K_2가 있다. 신경면역학저널에 실린 한 연구에 따르면 비타민K_2가 다발적경화증 증상이 있는 쥐의 척수와 두뇌 면역체계의 전염증성 iNOS를 억제하는 데 효과가 있었다고 한다.[1] 그러나 불행히도 비타민K_2는 서양식 식단에서 가장 흔하게 결핍되는 영양소 중 하나다.

비타민K_2는 다른 지용성비타민인 비타민A, 비타민D와 함께 섭취할 때 가장 효과적이다. 특히 목초비육 버터(기)와 같이 자연 식품 형태로 먹는 것이 좋다. 비GMO

대두를 발효해서 만든 슈퍼푸드 낫토에도 비타민K_2가 많이 함유돼 있다.

| 머리가 멍하고 피로하다 |

예전에 브레인 포그 증상을 경험한 것은 저지방 비건 식단에 건강한 지방이 부족했기 때문이라고 생각한다. 생선에 함유된 오메가지방산은 사실상 두뇌를 위한 슈퍼푸드다. 물론 오메가3지방산인 ALA는 호두, 아마씨 등 식물성 식품에도 함유되어 있지만 DHA나 EPA로 변환해야 하는 비효율적인 과정을 거쳐야 하므로 체내에서 쉽게 이용하기 힘들다.

활력이 저하되면 피로가 함께 찾아온다. 아라키돈산Arachidonic Acid과 도코사헥사에노익산Docosahexaenoic Acid은 두뇌 건강에 중요한 역할을 하는 두 가지 형태의 지방이다. 두뇌를 위한 이 두 가지 지방을 생물학적으로 이용 가능한 형태로 제공하는 공급원은 무엇일까? 바로 생선과 기타 동물성 식품이다. 나의 엄격한 비건 식단에서 결핍된 또 다른 영양소인 철분도 깨끗한 해산물에 풍부하게 함유돼 있다.

오늘날 우리들은 염증성 두뇌 문제와 신경학적 문제로 골머리를 앓고 있다. 불안, 브레인 포그, 피로, 우울증, 주의력결핍장애(ADD), 자폐증, 알츠하이머병, 파킨슨병, 다발성경화증 등 우리에게 영향을 미치는 두뇌 문제 목록은 무척 길고 점점 늘어나고 있다. 두뇌 문제와 씨름하는 사람이 그 어느 때보다 많은 지금, 우리는 스스로에게 질문을 던져야 한다. "대체 이유가 뭘까?" 건강이 쇠퇴하는 데는 복잡한 이유가 있지만 가장 큰 원인을 먼저 알아보자. 우리는 오랫동안 지방과 콜레스테롤을 악마 취급했다. 20세기 후반부터 지방이 동맥을 막고 체중을 증가시킨다는 말을 듣고 피해왔다.

이런 믿음은 오늘날에도 여전히 남아 있지만 이제는 오래가지 못할 것이다. 신경학의학저널에 실린 연구에 따르면 총 콜레스테롤 수치와 뇌졸중 위험 사이에는 연관성이 없을 수도 있다.[2] 다른 연구 결과에 따르면 콜레스테롤 수치가 낮으면 오히려 사망 가능성이 높아질 수 있다는 점이 드러나기도 했다. 또한 콜레스테롤 강하제인

스타틴의 여러 부작용 중에는 기억 상실과 두뇌 기능 장애가 포함돼 있다.[3]
우리 신체에서 가장 기름진 장기인 두뇌는 대부분 지방으로 이뤄져 있으며 신체의 모든 콜레스테롤의 $\frac{1}{4}$이 두뇌에서 발견된다. 따라서 콜레스테롤과 지방은 두뇌 건강 및 기능에 매우 중요하다. 하지만 우리는 두뇌가 가장 좋아하는 음식을 빼앗아 왔다.

| 케토채식으로 전환한 뒤의 변화 |

이처럼 나는 철저한 비건이었지만 야금야금 건강 문제를 축적하고 있었다. 내 선택이 틀렸다는 사실을 인정하지 않기 위해서 계속 동물성 식품을 피해야 할까? 여러 해 동안 채식주의자로 살아오고 있는 친한 친구이자 동료 테리 월스 박사는 다음과 같은 감동적인 말을 했다.

> "저는 야생에서의 삶을 고찰하는 시간을 가졌습니다. 우리는 결국 서로를 소비합니다. 인간의 몸을 구성하는 원자와 분자는 지속적으로 재활용됩니다. 광합성의 혜택을 받지 못하는 모든 생물은 식물과 곰팡이, 박테리아, 동물 등 다른 생명체를 소비해야만 합니다. 그리고 언젠가는 그들이 나를 소비합니다. 저는 이런 생각을 되새기며 기도와 명상을 거듭했습니다. 인간은 수천 세대에 걸쳐 모든 생명체를 먹어왔으니, 만일 내가 고기를 먹더라도 자연에 대한 범죄를 저지르는 것은 아니라는 결론을 내렸습니다. 오히려 자연에 더 가까워지겠지요."

나 또한 나 자신은 자연과 분리된 존재가 아니라 그 일부라는 사실을 깨달았다. MTHER 메틸화장애 및 소화·피부 문제, 자가면역질환 가족력 때문에라도 순수한 비건은 내 건강에 적합한 방법이 아니었다.
현재 나는 채식 기반의 건강한 지방성 케토제닉 식단을 따르고 있으며 그 어느 때보다도 활력 넘치는 생활을 하고 있다. 이 글을 읽는 사람들도 예외가 아니다. 누구나 기운 넘치는 삶, 깨끗한 피부와 건강한 소화 능력을 손에 넣을 수 있다.

케토채식은 채식을 기반으로 하므로 어느 정도는 비건이라고 볼 수 있지만 음식의약을 활용해 건강한 지방을 몇 가지 추가했다. 일부 레시피에는 다음과 같은 식품이 포함돼 있으므로 비건이라기보다는 채식에 가깝다.

- **달걀**_ 목초비육으로 생산한 유기농 달걀노른자에는 비타민A, D, E, B, 콜린, 철분, 칼슘, 인, 칼륨 등이 풍부하다. 모두 건강한 호르몬과 두뇌, 면역체계 및 피부에 영향을 주는 영양소다.
- **기**_ 목초비육 기 또는 정제 버터에는 염증성 유단백인 카세인은 제거되고 유지방과 함께 건강한 면역체계, 두뇌, 호르몬, 피부에 필요한 지용성비타민A, D, K_2는 남아 있다. 기는 가연점이 높아서 요리에 사용하기도 좋다.

또한 다음 식재료를 포함하면 케토제닉 페스코테리언(해산물까지 섭취하는 채식주의–옮긴이) 식단이 된다.

- **자연산 생선과 조개, 갑각류**_ 세상에서 가장 건강한 자연산 생선을 식단에 넣으면 생물학적으로 이용 가능한 형태의 오메가지방산과 미네랄을 얻을 수 있다. 두뇌와 호르몬, 면역체계, 피부, 대사 건강을 최적의 상태로 유지하려면 반드시 필요한 영양분이다. 이것을 포함하면 페스코테리언 식단으로 분류할 수 있지만, 실제 페스코테리언 식단과 달리 탄수화물이 많은 콩류와 곡물을 가능한 배제한다는 차이가 있다. 대신 자연이 주는 맛있는 채소에 초점을 맞추고 있으니 더욱 정확하게는 '베가쿠아리언Vegaquarian(채식주의의 '베지테리언'에 아쿠아를 결합한 저자의 신조어–옮긴이)'이라고 불러야 할 것이다!

위의 세 가지 음식의약을 제외하면 케토채식은 전적으로 채식에 중점을 둔다. 케토채식 식단에 세 가지 식품을 추가하는 것은 본인의 선택에 달려 있으며 채식만으로 구성해도 상관없다. 내가 이 재료를 포함시킨 것은 직접 겪은 건강 여정 및 수년간 전 세계 수천 명의 환자를 접하며 깨달은 건강상의 이유 때문이다.

케토채식:
새로운 세대의 케토시스

당신이 비건이든 채식주의자든, 케토제닉 또는 팔레오를 따르든, 아니면 뭐든지 마음대로 먹고 있든, 사회의 건강이 다 함께 저하되는 현상을 목도하고도 아무렇지도 않게 행동할 수는 없다. 의료비로 1조 달러를 소비하고 있는데도 자가면역질환과 기타 만성질환이 증가하고 있다면 반드시 변화가 필요하다.

음식은 단순한 식사 그 이상의 존재다. 우리 몸의 모든 장기, 조직과 세포의 연료이자 구성물이기 때문이다. 우리가 추구하는 해답이 케토채식인 이유가 바로 이것이다. 우리는 앞서 케토제닉과 채식의 장점과 단점을 모두 확인했다. 케토채식은 이 두 가지 식습관을 혼합해서 최적의 건강 상태를 위해 필요한 모든 요소를 제공하도록 구성한 식이요법이다.

케토채식은 인간 생리학 및 인간의 DNA와 완전히 일치한다. 고지방에 영양 밀도가 높은 생활 방식은 케토제닉에 충실하고 채식에 기초하고 있으며, 염증을 줄이고 건강한 위장 기능을 증진시키며 신체를 치유하기 위해 음식의약을 활용한다.

케토채식은 지속 가능하고 소비자 친화형인 식이요법이다. 지방을 섭취하면 만족감이 느껴지고 음식에 대한 갈망이 잦아드는데, 보통 이 갈망 때문에 대부분의 다이어트가 실패한다. 신진대사를 케톤 적응형으로 전환시키면 혈당 롤러코스터에서 내릴 수 있으니 음식으로부터 자유로워진다.

> 케토채식은 음식을 갈망하는 데서 오는 수치심과 다이어트에 얽매이는 조급함 따위와는 거리가 멀다. 새로운 시대의 새로운 식습관이다.

케토채식은 건강을 최적화하고 싶은 비건과 채식주의자, 케토제닉은 물론 표준 미국인 식습관을 따르는 사람(이 문제에 관해서는 서구 문화 전체가 해당된다)을 위해 만들어졌다. 육식을 원하지 않거나 그저 채식 기반 케토제닉을 더 자세히 알고 싶은 사람에게도 유용하다. 나는 식사를 하며 감사하고 편안한 기분을 만끽한다. 지금까지 내 삶은 대부분 채식으로 이뤄져 있지만, 어느 날 자연산 생선이나 심지어 목초비육 소고기가 먹고 싶어진다면 당연하게 먹을 것이다.

나는 케토채식을 활용해서 신체를 지방 적응형으로 전환시켰다. 생활 방식을 조절해 유연한 신진대사를 갖춘 덕분에 마음이 내키면 건강한 탄수화물의 비중을 늘렸다가 다시 영양 케토시스로 돌아갈 수 있다. 이제는 내 몸에 필요한 것이 무엇인가에 따라 직관적으로 식사를 한다. 흔한 식이요법의 규칙을 초월한 케토채식은 음식을 갈망하는 데서 오는 수치심과 다이어트에 얽매이는 조급함 따위와는 거리가 멀다. 새로운 시대의 새로운 식습관인 것이다.

Part
4

케토채식 음식 알기

드디어 케토채식 세상에 온 것을 환영한다. 이 파트에서는 채식을 기반으로 구성한 케토채식 식단에서 먹게 될 맛있고 영양가가 그득하며 포만감까지 넘치는 음식에 대해 알아볼 것이다. 생존을 위한 식사는 잊어버리자. 케토채식은 건강한 삶을 위한 지침서다. 우선 다음을 기억하자.

- **총 칼로리의 60~75%를 지방으로 구성한다(그보다 높을 수도 있다).**
- **총 칼로리의 15~30%를 단백질로 구성한다.**
- **총 칼로리의 5~15%를 탄수화물로 구성한다.**

케토채식 식단을 처음 시작해 몸이 지방 적응화 과정을 거칠 때는 하루에 25~55g 정도의 순수 탄수화물을 섭취하는 것이 가장 좋다. 순수 탄수화물은 총 탄수화물에서 섬유질과 자일리톨 등의 당알코올을 제한한 수치를 뜻한다. 대체로 섬유질과 당알코올은 혈당 수치에 영향을 미치지 않고 글리코겐으로 저장되지도 않는다.

먹어야 할 것

| 건강한 지방 |

지방은 우리의 연료다. 지방 적응화를 완료하는 비결은 건강한 지방에 집중하고 건강에 해로운 탄수화물을 피하는 것이다. 그러면 우리는 지방을 연소해서 염증을 퇴치하고 노화를 방지하며 두뇌에 연료를 공급하는 효율적인 발전소가 될 수 있다. 매 끼니마다 지방을 섭취하자. 체구와 활동량에 따라 식사당 20~60g 정도의 지방을 섭취해야 한다.

그렇다면 어떤 지방을 먹어야 할까? 잘못 요리하면 좋은 지방도 나쁜 지방이 돼 버릴 수 있으므로 요리 과정 또한 중요하다. 양질의 지방을 구입하고도 발연점 이상으로 가열해서 산화시켜버리면 본의 아니게 체내에 염증을 유발하는 나쁜 지방으로 만들게 된다. 엑스트라버진 올리브오일을 튀김이나 볶음용으로 사용하는 것이 그 예다. 본인이 사용하는 오일의 발연점을 숙지해야 한다. 조리에 적합한 좋은 지방과 가열하지 않고 먹어야 좋은 지방을 정리한 목록이다. 기본은 동일하다. 좋은 지방은 우리 몸에 이로우니 아끼지 말자. 천천히 시작해서 인체에 필요하고 내 몸에 잘 맞는 수준까지 지방 섭취량을 끌어올리자.

조리용으로 좋은 지방

- 코코넛오일
- 기(정제 버터)
- 아보카도오일
- 올리브오일(실온으로 먹어야 하는 엑스트라버진 또는 버진 제외)
- 헤이즐넛오일
- 마카다미아오일
- 야자과육오일
- 야자핵오일
- 참기름(저온에서 볶은 것)

생식용으로 좋은 지방

- 엑스트라버진 올리브오일
- 엑스트라버진 코코넛오일
- 아보카도오일
- 호두오일
- 아마씨오일
- 헤이즐넛오일
- 아몬드오일
- 마카다미아오일
- 헴프시드오일
- MCT오일
- 야자핵오일
- 코코아버터
- 기(정제 버터)
- 아보카도
- 과카몰리
- 코코넛밀크
- 코코넛 과육
- 코코넛크림
- 코코넛밀크요구르트(무가당)
- 아몬드밀크요구르트(무가당)

단일염기 다형성(SNPs, 유전적변이)이 달라서 근본적인 내장 관련 문제를 일으키는 APOE4 대립형질 등을 지닌 사람은 포화지방 섭취량을 적당히 조절해야 한다. 케토채식 레시피는 보통 코코넛오일과 기를 사용한다. 그러나 위의 문제에 해당하는 사람은 포화지방을 너무 많이 섭취하면 염증이 증가할 수 있다. 만일 포화지방 섭취량을 늘린 후 몸 상태가 나빠지면(검사 결과 염증 수치가 올라갔거나 단순히 느낌이 좋지 않을 경우) 포화지방 섭취량을 하루 30g 이하로 제한하자. 대신 단일불포화지방(올리브오일, 견과류 및 씨앗류)과 다중불포화지방에 집중하는 것이 좋다.

| 견과류와 씨앗류 |

견과류는 지방과 단백질이 풍부한 영양 공급원이다. 그대로 먹거나 샐러드에 넣어도 좋고 스무디에 갈아 넣거나 견과류 밀크, 치즈 등을 만들 수 있다. 곱게 가루를 내서 곡물 가루 대신 사용하기도 한다.

- **아몬드**_ 23알당 단백질 6g + 지방 14g
- **브라질너트**_ 6알당 단백질 4g + 지방 19g
- **캐슈너트**_ 18알당 단백질 4g + 지방 13g
- **치아시드**_ 2큰술당 단백질 4g + 지방 9g
- **아마씨**_ 2큰술당 단백질 4g + 지방 8g
- **헤이즐넛**_ 21알당 단백질 4g + 지방 17g
- **헴프시드**_ 3큰술당 단백질 11g + 지방 13.5g
- **마카다미아**_ 11알당 단백질 2g + 지방 22g
- **피칸**_ 반으로 자른 피칸 19개당 단백질 3g + 지방 20g
- **잣**_ 165알당 단백질 4g + 지방 20g
- **피스타치오**_ 49알당 단백질 4g + 지방 18g
- **사차인치씨**Sacha Inchi Seed_ 40알당 단백질 9g + 지방 16g
- **호두**_ 반으로 자른 호두 14개당 단백질 4g + 지방 18g

견과류와 씨앗류의 거친 섬유질(씨앗류는 견과류에 비해 덜 거친 편이다)과 렉틴 및 피틴산은 일부 사람에게 과민 반응을 일으킬 수 있다. 또한 시판용 견과류는 보통

견과류와 씨앗류 불리는 법

견과류를 활성화시키자! 간단한 과정만 거치면 염증성 렉틴과 피틴산을 미리 분해할 수 있다. 이 과정이 번거롭다면 미리 불려서 발아시킨 견과류나 씨앗류를 찾아보자.

1. 견과류나 씨앗류를 볼에 담고 물을 붓는다.
2. 천일염을 1~2큰술 넣는다.
3. 볼에 덮개를 씌우고 냉장고에 넣어 7시간에서 하룻밤 정도 불린다.
4. 견과류나 씨앗류를 건져서 헹군 뒤 소금기를 제거하고 건조기 선반에 골고루 펼친다.
5. 견과류나 씨앗류가 살짝 바삭해질 때까지 건조기에서 말린다. 건조기가 없다면 오븐에 넣어 살짝 바삭해질 때까지 낮은 온도로 굽는다. 건조하지 않으면 냉장 보관해도 며칠 안에 곰팡이가 생길 수 있다.

대두유나 유채씨유 등의 염증성 산업용 오일로 뒤덮인 상태다. 그리고 문제를 야기하는 부분수소화 트랜스지방이 함유돼 있을 수도 있다. 반드시 생 견과류와 씨앗류를 구입해 적절하게 손질한다. 견과류와 씨앗류를 하룻밤 동안 물에 담가서 염증성 렉틴을 분해하고 영양분의 생체 이용률을 높이면 과민 반응을 일으킬 확률이 줄어든다.

| 방목 생산한 달걀 |

위대한 슈퍼푸드 달걀은 지금까지 부당하고 부정확한 박해를 받아왔다. 특히 달걀노른자는 달걀이 보유한 영양소 대부분을 함유하고 있음에도 온갖 비난을 뒤집어썼다. 아무런 의심 없이 지방과 콜레스테롤을 걱정하면서 달걀노른자를 버리거나 달걀흰자만 분리한 제품을 구입하는 사람이 많다. 하지만 달걀노른자는 그야말로 자연이 낳은 종합비타민이다.

• **달걀 1개당 단백질 6g + 지방 5g**_ 달걀 3~4개면 지방을 20g 정도 섭취할 수 있다!

햇빛 아래 벌판을 자유롭게 뛰노는 닭이 낳은 유기농 목초방목 달걀은 콜린, 오메가3지방산 등 두뇌에 필수적인 영양분을 공급한다. 모든 육류 및 유제품과 마찬가지로 모든 달걀이 동일한 방식으로 생산되는 것은 아니다. 목초방목 달걀은 공장형 축산 달걀보다 오메가3지방산을 세 배나 많이 함유하고 있는 것으로 나타났다.
연구 결과에 따르면 오히려 달걀흰자가 염증을 일으키는 경향이 있다. 달걀흰자의 단백질 성분인 알부민은 내장 벽을 통과할 수 있으므로 장누수증후군 환자가 달걀흰자를 섭취하면 염증이 나타날 가능성이 있다. 달걀을 먹고 거부 반응이 나타난다면 오리알로 대체해보자. 오리알은 달걀보다 거부 반응을 덜 일으킨다.

| 식물성 단백질 |

케토채식 식단의 기본은 고지방, 저탄수화물, 적당한 단백질이다. 단백질은 제지방체중除脂肪體重(LBM) 450g당 매일 0.5~1g을 섭취할 것을 목표로 삼는다. 제지방체중이란 체중에서 지방을 제한 무게를 뜻한다. 온라인을 찾아보면 LBM을 쉽게 계산할 수 있는 프로그램이 많다. 제지방체중이 45kg이라면 최적 단백질 섭취 범위는 하루 45~68g이다. 다음은 견과류와 달걀 외에 매일 먹기 좋은 식물성 단백질 식품이다.

• **헴페**Hempeh**(헴프시드로 만든 템페)**_ 헴페 113g당 단백질 22g
• **낫토(비GMO 유기농 제품)**_ 낫토 1컵당 단백질 31g
• **템페**Tempeh**(비GMO 유기농 제품)**_ 템페 1컵당 단백질 31g

끼니당 섭취해야 할 지방의 양은 어느 정도일까?

처음에는 섭취해야 할 건강한 지방의 양이 엄청나게 많아 보일 것이다. 무척 놀랄 수도 있다. 케토채식을 처음 시작한다면 보통 끼니당 30g 정도의 지방을 목표로 삼는다. 그 정도면 대략 얼마만큼의 지방을 먹어야 하는 것일까?

음식	양	지방 함량	끼니당 분량
아몬드	10알	6g	20~30알
아몬드버터	1큰술	10g	3큰술
아보카도	1개(통)	30g	1개
코코넛크림	1큰술	5g	6큰술
코코넛오일	1큰술	14g	2큰술
달걀	1개	5g	3~4개
기	1큰술	15g	2큰술
마카다미아	10알	21g	15알
올리브오일	1큰술	14g	2큰술
피칸	10알	20g	15알

- **헴프시드 프로틴파우더**_ 프로틴파우더 4큰술당 단백질 12g
- **헴프시드**_ 헴프시드 1컵당 단백질 40g
- **마카Maca파우더**_ 마카파우더 1큰술당 단백질 3g
- **완두콩**_ 익힌 완두콩 1컵당 단백질 9g
- **영양 효모**_ 효모 1큰술당 단백질 5g
- **사차인치씨 프로틴파우더**_ 프로틴파우더 4큰술당 단백질 24g
- **스피룰리나**_ 스피룰리나 1큰술당 단백질 4g
- **아몬드버터**_ 버터 $\frac{1}{4}$컵당 단백질 6g

- **시금치_** 익힌 시금치 $\frac{1}{2}$컵당 단백질 3g
- **아보카도_** 아보카도 $\frac{1}{2}$개당 단백질 2g
- **브로콜리_** 익힌 브로콜리 $\frac{1}{2}$컵당 단백질 2g
- **방울양배추_** 방울양배추 $\frac{1}{2}$컵당 단백질 2g
- **아티초크_** 아티초크 $\frac{1}{2}$컵당 단백질 4g
- **아스파라거스_** 아스파라거스 1컵당 단백질 2.9g

| 농산물 |

케토채식에서 채식을 담당하는 부분이다. 일반 케토제닉은 탄수화물이 들어 있다고 채소를 기피할 수도 있지만 케토채식주의자라면 식물성 식품의 장점을 제대로 알고 있을 것이다.

- **질병을 퇴치하는 식물성 영양소 보유**
- **해독 보조**
- **장내 미생물군의 연료 제공**

케일과 시금치, 근대 등 짙은 녹색 잎채소에는 메틸화 및 해독 경로 개방에 필수적인 영양분인 엽산이 함유돼 있다. 근대, 머스터드잎, 아루굴라 등 쓴맛이 나는 녹색 채소는 간 기능 강화에 뛰어난 능력을 발휘한다. 브로콜리 새싹에는 체내에서 설포라판Sulforaphane으로 바뀌어 해독에 도움을 주는 글루코라파닌Glucoraphanin이라는 화학물질이 함유돼 있다. 파슬리, 고수 등의 허브는 납과 수은 같은 중금속을 제거하는 작업을 한다. 마늘, 양파, 방울양배추, 양배추, 콜리플라워 등 유황 성분이 많은 채소는 메틸화 및 간 해독을 돕는다. 그리고 이 모든 식물성 식품은 면역 체계를 구성하는 박테리아 수조 개로 이루어진 장내 미생물군의 식량인 섬유질을 제공한다.

되도록 유기농 채소를 구입하고 유기농이 아닌 채소를 구입했다면 제대로 깨끗하게 씻어야 한다. 볼에 찬물을 채우고 식초 1컵을 넣어 과일과 채소를 15분 정도 담갔다 씻은 뒤 종이타월 등으로 두드려 물기를 거둔 다음 보관한다. 살충제에 많이 오염된 채소, 비교적 오염도가 약해서 비유기농 상품을 구입해도 괜찮은 채소에 관한 정보는 환경활동그룹Environmental Working Group에서 매년 증보 및 발행하는 '더티 더즌 앤 클린 피프틴Dirty Dozen and Clean Fifteen' 목록을 참조하자.

채소

비전분질 또는 전분 함량이 낮은 채소를 하루에 4~9컵 정도 먹는 것을 권장한다. 처음에는 매 끼니마다 채소 1컵을 먹는 것을 목표로 삼고 본인의 체구와 입맛, 탄수화물 민감도에 따라 양을 늘린다. 최상의 케토채식 식단을 완성하려면 영양소가 풍성한 다양한 채소로 식탁을 채워야 한다.

- 알팔파싹
- 아티초크
- 아루굴라Argula
- 아스파라거스
- 숙주
- 비트
- 청경채
- 브로콜리
- 브로콜리 새싹
- 방울양배추
- 양배추
- 당근
- 콜리플라워
- 셀러리
- 근대
- 차이브
- 녹색 콜라드Collard Greens
- 오이
- 덜스Dulse
- 엔다이브
- 생강
- 지카마Jicama
- 케일
- 켈프Kelp
- 콜라비
- 다시마
- 리이크Leek
- 양상추
- 버섯
- 김
- 오크라
- 올리브
- 래디시
- 루바브Rhubarb
- 루타바가Rutabaga
- 실파
- 해조류
- 시금치
- 호박

- 순무
- 물밤Water Chestnut

향신료

신선한 향신료나 건조 향신료를 취향에 따라 적당량 넣어 맛을 낸다.

- 올스파이스
- 아니스씨Anise Seed
- 안나토Annato
- 캐러웨이Caraway
- 카다몸Cardamom
- 셀러리씨
- 시나몬
- 정향
- 코리앤더
- 쿠민
- 펜넬
- 호로파Fenugreek
- 마늘
- 생강
- 홀스래디시
- 주니퍼Juniper
- 주니퍼베리
- 메이스Mace
- 머스터드
- 너트멕
- 통후추
- 양귀비씨Poppy Seed
- 천일염
- 참깨
- 팔각Star Anise
- 수막Sumac
- 강황
- 바닐라빈(무첨가)

허브

신선한 허브나 마른 허브를 취향에 따라 적당량 넣어 맛을 낸다.

- 바질
- 월계수잎
- 고수
- 딜
- 라벤더
- 레몬밤
- 민트
- 오레가노
- 파슬리
- 로즈메리
- 세이지

| 음료 |

- **물**
- **커피**(유기농)
- **차**(유기농)
- **코코넛밀크, 아몬드밀크**(무가당)
- **콤부차**_ 당이 많이 첨가된 것은 피한다. 새콤할수록 좋다.
- **탄산수**(무가당)
- **녹색 주스**_ 신선한 녹색 채소에 레몬, 라임, 생강만 넣어서 착즙한 것. 당 함량에 주의한다.
- **닭뼈국물(유기농)**_ 케토채식 식단의 비건, 채식, 베가쿠아리언 규칙에서 유일하게 예외로 삼는 것이 유기농 닭뼈로 만든 뼈국물이다. 미네랄과 전해질 등 영양소가 풍부하고 헛헛한 마음을 달래주는 뼈국물을 케토채식 식단에 추천한다. 닭 대신 생선뼈를 이용하면 베가쿠아리언 규칙을 준수할 수 있다. 그러나 생선뼈국물은 만들기 어렵고 즐기는 사람도 많지 않으므로 유기농 닭뼈국물을 사용하는 것이 좋다.

| 케토채식 제과제빵 |

평범한 '글루텐프리'를 넘어선 케토채식 제과제빵을 하고 싶다면? 제과제빵에 사용하기 좋은 글루텐프리 케토채식 재료를 소개한다. 각 수치 및 전반적인 다량영양소 함량은 브랜드 및 식품 추적 계산기에 따라 달라진다. 또한 제과제빵에 옥수수 전분 대신 잔탄검을 사용해도 좋다.

가루 종류	지방	단백질	순수 탄수화물
아몬드가루($\frac{1}{4}$컵)	14g	6g	3g
코코넛가루(2큰술)	3g	2g	2g
치아시드가루(56g)	17g	8g	3g

아마씨가루(2큰술)	18g	3g	1g
코코넛슬라이스(3큰술)	10g	1g	2g
타이거넛가루($\frac{1}{4}$컵)	7g	2g	9g

| 저과당 과일 |

케토채식은 과당 섭취를 제한하므로 개인의 당 소화 능력에 따라 하루에 2줌 정도를 추천한다. 과당 함량이 낮은 레몬, 라임, 자몽, 베리류를 추천한다.

- 블랙베리
- 블루베리
- 캔탈롭Cantalop멜론
- 클레멘타인Clementine 귤
- 자몽
- 허니듀멜론
- 키위
- 머스크멜론
- 오렌지
- 파파야
- 패션프루트
- 파인애플
- 라즈베리
- 루바브
- 딸기
- 탄젤로Tangelos 오렌지

| 저탄수화물 천연감미료 |

취향에 따라 소량을 사용해서 음식에 단맛을 낸다.

- 에리스리톨Erythritol
- 이눌린Inulin
- 나한과Monk Fruit
- 스테비아Stevia
- 타가토스Tagatose
- 자일리톨Xylitol

| 가지속屬 |

만약 자가면역 및 염증 문제가 있다면 제한하거나 완전히 배제해야 하는 식품이다.

가지속 식물의 껍질에는 알칼로이드가 함유돼 있어서 건강 상태나 민감도에 따라 염증반응을 유발할 수 있다.

- **가지**
- **구기자**
- **감자**(고구마 제외)
- **토마티요**
- **토마토**
- **카이엔**Cayenne
- **고추**(피망, 파프리카, 타말Tamales, 피멘토Pimentos)

| 케토채식과 베가쿠아리언 |

자, 이제 비건 및 채식에 속하는 모든 케토채식 식품을 살펴봤으니 이제 케토채식에서 더욱 특별한 자리를 차지하고 있는 존재를 알아보자.

우리는 깊고 푸른 바다에 뒤덮인 행성에서 살고 있다. 실제로 지표면의 70%는 수중에 잠겨 있다. 우리가 호흡하는 산소의 절반은 바다에서 자라는 식물에 의해 생성되므로 기후와 인간의 건강은 바다와 밀접하게 연관돼 있다. 바다가 지구 생명체의 원천이라면 인류 건강의 비밀이 바닷속에 있다고 볼 수 있지 않을까? 바다의 힘을 제대로 활용하는 법에 대해 알아보자.

환경활동그룹에서는 자연산 연어, 정어리, 무지개송어, 대서양 고등어 등의 생선과 홍합, 굴 등의 조개 및 갑각류를 오메가3지방산이 풍부하고 수은 수치가 낮으며 지속 가능성을 갖추고 있어 인간 및 환경에 가장 적합한 해산물로 평가한다. 청새치, 오렌지 러피Orange Roughy, 상어, 황새치, 옥돔 등 개체 크기가 큰 포식성 생선은 독소 수치가 높아서 피하는 것이 좋다.

사람에게는 오메가지방산이 필요하다. 일반적으로 미국인은 체내 오메가6지방산과 오메가3지방산 비율이 12:1에서 25:1 사이인데, 균형을 유지하려면 1:1이 가장 이상적이다. 오메가3지방산이 부족하면 피부 건강이 나빠지고 수면의 질이 떨어지며 브레인 포그를 겪게 된다. 오메가3지방산은 두뇌 신경전달물질 생성에 필요한 재료이므로 오메가지방산 부족은 우울증 및 불안과도 관련이 있다. 자연산 어류에

우리가 호흡하는 산소의 절반은 바다에서 자라는 식물에 의해 생성되므로 기후와 인간의 건강은 바다와 밀접하게 연관돼 있다.

순수 탄수화물과 총 탄수화물

이제 전문적인 과학 얘기를 할 차례다. 이해하기 쉽도록 정리할 예정이니 걱정하지 말자. 총 탄수화물이란 식품 내의 탄수화물 함량을 뜻한다. 반면 순수 탄수화물은 총 탄수화물에서 섬유질과 당알코올을 제한한 수치다. 예를 들면 다음과 같다.

식품	총 탄수화물(g)	섬유질(g)	당(g)	순수 탄수화물(g)
아보카도 1개	17.1	13.5	1.3	3.6

채소나 아보카도의 탄수화물에는 불용성 섬유질과 수용성 섬유질이 모두 함유돼 있다. 셀룰로오스Cellulose, 리그닌Lignin 등 불용성 섬유질은 체내에 흡수되지 않으므로 혈당과 케토시스에 영향을 미치지 않는다. 한편 갈락토올리고당, 프락토올리고당(FOSs) 같은 수용성 섬유질은 장내 미생물군에 의해 발효를 거쳐 아세테이트, 프로피오네이트Propionate, 부티라트 등 장쇄성 지방산(SCFAs)이라 불리는 박테리아 발효의 유익한 최종 생산물이 된다. 일반 케토제닉은 수용성 섬유질이 혈당 수치를 증가시켜 케토시스에 부정적인 영향을 미칠 가능성을 우려한다.

그러나 여러 연구에 따르면 수용성 섬유질은 오히려 혈당 수치를 낮춘다.[1] 어떻게 그런 일이 가능하냐고? 실제로 SCFA 프로피오네이트는 체내에서 장내 포도당 신합성(IGN) 용도로 사용돼 위장 내에서 포도당을 생성한다. 그리고 IGN 경로를 통해 혈당을 감소시킨다. 따라서 간肝 내 포도당 신합성과 달리 IGN은 신체에 혈당 균형 효과를 가져오는 것이다. 유익한 케톤체인 베타하이드록시뷰티레이트는 식물성 식품의 저항성 전분으로부터 생성된 SCFA 부티레이트와 구조 및 이점이 유사하다. 이런 과학적 정보 외에도 섬유질은 음식에 대한 갈망을 억제하는 데 도움을 준다. 즉, 케토시스와 음식에서 얻은 섬유질이 더해지면 음식에 대한 갈망을 분쇄하는 마법이 탄생하는 셈이다. 그야말로 금상첨화다.

케토채식은 채소, 견과류, 씨앗류 등 탄수화물을 함유하고 있더라도 온전한 섬유질이 들어 있어서 활용할 수 있는 영양소가 풍부한 자연 식품에 초점을 맞춘다.

- **케토채식 식단을 진행하면서 비전분질 채소, 아보카도, 저과당 과일, 견과류, 씨앗류를 섭취한다면 순수 탄수화물을 계산한다.**
- **가공식품(건강한 것이라 하더라도)이나 기타 자연식품이 아닌 제품을 먹을 때는 스스로를 속이지 말자. 이때는 총 탄수화물을 계산한다.**

건강한 케토제닉 식단을 시작할 때는 비전분질 채소와 자연식품, 견과류, 씨앗류 등을 통해 순수 탄수화물을 매일 25g(최대 55g) 정도 섭취하는 것이 가장 좋다. 그러나 사람마다 체질이 다르므로 탄수화물 섭취에 관한 자세한 내용은 이 책의 후반부를 참조하자.

는 두뇌, 호르몬, 심장, 면역기능을 지탱하는 오메가지방산이 들어 있다. 깨끗한 물고기가 가진 가장 큰 장점은 보충제나 가루 형태가 아닌 자연식품이라는 부분이다. 캡슐에 넣어 알약으로 만들거나 계량스푼에 담을 수 없는 다양한 영양소, 미네랄, 지방이 섞여 있다.

치아시드나 아마씨 등 견과류 및 씨앗류로도 오메가지방산을 섭취할 수 있지 않을까? 물론 그렇다. 하지만 문제는 영양소에 접근해 활용하는 생체 이용률이다. 오메가3지방산에는 두 가지 형태가 존재한다.

- **치아시드, 아마씨, 헴프시드와 호두에서 발견되는 단쇄성 식물성 오메가3지방산인 ALA**
- **어류, 오메가3지방산이 풍부한 달걀**(닭에게 아마씨를 먹이면 닭의 체내에서 단쇄성 오메가3지방산이 인간에게 이로운 장쇄성 오메가3지방산으로 변환된다), **스피룰리나 등의 해조류에서 발견되는 장쇄성 오메가3지방산인 EPA와 DHA**

의학 문헌에서 언급하는 모든 항염증 효과는 ALA가 아닌 장쇄성 EPA와 DHA 오메가3지방산에서 비롯된 것이다. 연구에 따르면 ALA에서 EPA와 DHA로의 변환은 매우 제한적이다. ALA의 5% 미만이 EPA로 변환되고, 고작 1% 미만이 DHA로 변환된다. 케토채식에서 견과류와 씨앗류가 큰 비중을 차지하지만 오메가지방산 필요량을 충족시키기에는 크게 효율적이지 않다.

만일 당신이 비건이라면 해조류 기반의 오메가3지방산을 섭취해야 한다. 채식주의자라면 오메가3지방산이 풍부한 달걀을 선택하자. 만약 케토채식주의이자 베가쿠아리언이 되고 싶다면 자연산 생선을 추천한다.

생선을 맛있게 먹는 법은 실로 다양하므로 원하는 조리법대로 만들어보자. 나는 생선 타코를 좋아해서 토르티야 대신 양상추를 사용해서 곡물을 배제한 타코를 만든다. 그동안 육류를 먹지 않았다가 다시 먹기로 결정했다면 조금씩 먹으면서 신체의 GI 시스템을 깨우도록 하자. 비건 및 채식을 지속해온 사람은 대체로 위산 분

비가 좋지 않아 단백질을 소화하기 어렵다. 초반에는 소화효소와 베타인 HCL 보충제를 펩신과 함께 섭취해서 신체가 적응할 때까지 소화를 보조하는 것도 좋다.

생선이나 조개 및 갑각류에 알레르기가 없다면 해산물은 훌륭한 영양원이다. 다음은 섭취를 권장하는 저수은 해산물 목록이다. 아래의 건강한 해산물을 섭취할 예정이라면 끼니당 손바닥 크기를 기준으로 1~2회 분량을 목표로 삼고 지방이 많은 종류에 집중하도록 한다.

(** 오메가지방산 함량이 높은 해산물, * 오메가지방산 함량이 적당한 해산물)

- 자연산 알래스카산 연어**
- 북극 곤들매기Arctic Char
- 바라문디Barramundi
- 버터피시Buterfish
- 조개Clam
- 게Crab(미국산)
- 도다리Flounder *
- 바닷가재Lobster*
- 굴Oyster**
- 명태Pollock
- 볼락Rockfish*
- 가리비 관자Scallops
- 서대기Sole(태평양산)*
- 틸라피아Tilapia
- 화이트피시Whitefish
- 마히마히Mahi Mahi(미국/에콰도르산, 줄낚시 포획)
- 날개다랑어Albacore Tuna(미국/캐나다산, 자연산 및 줄낚시 포획)**
- 가다랑어Skipjack Tuna(미국/캐나다산, 자연산 및 줄낚시 포획)
- 멸치Anchovies(안초비)**
- 대서양 고등어Atlantic Mackerel**
- 농어Bass(검은 줄무늬 바다농어)
- 메기Catfish*
- 대구Cod(알래스카산)*
- 조기Croaker(대서양산)
- 청어Herring**
- 홍합Mussels*
- 마설가자미Pacific Halibut*
- 무지개송어Rainbow Trout**
- 정어리Sardines**
- 새우Shrimp*
- 오징어Squid(칼라마리)
- 참치Tuna(일반 통조림)

- **황다랑어Yellowfin Tuna(미국 대서양산, 자연산 및 줄낚시 포획)***
- **황다랑어(서부 태평양산, 자연산 및 손/줄낚시 포획)***

피해야 할 것

케토채식은 스스로에게 실망하거나 신체를 처벌하는 식이요법이 아니다. 오히려 든든하게 먹으면서 염증을 줄이고 지방을 연소시키며 동시에 끝내주게 환상적인 기분을 주는 식사법이다. 우선 음식을 바라보는 관점을 재구성해보자.

우리가 '먹을 수 없는' 음식에는 초점을 둘 필요가 없다. 사실 원한다면 무엇이든 먹을 수 있다. 그저 염증을 증가시키고 혈당을 높이며 케토시스 상태에서 벗어나거나 건강에 좋지 않을 뿐이다. 좋은 음식을 기꺼이 공급하고 싶을 만큼 자신의 몸을 사랑해보자.

건강한 음식을 먹는 것은 자존감을 지키는 한 가지 방법이다. '피해야 할 음식' 목록을 전부 읽고 난 후에는 다시 처음으로 되돌아가서 자신이 즐길 수 있는 모든 맛있는 음식에 집중하자.

| 당 |

모든 첨가당을 의미한다. '오스-ose'가 접미사로 붙은 모든 물질이다. 당은 온갖 좋은 이름으로 무장해서 음식에 들어 있는 경우가 많으니 제품의 라벨을 꼼꼼하게 읽어야 한다.

케토채식은 스스로에게 실망하거나 신체를 처벌하는 종류의 식이요법이 아니다.

케토채식

1. 가공식품이 아닌 진짜 음식을 먹는다.
2. 탄수화물 섭취량을 낮춘다.
3. 건강한 지방 섭취량을 높인다.
4. 비전분질 채소를 먹을 때는 건강한 지방을 더한다.
5. 건강한 지방을 먹을 때는 비전분질 채소를 더한다.
6. 배가 고플 때 먹는다.
7. 만족할 때까지 먹는다.

케토채식 식품 피라미드

전분 함량이 낮은 채소

양파·브로콜리·방울양배추·양배추

깨끗한 단백질·녹색 채소

견과류·씨앗류·템페·생선·녹색 잎채소

건강한 지방

코코넛오일·코코넛크림·아보카도·아보카도오일·기·올리브오일·올리브·달걀

과당 함량이 낮은 과일

베리류·레몬·라임·자몽

인공감미료

'저탄수화물'이라고 반드시 건강하다는 뜻은 아니다.

- **수크랄로스**Sucralose _ 스플렌다Splenda
- **아스파탐**Aspartame _ 이퀄, 뉴트라스위트NutraSweet
- **사카린**Saccharin _ 스위트 앤 로우Sweet'N Low
- **네오탐**Neotame _ 다양한 식품에 사용되는 아스파탐의 화학적 유도체
- **아세설팜**Acesulfame

| 나쁜 지방 |

나쁜 지방은 부분 경화유를 포함해 유채씨유, 식물성 오일, 대두유 등 고도로 정제한 다중불포화 산업용 종자유 등이 있으며 모두 염증성이 매우 높다.

| 유제품 |

케토채식에서는 목초비육 기(정제 버터)를 제외한 모든 유제품을 배제한다.

| 곡물 |

그야말로 모든 곡물이다. 밀, 귀리, 쌀, 옥수수(옥수수는 채소가 아니라 곡물이다), 호밀, 스펠트밀, 보리, 메밀, 퀴노아 등이다. 빵, 파스타, 시리얼, 케이크, 페이스트리, 맥주 등 곡물로 만든 모든 제품도 피해야 한다.

| 고과당 과일 |

케토채식 식단을 따르는 동안에는 저과당 과일 목록에 포함된 과일 외에 달콤한 과일은 피하도록 한다.

| 전분질 채소 |

전분질 채소로는 고구마, 감자, 참마, 플랜테인Plantain 등이 있다. 탄수화물 조절용으로 전분질 채소를 활용하는 법을 참고하면 나만의 케토채식 식단을 완성할 수 있다.

최소한 60일 이상 케토채식을 집중적으로 섭취하고 나면 신체가 지방에 적응해 과일과 전분질 채소를 조금 더 먹어도 된다. 후반부에서는 식단을 장기간 유지할 수 있도록 나만의 케토채식을 정립하는 법에 대해서 알아볼 예정이다.

| 콩류 |

콩류에는 렌틸, 검은콩, 핀토콩(얼룩덜룩한 무늬가 있는 강낭콩 종류-옮긴이), 흰콩, 땅콩, 대두, 병아리콩, 잠두, 일반 강낭콩 등 모든 종류의 콩이 포함된다. 완두콩이나 깍지콩 등 깍지 형태로 섭취하는 콩과 비GMO 대두류(낫토와 템페)는 비교적 거부반응을 덜 일으키는 편이므로 케토채식 식단에 포함시킬 수 있다.

케토채식을 시작하고 60일이 지난 뒤에 콩류가 먹고 싶다면 시도해도 좋다. 다만 콩류는 탄수화물 때문에 케토시스 상태를 쉽게 흐트러뜨릴 수 있다는 점을 기억해야 한다.

콩류를 먹을 때는 최소한 8시간 이상 물에 불린 다음 물기를 제거하고 조리 및 섭취할 것을 권장한다. 일반 콩이나 렌틸은 압력솥을 이용해서 조리하는 것도 좋다. 물에 불리거나 압력솥을 이용하면 염증성 렉틴 및 피틴산 함량이 감소한다.

| 육류 |

케토채식에서는 수은 함량이 낮은 자연산 어류를 제외한 모든 육류를 배제한다. 케토채식을 시작하고 60일이 지난 뒤에 육류가 먹고 싶다면 목초비육 소고기나 유기농 닭고기를 1주일에 몇 번 정도 추가한다. 대부분은 식물성 식품을 기반으로 한 식단을 유지하게 될 것이다.

| 주류 |

친구를 몇 명 잃게 될 수도 있지만 주류는 케토채식에 도움이 되지 않는다. 간이 건강해야 하는데 알코올을 섭취하면 간에 스트레스가 가중된다. 당 연소에서 지방 연소로 전환하고자 하는 시기에는 바람직한 일이 아니다.
케토채식을 시작하면 적어도 60일 동안은 술을 마시지 않을 것을 권장한다. 그뒤에 술을 다시 마시고 싶어지면 설탕이나 시럽을 추가하지 않고 소량을 그대로 마시는 것이 제일 좋다. 드라이한 유기농 레드와인이 그나마 낫다.

섭취 가능한 당분과 피해야 할 당분

우리가 접하는 거의 모든 음식에는 당이 들어가 있다. 견과류, 양념, 콤부차, 크래커, 팝콘 등 대부분의 음식에 당연하다는 듯이 설탕이 함유돼 있다. 이 달콤한 마약은 건강한 것처럼 들리도록 살짝 이름을 바꾸기도 하기 때문에 어떤 종류의 당은 설탕이라고 인지하기조차 어렵다.
케토채식을 따르는 동안 피해야 할 당, 설탕에 속한 당분은 무엇이 있는지 알아보자.

| 피해야 할 당분 |

인공감미료

미생물군의 박테리아 균형에 변화를 가져올 수 있는 화학감미료다.[2] 자가면역질환과 당뇨병, 대사장애의 원인이 되기도 한다. 흔히 알록달록한 포장지에 담겨서 커피바에 진열돼 있는 일반적인 인공감미료다.

- **수크랄로스**_ 스플렌다Splenda
- **아스파탐**_ 뉴트라스위트NutraSweet
- **사카린**_ 스위트 앤 로우Sweet'N Low
- **네오탐**_ 다양한 식품에 사용되는 아스파탐의 화학적 유도체
- **아세설팜**_ 유제품과 아이스크림은 물론 소다와 과일 주스 등에서 종종 발견된다.

고과당 옥수수시럽

감미료가 들어 있을 거라고 생각지도 못한 식품에도 침투한 탓에 사용처를 알면 알수록 충격적인 감미료다. 옥수수 줄기에서 추출하며 전혀 자연에 가깝다고 할 수 없는 집중적인 화학 공정을 통해 만든다. 화학적 구조 덕분에 신체에서 소화될 필요 없이 빠르게 혈류로 들어가 렙틴 저항과 같은 호르몬 문제를 일으키고 체중 증가 및 체중 감량 저항을 증가시키는 인슐린 스파이크를 일으킨다.

아가베시럽

아가베시럽은 특정 탄수화물이 혈당을 올리는 속도를 측정하는 수치인 혈당 지수가 낮으므로 건강한 대안이라는 광고를 달고 있다. 그러나 이 논리는 혈당 지수만을 고려하고 있기에 지나치게 단순하다. 아가베시럽은 혈당 지수는 낮아도 과당 함량이 높기 때문에 신체에 손상을 입히는 속도만 느릴 뿐이다. 즉, 느린 속도지만 간을 통해서 과당을 포도당, 글리코겐, 젖산 및 지방으로 전환시키게 된다. 그러면 간에 부하가 가해져서 인슐린 저항성 및 지방간 질환을 일으킬 수 있다.

터비나도설탕Turbinado

사탕수수 원당이라고도 불리지만 원당도 비정제 상태도 아닌 설탕이다. 천연 불순물은 물론 영양소까지 제하는 가공 과정을 거치기 때문이다. 물론 정제된 백설탕보다야 훨씬 가공을 덜 거치지만 몸에 훨씬 좋다고 할 수는 없다.

현미 조청

현미와 효소를 조합해서 만드는 감미료다. 효소로 전분을 분해한 다음 끓여서 시럽을 만든다. 발효 과정 덕분에 설탕을 소화하기 쉬워진다. 가장 큰 문제는 주로 사용하는 보리 효소에 글루텐이 함유돼 있다는 것이다. 특별히 글루텐프리 현미 조청 제품을 구입하지 않는 이상 글루텐 민감도가 높은 사람은 부지불식간에 건강 문제가 생길 수도 있다. 또한 쌀을 다량으로 섭취하면 비소가 축적될 수 있다. 연구 결과에 따르면 유기농 현미 조청은 비소 함량이 높은 편이다. 독소 노출을 줄이고 싶다면 현미 조청을 사용한 시판 제품 섭취를 제한하자.

| 그나마 괜찮은 당분(케토채식주의자가 아닌 가족 및 친구를 위한 당) |

메이플시럽

시판 공장제 메이플시럽은 제외한다. 여기서 말하는 메이플시럽이란 순수 100% 유기농 메이플시럽이다. 메이플시럽이 일반 설탕보다 몸에 좋은 이유는 아연, 염증을 퇴치하는 폴리페놀 항산화물질 등 우리 몸에 이로운 미네랄이 풍부하기 때문이다. 그리고 나무 수액에서 바로 얻은 것이므로 최소한의 가공만을 거쳤다. 메이플시럽의 색이 어두울수록 항산화물질이 더 많이 함유돼 있다는 뜻이다. 세상에는 24가지 종류의 메이플시럽이 있다!

꿀

인생에 단맛을 조금 더하고 싶다면 꿀이 최고의 선택지다. 살균 및 여과를 거치지 않은 생꿀의 이점은 엄청나다. 암세포와 싸우고 심장 건강을 증진시키는 폴리페놀 같은 강력한 항산화제가 함유돼 있다. 또한 면역체계를 향상시키는 꿀벌 화분이 아직 남아 있어 질병 퇴치력이 뛰어나다. 단연 최고의 꿀은 영양가가 높고 항균성이 강한 뉴질랜드 마누카꿀이다.

당밀

원당을 끓여서 자당Sucrose을 제거해 만드는 감미료다. 제조 과정을 거치고 나면 당밀이라고 불리는 걸쭉한 시럽이 남는다. 시럽을 세 번 가공해서 자당을 최대한 많이 제거해 만든 블랙스트랩 당밀Blackstrap Molasses은 영양소가 밀집돼 있다.

대추야자

가공을 일체 거치지 않은 달콤한 대추야자는 신선한 날것으로 먹거나 건조하거나 페이스트 상태로 만들어 다양한 요리에 활용한다. 과당 함량이 높으므로 섭취량을 최소화하는 것이 중요하다.

코코넛설탕과 코코넛수액

코코넛 자체가 아니라 코코넛 꽃에서 추출해 만든 감미료다. 아연, 칼륨, 단쇄성 지방산 등의 영양소가 소량 함유돼 있으므로 일반 설탕보다는 낫다. 하지만 차이를 느낄 수 있으려면 엄청나게 많은 양을 먹어야 하고 어쨌든 가공을 거치기 때문에 가능하면 완전히 천연 식품에 속하는 당을 추천한다. 코코넛설탕에는 포도당 흡수를 늦추고 혈당 균형에 도움을 줘서 당뇨병 개선에 일조하는 섬유질인 이눌린Inulin이 함유돼 있다.

| 케토채식에서 섭취 가능한 당분 |

가장 중요한 당분이다. 케토채식 식단에 살짝 단맛을 가미하고 싶을 때 사용할 수 있는 당류는 다음과 같다.

스테비아

제로 칼로리에 혈당 지수가 낮고 천연 식품인 감미료가 있다고? 너무 그럴듯해서 거짓말 같지만 실제로 존재한다. 다만 제대로 된 종류를 고르는 것이 중요하다. 반드시 날것 상태의 유기농 스테비아를 구입하자. 고도로 가공하고 표백까지 거치는 일반 스테비아 제품을 사용하면 아예 다른 첨가물을 섭취하는 것이다.

당알코올

과일과 장과류에서 발견되는 탄수화물을 화학적으로 가공해 추출하는 소르비톨, 만니톨, 자일리톨 등의 당분으로 보통 '무설탕' 제품에서 찾을 수 있다. 미국에서는 특별히 '무설탕'이라고 기재하지 않았다면 심지어 제품 상표에 표시할 필요도 없는 당이다. 다른 무설탕 감미료는 0kcal지만 당알코올은 1g당 3kcal다. 천연 무설탕 당분을 찾는 사람에게는 스테비아와 더불어 가장 좋은 당분에 속한다.

하지만 모두에게 잘 맞는 것은 아니다. 당알코올은 완화제 효과가 있으며 과민성대장증후군(IBS)과 소장 내 세균과잉증식(SIBO) 등 소화 문제를 일으키기도 한다. 또한 신체가 완전히 흡수하지 못해서 대장에서 발효돼 가스 및 복부 팽만감을 유발한다.

나한과

루한궈Luo Han Guo라고도 불리는 나한과Monk Fruit는 스테비아, 당알코올과 더불어 저탄수화물 감미료에 속한다. 과육을 발효시켜 당분은 제거하고 단맛만 남겨서 만든다. 신체에 이로운 모그로사이드Mogroside라는 항산화제가 들어 있어서 나한과를 재배하는 동양권 국가에서는 수백 년에 걸쳐 당으로 활용했다. 한의학에서는 수세기 동안 천연 항염증제로 사용했을 정도다.

시중에서 판매하는 일부 제품에는 첨가제가 함유돼 있으므로 꼼꼼하게 살펴보고

구입해야 한다. 성분표를 읽고 순수하게 나한과만 들어간 제품을 찾아보자. 나한과 역시 너무 많이 섭취하면 소화 문제를 일으킬 수 있다.

Part 5

케토채식 실전

케토채식으로 외식

케토채식이라는 새로운 식단을 시작하면 다시는 외식을 하지 못할까 봐 걱정하는 사람도 많다. 절대 그렇지 않다. 건강을 위해 집에 콕 박혀 숨어 있을 필요는 없다. 다음은 건강한 외식을 하고 싶을 때 도움이 되는 요령 및 기술이다.

- **온라인으로 메뉴를 확인한다_** 레스토랑 중에는 홈페이지에 메뉴를 올려두는 곳이 많다. 방문하기 전에 메뉴를 숙지해두면 여유롭게 건강한 메뉴를 고를 수 있다.
- **레스토랑에서 제공하는 빵 바구니는 밀어두자_** 공짜 곡물을 담은 무시무시한 빵 바구니는 건강한 외식과 완벽한 대립을 이룬다. 세상에는 글루텐 혹은 곡물 민감성을 지니고 있으면서도 그 사실을 알지 못하는 사람이 많다. 곡물에 민감하지 않아도 영양소가 결핍된 식품의 의미 없는 칼로리와 정제 탄수화물은 지방 적응화를 방해할 뿐이다.
- **소스와 드레싱을 지참한다_** 너무 극단적이라고 생각하는 사람도 있겠지만 효과적인 방법이다. 샐러드 드레싱이나 케첩 등의 양념은 정제당, 유채씨유, 대두유, 옥수수유 등의 염증성 지방, 인공첨가제가 가득한 식품이다. 건강한 드레싱과 소스를 가지고 다니면 간단하게 대체제를 가미할 수 있다. 쓸데없이 몸에 해롭게 먹을 필요가 없다. 올리브오일이나 아보카도오일을 사용한 메뉴가 없거나 당분을 첨가한 소스를 피할 수 없다면 소스와 드레싱을 지참하는 것도 한 방법이다.
- **외식 전에 간식을 먹자_** 레스토랑에 가기 전에 간식을 먹으면 외식에 무슨 의미가 있는지 의아한가? 배부른 상태에서 식사를 하라는 소리가 아니다. 음식에 대한 갈망을 잠재울 수 있는 건강한 케토채식 간식을 조금 먹으면 자리에 앉자마자 빵 바구니에 손을 댈 일이 없다.
- **단순함을 유지하자_** 레스토랑에서 건강한 식사를 하고 싶다면 대체로 단순한 메뉴를 고르는 것이 효과적이다. 소스를 뿌리지 않은 음식, 빵가루를 묻혀서 튀기지 않은 요리를 고르면 조리 과정에서 들어가는 첨가물을 피할 수 있다.

- **요구하자_** 입이 떨어지지 않는 순간도 있겠지만 메뉴에 관해 질문을 던지고 특정 음식을 피하는 중이라고 언질을 주자. 이것은 누군가의 마음을 상하게 만드는 일이 아니다. 나의 건강을 챙기는 과정이다.
- **사이드 메뉴로 채소나 샐러드를 요청하자_** 튀긴 음식이나 곡물 대신 찐 채소나 샐러드를 곁들이는 것이 좋다. 샐러드에 아보카도나 올리브를 추가하면 건강한 지방 섭취를 늘릴 수 있다.
- **어떤 오일을 사용하는지 물어보자_** 레스토랑에서는 대체로 유채씨유나 식용유 등 저렴한 오일을 사용한다. 우리 모두 알고 있듯이 이런 오일은 발연점이 낮고 쉽게 산화되는 전염증성 다중불포화지방 및 오메가6지방산이다. 모든 레스토랑에서 아보카도오일이나 코코넛오일을 사용하기를 기다리고 있지만 지금으로서는 가열을 견딜 수 있는 지방을 사용하는 것이 최선의 선택지다. 엑스트라버진 올리브오일은 드레싱 등 차가운 요리에 쓰기는 좋지만 가열하면 쉽게 산화된다.
- **건강에 신경을 쓰는 식당을 지지하자_** 점점 많은 식당에서 건강한 자연 식품 메뉴를 제공하고 있다. 맛있고 건강한 음식으로 가득한 메뉴판은 우리를 행복하게 만든다. 근처에서 그런 식당을 찾아보고 건강을 중요하게 여기는 자세를 지지한다는 의사를 전달해보자.
- **최선을 다하되 스트레스 받지 말자_** 위의 모든 요령을 활용했다면 나머지는 흘러가는 상황에 맡기고 즐기도록 하자. 어차피 모든 것을 통제할 수는 없다. 스스로에게 너그러움을 발휘해야 한다. 우리 몸은 회복력을 갖추고 있으며 세기를 거쳐 살아남은 이력이 있으니 너무 스트레스 받지 말자. 용기를 가지고 맛있는 음식을 즐기면 된다.

밖에서 먹는 음식과 간식

휴가를 떠나거나 이동 중일 때, 바쁜 하루를 보낼 예정이라 빠르고 간편한 뭔가를 먹고 싶을 때, 더 이상 골머리를 앓을 필요가 없다. 언제든지 쉽게 먹을 수 있는 간단한 간식을 소개한다.

- 코코넛슬라이스와 좋아하는 견과류
- MCT오일이나 코코넛오일을 넣은 차, 커피, 물 또는 스무디
- 마린콜라겐을 넣은 차, 커피, 물 또는 스무디
- 베리를 넣은 코코넛크림
- 완숙으로 삶은 달걀
- 비곡물그래놀라
- 반으로 자른 아보카도(소금, 후추, 오일을 뿌려 먹어도 좋다)
- 피클
- 치아시드 푸딩
- 아마씨 크래커
- 아몬드가루 크래커
- 호박씨
- 올리브
- 해조류 간식
- 타이거너트
- 팻밤(P.241 참조)
- 아몬드버터를 바른 셀러리
- 1인분씩 담은 아몬드버터, 코코넛오일, 아보카도오일
- 연어포
- 연어통조림
- 참치통조림
- 정어리통조림
- 굴통조림

케토채식 대체 음식

우리가 식료품점에서 지불하는 평균 금액을 따져보면 1달러당 90센트 정도가 가공된 정크푸드로 흘러간다고 한다. 사회·문화적으로도 변화가 필요한 시점이다. 냉장고와 식료품 저장고를 싹 비우고 새롭게 채우라고 하면 부담스러울 수 있다. 내일부터 깨끗한 식사를 시작하겠다고 미루는 사람이 얼마나 많을까? 건강한 음식을 먹기 좋은 순간은 내일이 아니라 바로 지금이다.

우리가 살아 있는 것은 탁월한 생화학 원리 덕분이다. 우리가 먹는 음식은 신체의 모든 측면을 관리하면서 건강 또는 질병에 먹이를 공급한다. 나는 기능 의학 전문가로서 건강 문제를 일으키는 근본 원인을 찾아내고 이를 치유하는 현실적이고 지속 가능한 해결책을 개발할 의무를 가지고 있다. 그리고 건강한 식습관을 유지하는 비결은 바로 케토채식이다. 토끼처럼 케일샐러드만 우물거리면서 본능을 억제할 필요는 없다(케일 애호가에게는 사과를 남긴다).

일반식을 건강한 음식으로 대체하는 방법을 소개한다. 다음은 세상에서 가장 사랑받는 음식을 쉽고 간단하게 건강식으로 대체하는 방법이다. 항상 즐기던 음식을 영양가 높은 슈퍼푸드로 바꾸고 알약이 아닌 음식으로 몸을 치료해보자.

- **파스타 대신 호박이나 주키니로 만든 면, 실곤약**
- **쌀 대신 콜리플라워쌀**
- **치즈 대신 견과류치즈**
- **후무스 대신 콜리플라워후무스**
- **마요네즈 대신 으깬 아보카도**
- **오트밀이나 시리얼 대신 치아시드푸딩**
- **곡물그래놀라 대신 글루텐프리 아마씨그래놀라나 견과류그래놀라**
- **유제품 요구르트 대신 코코넛밀크요구르트**

- 빵가루 대신 코코넛슬라이스
- 으깬 감자 대신 으깬 콜리플라워
- 샌드위치 대신 양상추랩샌드위치
- 밀가루 대신 아몬드가루 와플 및 팬케이크
- 옥수수나 밀 토르티야 대신 아마씨 토르티야
- 일반 크래커 대신 아몬드가루·치아시드가루·아마씨가루크래커
- 탄산음료 대신 가향 탄산수
- 밀크초콜릿 대신 캐롭Carob(초콜릿 대신 천연 감미료로 사용되는 열매-옮긴이), 카카오, 제과제빵용 초콜릿, 다크초콜릿
- 간장 대신 코코넛아미노스Coconut Aminos(코코넛 수액으로 만들어 간장보다 아미노산 함량이 높은 양념-옮긴이)
- 휘핑크림 대신 코코넛휘핑크림

육지와 바다의 케토채식 슈퍼푸드

케토채식 필수 요소를 알아봤으니 다음 단계로 넘어가자. 다음은 내가 제일 좋아하는 육지와 바다의 슈퍼푸드 목록이다. 먹는 것은 본인의 선택이다. 전부 먹어야 한다고 스트레스를 받지는 말자. 기본기를 제대로 갖춘 뒤에 개인에 따라 케토채식 식단을 손보고 있다면 활용하기 좋은 식품군이다.

| 바다 |

케토채식 식단에서 활용할 수 있는 해산물은 자연산 물고기만이 아니다. 해양의 마법을 활용하는 슈퍼푸드를 알아보자.

스피룰리나와 남조류Blue-Green Algae

스피룰리나와 남조류는 전 세계 담수 및 해수 호수에서 자라는 천연 식재료다. 남조류는 멕시코 및 아프리카 고대문명에서도 슈퍼푸드로 활용했다고 한다. 이제는 건강식품점에 가면 가루 형태로 판매한다.

- **효능**_ 스피룰리나는 장점이 많다. 소고기보다 단백질이 3배 더 많고 아홉 가지 필수아미노산이 모두 함유돼 있다. 필수아미노산은 체내에서 생산할 수 없어 음식으로 섭취해야 하는 영양소다. 또한 우유보다 칼슘 함량이 높고 엽록소가 들어 있어 슈퍼 해독식품에 속한다. 남조류는 생선이나 달걀을 먹지 않는 사람에게 생체 이용률이 좋은 오메가지방산을 제공하는 중요한 식재료다.
- **활용법**_ 음료에 화려한 바다 빛깔을 불어넣는 재료가 바로 남조류다. 지금은 없어진 스타벅스 메뉴인 설탕을 잔뜩 넣은 유니콘 프라푸치노도 스피룰리나를 이용해서 아름다운 색상을 살렸다. 블루마직Blue Majik(스피룰리나 등 남조류에서 추출해 선명한 푸른색을 내는 가루형 슈퍼푸드-옮긴이)가루를 1~2작은술 섞어서 나만의 건강차와 스무디를 만들어보자.

식용 해초

톳, 김, 덜스, 다시마, 미역, 대황大荒, 아이리시 모스Irish Moss, 알라리아 에스컬렌타Alaria Esculenta 등 이국적인 이름만 봐도 알 수 있듯이 해초는 아시아, 뉴질랜드, 아일랜드 및 기타 섬 문화권에서 수천 년간 소비한 건강식품이다. 엄밀히 말해 조류의 일종으로 분류할 수 있으며 맛과 모양, 질감이 독특하다.

- **효능**_ 식용 해초는 지구상에서 가장 다양한 미네랄의 원천 중 하나다. 이 녹색의 슈퍼푸드에는 비타민B, 비타민C, 비타민K, 마그네슘, 아미노산 18종이 가득 들어 있다. 양질의 식물성 오메가지방산의 공급원이기도 하다. 또한 갑상선호르몬을 만드는 데 중요한 미네랄인 요오드를 얻을 수 있는 가장 효과적인 식품이다. 다양한 항염증 특성을 갖

추고 있으며 제2형당뇨병 환자의 혈당 수치를 개선시키는 것으로 밝혀진 푸칸Fucans이라는 화합물이 함유돼 있다.

- **활용법**_ 식용 해초는 불려서 수프를 만들거나 굵게 부숴 샐러드에 뿌리고 김처럼 얇게 펴서 랩으로 쓸 수 있으며 갈아서 스무디를 만들기도 한다.

진주

진주는 굴에서 나오는 귀중한 보석이자 동양의학에서는 옛날부터 사용한 의약품이다. 곱게 분쇄해 가루로 만들어 영원한 아름다움을 간직하는 비밀 재료로 기초화장품과 보충제에 사용한다.

- **효능**_ 진주는 바다의 강장제로 진정 및 기분 조절 효과가 있다. 칼슘이 풍부하며 마그네슘, 아미노산, 다양한 미네랄이 함유돼 있어 피부를 빛나게 만드는 최고의 미용 식품이라 할 수 있다.
- **활용법**_ 진주는 맛이 연해서 모든 요리와 다 잘 어울린다. 나는 스무디나 건강차에 1작은술을 넣지만 제과제빵 재료로 활용할 수도 있다.

해양식물플랑크톤

세상에서 가장 중요한 식물로 간주되는 미세조류다. 지구 산소의 90% 이상을 공급하기 때문인데, 이는 전 세계 모든 숲을 다 합친 것보다 더 많은 양이다. 중요한 산소 공급원을 넘어서 해양생물과 인류의 소중한 식품 공급원이기도 하다.

- **효능**_ 우리 신체가 새로운 세포를 만들고 이미 생성된 세포를 유지하기 위한 원료를 제공하는 식품은 지구상을 통틀어도 그리 많지 않다. 그중 하나가 해양식물플랑크톤이다. 여기에는 신체가 스스로 생산할 수 없는 아미노산 9종이 모두 들어 있으며 오메가 지방산, 비타민A와 비타민C, 비타민B군, 미량 미네랄도 함유돼 있다. 세포를 위한 완벽한 식품이라고 생각하자.

- **활용법**_ 우리가 바닷속을 헤엄치면서 미세조류를 수확하지 않는 한 식물플랑크톤을 섭취하는 가장 좋은 방법은 보충제다.

천일염

가장 자연 그대로인 바다에서 거둔 소금은 놀라운 슈퍼푸드다. 평범한 식탁용 소금만큼 효과적인 양념도 없다. 하와이산 천일염은 화산암으로 인해 아름다운 붉은색을 띠며 이탈리아산 천일염은 시칠리아의 지중해 연안에서, 셀틱 천일염은 프랑스 연안에서 수확한다. 그리고 아름다운 분홍색을 지닌 히말라야산 천일염은 고대에는 해저였던 2억5,000만 년 전의 해양 화석 퇴적물에서 수확한 것이다.

- **효능**_ 천일염에는 최적의 면역체계와 호르몬, 전해질 균형을 유지하도록 돕는 광범위한 미네랄 물질이 함유돼 있다.
- **활용법**_ 천일염은 평범하게 소금을 쓰듯 사용하면 된다. 맛을 내고 싶은 모든 곳에 뿌리자. 욕조에 풀어서 바닷물을 재현해 해독 목욕을 하는 것도 좋다. 목욕물을 받은 다음 천일염을 2컵 정도 넣어서 피부를 통해 치유력을 흡수해보자.

크릴오일Krill oil

크릴은 모든 바다에서 찾을 수 있는 작은 갑각류로, 지구의 다른 어떤 생명체보다 개체수가 많다. 인간을 포함해서 지구상의 모든 동물의 개체 수를 무게로 단다면 크릴이 가장 무거울 것이다.

- **효능**_ 대부분의 현대인은 건강한 지방, 특히 오메가3지방산의 섭취가 부족하다. 오메가3지방산이 부족하면 우울증, 심장질환, 관절염, 염증 등의 건강 문제가 발생할 수 있다. 크릴오일은 강력한 항산화물질인 아스타잔틴Astaxanthin을 생선 오일보다 50배나 더 함유하고 있다. 세포와 호르몬, 두뇌, 신경 건강을 최적의 상태로 유지하기 위해 필요한 유익한 인지질인 포스파티딜콜린Phosphatidylcholine과 포스파티딜세린Phosphatidylserine 또한 이 독

특한 오일에 들어 있다.

- **활용법**_ 크릴오일은 대체로 캡슐 형태로 판매되므로 다른 보충제처럼 복용하면 된다. 나는 넵튠크릴오일(NKO)을 매우 좋아해서 매일 복용하는데, 여기에는 두 가지 이유가 있다. 첫째, 넵튠크릴오일은 가장 영양이 풍부한 제품군에 속하고 둘째, 크릴오일이라는 이름 앞에 붙는 단어 중 넵튠만큼 멋진 것은 없다고 생각한다.

마린콜라겐Marine Collagen

요즘에는 목초비육으로 생산한 콜라겐파우더를 넣은 라테와 커피가 유행이지만 그보다 덜 유명한 콜라겐 중 하나로 자연산 생선에서 추출한 마린콜라겐이 있다.

- **효능**_ 가장 깨끗하고 생물학적으로 이용 가능한 단백질 공급원에 속하는 마린콜라겐은 피부와 모발, 관절 건강을 개선하는 데도 효과가 좋다. 또한 글리신Glycine이 풍부해서 위장 및 면역 건강 최적화에도 기여한다.
- **활용법**_ 마린콜라겐은 분말 형태로 구할 수 있다. 좋아하는 아몬드라테 또는 코코넛밀크라테에 1큰술을 섞어보자.

마그네슘 소금

북유럽의 지질학적 형성체인 고대 제크스테인해Zechstein Sea에는 마그네슘 소금이 풍부하다. 지구 지각 아래 2,000m 깊이에 위치한 해저에서 현대 세상의 독소로부터 보호받아 온 것이다.

- **효능**_ 마그네슘은 체내에서 수백 가지의 중요한 경로를 담당한다. 우리의 호르몬, 두뇌, 심장은 마그네슘에 의존하는데, 그럼에도 우리 대부분은 마그네슘이 결핍된 상태다!
- **활용법**_ 선호하는 마그네슘 보충법은 마그네슘오일 스프레이다. 최적의 마그네슘 수치를 보장하면서 가장 생물학적으로 이용 가능한 방법 중 하나다.

| 육지 |

화분Bee Pollen

화분은 꽃과 꿀벌이 만들어낸 아름다운 식품이다. 꿀벌이 꽃꿀을 채취할 때 다리에 화분이 잔뜩 뒤덮인다. 꿀벌이 벌집으로 돌아와서 입구를 통과할 때 다리가 부드럽게 긁히면서 붙어 있던 화분이 자연스럽게 수집된다. 아메리카 원주민은 긴 여행을 떠날 때 화분이 든 주머니를 목에 걸고 갔다고 한다. 의학의 아버지 히포크라테스는 꿀벌 화분을 음식의약으로 처방하곤 했다.

- **효능**_ 화분에는 항산화물질, 미네랄, 비타민(특히 비타민B군), 그리고 필수아미노산(40% 정도가 단백질)이 풍부하다.
- **활용법**_ 코코넛요구르트에 뿌리거나 스무디 재료와 함께 믹서에 갈아도 좋고 숟가락으로 그냥 떠먹을 수도 있다.

강장제

자양강장 세상은 식물 및 토양에서 구한 음식의약으로 구성돼 있으며 호르몬 균형을 유지하고 스트레스 수준을 진정시키는 것 외에도 실로 다양한 영향을 준다. 체내의 스트레스 시스템인 교감신경계는 염증을 일으키는 수백 가지 경로를 조절한다. 정신없이 미친듯이 바쁘게 돌아가는 현대사회를 살고 있는 우리는 언제나 피곤하고 염증이 있으며 짜증을 내고 허기져서 분노를 느끼며 정서적으로 고갈돼 부신피로, 성욕 저하, 갑상선 문제와 같은 호르몬 문제를 일으킬 수 있으므로 교감신경계는 매우 중요한 존재다. 강장제는 널리 알려진 대로 염증 수치를 안정시키며 스트레스 시스템에 깊은 안도감을 선사한다. 만성염증은 여러 가지 건강 문제와 깊은 연관이 있다. 의학 문헌을 살펴보면 강장제에 다음과 같은 효과가 있다는 사실을 알 수 있다.

- **코르티솔 수치 강하**
- **두뇌 세포 재생**
- **우울증 및 불안 완화**

- 심장 건강 보호
- 간 보호
- 암 예방 및 퇴치
- 콜레스테롤 수치 강하
- 방사선으로부터 보호
- 면역체계의 균형
- 피로감 감소

강장제는 공격적이다. 이 작은 영양소 하나하나가 각각 염증과 전투를 벌이면서 부신과 갑상선, 성호르몬이 평온을 되찾을 수 있도록 노력한다. 각각의 강장제에는 나름대로의 특수 필살기가 있다. 다음은 내가 좋아하는 강장제와 그 특성에 대한 설명이다.

- **인삼: 활력 도모제**_ 백삼, 홍삼, 서양삼 등 인삼은 카페인 없이 활력을 끌어올리고 싶은 사람에게 효과적이다. 나는 시차 때문에 피로를 느낄 때 인삼을 복용한다.
- **홍경천**Rhodiola**: 스트레스 진정제**_ 부신 피로와 섬유근육통으로 고생하는 사람에게 유용한 강장제다. 하지만 신경이 매우 민감한 사람이 홍경천을 복용하면 밤새 말똥말똥 눈을 뜨고 있을 수 있으니 주의해야 한다.
- **오미자: 부신 균형조정기**_ 부신의 강력한 조력자이므로 부신 피로를 회복해야 할 때 주기적으로 섭취한다.
- **실라짓**Shilajit**: 성호르몬 점화기**_ 성욕이 낮거나 성호르몬 불균형이 있는 사람이 실라짓을 섭취하면 효과를 볼 수 있다. 인도 아유르베다식 허브로 실라짓이라는 이름은 '산의 정복자 및 약점 파괴자'로 번역할 수 있다. 마음에 드는 이름이다.
- **아쉬와간다**Ashwagandha**: 갑상선 및 기분 조절제**_ 강장제 중에서도 인기가 높은 슈퍼스타다. 갑상선 기능을 최적화하고 들쑥날쑥한 기분을 완화시키는 훌륭한 재료다. 다만 아쉬와간다는 가지속에 속하므로 자가면역질환이 있는 사람은 거부 반응을 일으킬 수도 있다.
- **마카: 활력 도모제**_ 마카는 활력을 높이고 불안을 진정시키는 훌륭한 방책이다. 비타민C가 풍부해서 면역체계를 강화하기에 좋다. 마카파우더는 빨강, 노랑, 검정 세 가지 종류가 있다. 빨강 마카는 가장 달콤하고 부드러운 맛이 나고 노랑 마카는 단맛이 가장 약하며 검정 마카는 중간 정도의 적당한 단맛을 지니고 있다.

- **홀리 바질**Holy Basil(툴시Tulsi): **기억력 강화제**_ 홀리 바질은 인지기능을 부드럽게 높여줘서 브레인 포그를 겪는 사람에게 효과적이다. 또한 팽만감과 가스를 가라앉힌다.
- **하수오**Ho Shou Wu: **성욕 강화제**_ 성욕이 약한 사람을 위한 훌륭한 강화제 중 하나로 동양의학에서는 수천 년 전부터 사용했다.
- **무큐나 퓨리언**Mucuna Pruriens(벨벳빈): **천연 진정제**_ 무큐나 퓨리언은 강장 효과가 있는 콩 추출물로 신경전달물질 도파민의 전구체 엘도파L-DOPA가 풍부하다. 집중력을 높이고 차분한 기분을 유지하게 돕기 때문에 나 또한 매일 복용한다.
- **가시오가피**: **보조배터리**_ 얼마 되지 않는 일거리를 하루 종일 붙잡고 있다면 가시오가피가 활력을 끌어올려줄 것이다. 특히 스트레스가 많은 일정을 앞두고 있다면 가시오가피가 해결책이다.
- **버섯**: **자양강장**_ 자양강장 세상에는 호르몬 균형 효과를 지니면서 면역 강화 효과까지 갖춘 극상의 약용 버섯도 있다.
  - 차가버섯
  - 표고버섯
  - 붉은갓주름버섯
  - 노루궁뎅이버섯
  - 구름버섯
  - 동충하초
  - 영지버섯

알아둬야 할 점: 강장제는 공격적이다.

강장제는 보통 가루 형태로 판매하며 저마다 장점이 있기 때문에 건강차나 스무디에 섞어 먹기 좋다. 마음껏 실험하면서 자신에게 맞는 레시피를 찾아보자.

케토채식에 좋은 보충제

케토채식의 기본은 음식이다. 부실한 식이요법을 보충제만으로 메꿀 수는 없다. 이 부분을 명심해야 하지만 보충제를 적절하게 사용하면 건강 상태를 한 단계 개선할 수 있다.

보충제는 종류가 워낙 많아서 나에게 맞는 제품을 찾으려고 마음먹는 것 자체가 부담스러울 수 있다. 기능 의학 전문의로 실무에 종사하다 보면 기본적으로 의도야 좋았겠지만 결국 불필요할 정도로 많은 보충제를 쌓아놓고 사는 사람을 자주 본다. 결국 버리는 보충제만 늘어날 뿐이다. 건강을 개선하기 위해서는 비타민과 보충제 한 줌이면 충분하다. 그러니 혼란스러운 정보를 적절히 쳐내는 과정이 필요하다. 다음은 각 보충제의 용도와 이점을 설명하는 필수 지침서다. 케토채식 생활에 보충제를 도입하는 법을 제대로 익혀보자.

| 비타민D |

비타민D의 중요성에 견줄 수 있는 비타민은 없다. 비타민D는 체내에서 수백 가지의 엄청나게 중요한 경로를 조절하면서 마치 호르몬처럼 작용한다. 갑상선호르몬처럼 신체의 모든 세포 하나하나가 올바르게 기능하기 위해 필요한 존재다. 비타민D는 햇빛 비타민으로도 알려져 있다. 우리 신체는 햇빛을 흡수한 다음 사용 가능한 형태로 전환시키는 식으로 비타민D를 생산한다. 음식만으로는 필요량을 만족시키기 힘들다. 적도에서 먼 곳이나 화창한 날씨가 흔하지 않은 장소에 살고 있다면 비타민D 결핍을 막기 위해 반드시 보충제를 먹어야 한다.

복용량

기능 의학에서 목표로 삼는 최적의 범위는 60~80ng/mL 사이이다. 처음에는 측정한 수치에 따라 하루 2,000~6,000IU 정도를 섭취하는 것이 좋다. 자신의 비타민D 수치를 확인해서 출발점을 기록한 다음 나중에 비타민D 수치가 어떻게 변했는지 측정하도록 한다.

활용법

비타민D는 지용성이므로 다른 지용성비타민인 비타민A 및 비타민K_2와 결합하면 비타민 상승효과를 볼 수 있다. 더욱 균형 잡힌 건강을 만드는 데 도움이 된다. 또한 아보카도, 올리브오일, 자연산 생선, 코코넛 등 기름진 음식과 함께 섭취해서 생체 이용률을 높이는 것도 효과적이다.

| 마그네슘 |

신경전달물질 기능 조절을 포함해 체내 300가지 이상의 중요한 생화학 반응에 반드시 필요한 미네랄이다. 그러나 인구의 80% 정도는 마그네슘 결핍 상태다. 마그네슘이 부족하면 수면 부족, 불안, 편두통 및 브레인 포그 등의 문제가 발생할 수 있다. 대체로 식단이 부실하거나 마그네슘 흡수가 어려운 위장 문제가 있으면 마그네슘이 결핍된다.

마그네슘은 여러 가지 형태가 있으므로 가장 효과적인 것을 찾아보자. 보충제 형태로 구하기 쉬운 마그네슘 시트르산Magnesium Citrate도 효능이 좋다. 마그네슘 글리시네이트Magnesium Glycinate는 신체에 더 잘 흡수되고 마그네슘 트레온산Magnesium Threonate은 신경학적으로 더 효과가 있다. 마그네슘 오일 형태로 섭취하는 것도 좋은 방법이다.

복용량

1일 350mg

활용법

마그네슘을 복용하면 근육이 이완되고 두뇌 진정 신경전달물질인 가바GABA를 도와서 수면의 질이 높아지므로 잠들기 직전에 복용하는 것이 가장 좋다.

| 프로바이오틱스 |

히포크라테스가 말했듯이 "모든 질병은 내장에서 시작된다". 현대 과학은 이제서야 의학의 창시자를 간신히 따라잡아 위장이 건강 상태의 기초라는 사실을 입증하는 연구를 발표하기에 이르렀다. 장내 미생물군에는 수조 개의 박테리아가 포함돼 있으며, 좋은 박테리아의 균형이 깨지면 체중에서 호르몬에 이르기까지 모든 부분에 영향을 미친다. 식단에 케피어Kefir, 김치, 사우어크라우트, 콤부차 등 프로바이오틱이 풍부한 식품을 포함시키자. 장 투과성 상태에 따라 프로바이오틱 보충제를 추가로 섭취해야 할 수도 있다.

복용량

1일 최소 100억 CFU.

활용법

프로바이오틱스의 효과를 보려면 마늘이나 아스파라거스, 양파 등 프리바이오틱스Prebiotics 식품을 식단에 포함시켜야 한다. 이런 섬유질 식품은 이로운 장내 박테리아의 성장을 촉진해 프로바이오틱스의 연료 역할을 한다. 프로바이오틱스를 고를 때는 반드시 유산균과 비피더스균 균주를 포함하고 있는 제품을 선택한다. 둘 다 염증을 감소시키는 균주이기 때문이다. 광범위한 박테리아 다양성을 가질 수 있도록 도와주는 토양 기반 프로바이오틱스(SBOs) 또한 내가 선호하는 보충제 중 하나다.

| 오메가3지방산 생선 오일 |

두뇌는 60% 정도 지방으로 구성돼 있기 때문에 최적의 두뇌 건강을 유지하려면 반드시 건강한 지방을 섭취해야 한다. 지방을 충분히 공급하지 않으면 브레인 포그, 피로, 우울증 및 불안 증상을 겪을 수 있다. 특히 자연산 해산물 등의 건강한 지방을 충분히 먹지 못할 경우 오메가3지방산 생선 오일 보충제를 고려해보자. 오메가지방산은 아마씨 등 식물성 공급원에서도 찾아볼 수 있지만 DHA나 EPA 등으로의 전환 과정을 거쳐야 하므로 우리 몸에서 쉽게 활용하기 어렵다. 따라서 오메가지방산은 연어, 정어리 등 생선 오일로 섭취할 것을 권장한다.

복용량

1일 EPA 2,250mg/DHA 750mg

활용법

만일 신체 전반의 염증을 증가시키는 오메가6지방산(홍화유 등 특정 오일에서 쉽게 찾아볼 수 있는 종류)을 많이 섭취하고 있다면 생선 오일 보충제를 섭취해서 염증을 줄이도록 한다.

| 강황 |

오늘날 만성적인 건강 문제의 중심에는 염증이 있다. 강황은 우리가 건강 무기고에 저장해둘 수 있는 강력한 항염증제다. 강황이나 커큐민(강황에 함유된 강력한 항산화물질)을 복용하면 염증과의 싸움에서 승리를 예견할 수 있다.

복용량

염증을 관리하고 싶다면 처음에는 하루 2g을 섭취하는 것이 좋으나, 염증 수치가 높다면 하루 10g까지 복용할 수 있다.

활용법

만성적으로 높은 염증 수치 때문에 어려움을 겪고 있지 않다면 반드시 매일 섭취해야 하는 보충제는 아니다. 건강한 식습관을 유지하는 평범한 사람은 향신료로 섭취하는 것만으로도 충분히 효과를 볼 수 있다. 후추에 함유된 화합물 피페린

Piperine은 커큐민의 생체 이용률을 2,000% 증가시키므로 둘 다 들어 있는 보충제를 섭취하는 것이 좋다.

| 비타민C |

일반적으로 감기 하면 떠오르는 비타민으로 감기 증상을 30%까지 줄일 수 있는 강력한 면역 강화제다.

복용량

1일 1,000~4,000mg을 복용하면 면역체계를 강화하고 건강한 피부를 가꿀 수 있다.

활용법

비타민C와 아연을 함께 복용하면 면역 강화 효과가 증가한다. 활력이 떨어지면 쉽게 구할 수 있는 분말 보충제를 물에 섞어서 마시도록 하자.

| 아연 |

우리 신체는 이 중요한 미네랄을 보관할 방도가 없으므로 식이요법과 보충제를 통해서 섭취해야 한다. 아연은 신체가 백혈구를 증가시키고 감염과 싸우는 것을 도우며 항체의 방출을 도모하는 역할을 한다. 아연 결핍은 질병 증가와도 연관이 있기 때문에 약국의 감기, 독감 코너에서 아연을 흔히 발견할 수 있는 것도 놀랄 일이 아니다.

복용량

1일 15~30mg. 정상적인 태아 발달에 필수적인 영양소이므로 임산부는 하루 12mg을 목표로 섭취해야 한다.

활용법

건강하고 균형 잡힌 식단을 따르고 있다면 보충제 없이도 매일 적절한 양의 아연을 섭취하고 있을 것이다. 그러나 감기를 빨리 떨쳐내는 것이 목표일 경우 하루 최소 75mg을 섭취하면 감기 지속 기간과 증상을 줄일 수 있다.

| 메틸화Methylated 비타민B 복합체 |

비타민은 신체의 올바른 해독 능력을 보조해서 우리를 건강하게 하는 진행형 생화학적 과정인 메틸화의 연료다. 비타민B군에는 많은 종류가 있으므로 각 영양소를 적당량씩 충분히 섭취하는 것이 중요하다.

복용량

메틸엽산(B_9) 1일 400~800mcg, 메틸코발아민(B_{12}) 1일 1,000mcg

활용법

최고의 비타민B 보충제는 메틸화 비타민B군을 함유하고 있는 복합 비타민B군으로, MTHFR 유전자돌연변이처럼 메틸화장애가 있는 사람이라면 더더욱 필수적이다. 비타민B_9 L-메틸엽산(L-5-MTHF), 비타민B_6 피리독사민 5-인산염(P5P), 비타민B_{12}군(아데노실B_{12}, 시아노B_{12}, 히드록시코발라민B_{12}, 또는 메틸B_{12} 등) 등 활성비타민B군을 찾아보자.

| 비타민A |

비타민A는 강력한 면역체계를 갖추기 위해 필요한 필수 영양소다. 또한 비타민A 결핍은 현재 심각하게 증가하고 있는 자가면역질환과 관련이 있다. 생선 간유나 레티닐팔미테이트Retinyl Palmitate 등 천연 식품 공급원에서 추출한 비타민A 제품을 구입하자.

복용량

1일 2,000~10,000IU

활용법

비타민A는 당근, 고구마 등에도 있지만 신체 내에서 활용할 수 있는 레티놀로의 전환율이 떨어진다. 조개 등 갑각류나 목초비육 기, 달걀노른자 등 동물성 식품을 많이 섭취하거나 보충제로 복용해야 한다.

| 비타민K_2 |

비타민K_2는 전염증성 iNOS 경로를 억제하는 데 효과적이다. 그러나 불행히도 비타민K_2는 서양식 식단에서 가장 흔하게 결핍돼 있다. 비타민K_2에는 여러 가지 유형이 있으므로 MK-4를 찾을 것을 권장한다. MK-4는 다른 형태의 비타민K_2와 차별화된 방식으로 유전자 발현을 조절한다. 또한 암 예방 및 성기능 건강에 독점적인 역할을 한다.

복용량

1일 100~200mcg

활용법

비타민K_2는 지용성비타민으로 비타민D와 함께 섭취하면 비타민D의 체내 생물학적 이용 가능성을 높이고 수치가 너무 높아지는 것을 방지해준다. 지용성이므로 아보카도나 연어에 곁들이거나 조리 시에 버터나 코코넛오일을 소량 더하는 등 지방이 함유된 식사에 포함시키면 가장 흡수력이 좋다.

멀티비타민 하나로 이 모든 영양소를 섭취할 수 있고, 개인의 상태에 따라 별도의 보충제를 구입해야 할 수도 있다. 기억하자, 최고의 약은 음식이다. 부실한 식단을 보충제로 메꿀 수는 없다. 보충제는 그야말로 보완하는 역할을 할 뿐이다.
물론 모든 사람이 비타민과 보충제를 섭취해야 하는 것은 아니다. 언제나 개인의 필요성과 건강 상태를 고려하는 것이 중요하다. 기능 의학 실무 종사자와 상담하면 정확히 어떤 것이 부족하고 어떤 것을 보충해야 하는지 결정하는 데 도움이 될 것이다.

기억하자, 최고의 약은 음식이다. 부실한 식단을 보충제로 메꿀 수는 없다. 보충제는 그야말로 보완하는 역할일 뿐이다.

케토채식이 승인하는 프로틴파우더

내가 담당하는 환자 중에는 프로틴파우더를 좋아하는 사람이 많다. 아침 식사용 스무디에 프로틴파우더를 넣어 간단하게 먹거나 제과제빵에 넣어 영양가를 높인다. 프로틴파우더를 구입할 때는 반드시 첨가물을 확인해야 한다. 보통 단백질 자체보다 함유된 첨가물이 문제를 일으키는 경우가 많다. 유기농을 선택하고 첨가물이 적은 제품을 고르자.
언제나 자연식품이 주요 단백질 공급원이어야 한다는 점을 기억하자. 하지만 이동 중이거나 요리에 넣거나 운동을 할 때, 좋아하는 스무디 레시피를 연구할 때는 프로틴파우더도 효과적일 수 있다. 스무디를 만들 때는 아보카도, 코코넛오일, 코코넛밀크, 기, 유기농 목초 방목 달걀노른자 등 건강한 지방을 함께 섭취하는 것을 잊지 말자. 천연 식품인 녹색 채소와 건강한 지방을 스무디로 섭취하는 방법을 활용해야 한다.

| 사차인치 |

페루에서 생산하는 씨앗류로 잉카 땅콩이라고도 부른다. 1회 섭취량에 단백질 9g

이 들어 있고 모든 필수아미노산이 함유된 완전한 식물성 단백질이다. 오메가지방산 함량도 높아서 호르몬 건강을 지원하는 완벽한 식품이라 할 수 있다. 물론 식물성 오메가지방산이므로 콜라겐만큼 생체 이용률이 좋지는 않다. 그러나 곡물을 제외한 완전한 식물성 기반 단백질을 원하는 사람에게는 사차인치를 권장한다.

| 헴프시드 |

다른 식물성 및 동물성 기반 프로틴파우더와 비교하면 가장 단백질 함량이 낮은 제품 중 하나다. 헴프시드에는 섬유질, 오메가지방산 등 위장과 두뇌의 행복과 건강을 위해 필요한 영양소가 가득하지만 무게당 90~100%에 해당하는 단백질이 들어 있는 다른 식품에 비교하면 단백질 함량이 30~50%밖에 되지 않는다. 게다가 동물성 및 완두콩 단백질에 비해 생체 이용률이 낮다. 그러나 헴프시드의 단백질은 호르몬 부작용이 거의 없다. 그리고 비타민E, 섬유질, 철분 및 체내에서 자체적으로 생산할 수 없는 필수지방산이 함유돼 있기 때문에 훌륭한 선택지가 된다. 반드시 정기적으로 식단에 포함시키도록 하자.

| 완두콩 |

말린 노란 완두콩에서 추출한 프로틴파우더로 필수아미노산 아홉 가지가 모두 들어 있다. 그중 3개는 매우 소량이므로 보충용 단백질과 함께 섭취해야 한다. 연구에 따르면 완두콩은 포만감을 오래 유지시켜주므로 아침 식사용 스무디에 넣으면 좋다. 깍지콩류에 속하지만 콩과 식물에 거부 반응을 보이는 사람에게는 소화나 호르몬 기능에 나쁜 영향을 미칠 수 있다. 콩류를 섭취하면 위장이 거북한 사람이라면 완두콩 프로틴파우더를 피하는 것이 좋다.

| 호박씨 |

호박 애호가라면 호박씨 프로틴파우더가 새로운 선택이 될 것이다. 1컵당 단백질 12g에 아홉 가지 아미노산이 함유돼 있는 완전한 식물성 단백질이다. 호박씨 단백질에는 건강한 지방이 다량 함유돼 있어(1컵당 12g) 호르몬 균형과 두뇌 건강을 유지하며 오랫동안 지속 가능한 활력을 공급한다. 다만 씨앗류에 거부 반응을 보인다면 피하도록 한다.

| 대두 |

수많은 논쟁의 중심에 있는 대두를 언급하지 않고는 단백질 공급원을 논할 수 없다. 대두 단백질은 탈피 및 탈지를 거친 대두에서 추출한 것으로, 추가적인 가공을 통해 농축콩단백, 분리대두단백, 대두분의 세 가지 형태로 나뉜다. 에스트로겐이 지배적인 체질을 가진 사람이라면(대부분 여성이지만 일부 남성도 여기 해당된다) 대두를 많이 섭취할 경우 문제가 발생할 수도 있다. 대두를 먹게 된다면 비GMO 제품을 구입하도록 한다.

| 콜라겐 |

피부와 연골, 힘줄, 뼈, 인대, 혈관 등에서 발견되는 단백질로 체내 콜라겐 생성뿐만 아니라 건강한 신진대사를 위해 반드시 필요하다. 프롤린, 글리신, 하이드로옥시프롤린의 세 가지 아미노산으로 구성돼 있다. 우리 신체는 이 아미노산을 생산할 수는 있지만 효과를 볼 수 있을 만큼 충분하게 만들지 못하기 때문에 식단으로 보충해야 한다. 하루에 필요한 글리신의 양은 15g 정도지만 보통 3g 정도를 섭취하고 있다. 케토채식에서 허용하는 형태의 콜라겐은 두 가지다. 각각 다른 형태의 하위 콜라겐을 함유하고 있다.

생선 콜라겐

마린콜라겐이라고도 불리며 필수적인 I형 콜라겐을 제공한다. 콜라겐 펩타이드 입자의 크기가 더 작아서 생체 이용률이 가장 좋다.

달걀껍질막 콜라겐

관절과 결합 조직의 건강을 유지하기 위한 작용을 하며 근육 성장을 장려하는 I형과 V형 콜라겐이 모두 들어 있다.

| 달걀흰자 |

생체 이용률이 높은 단백질로 식품의 생체 이용률을 판단하기 위한 표준 기준으로 사용한다. 신체가 필요로 하는 모든 필수아미노산을 제공하므로 환상적인 선택이라 할 수 있다. 달걀흰자의 알부민은 일부 사람에게 염증을 일으키기도 하지만 딱히 거부 반응이 없다면 달걀흰자 단백질을 고르는 것이 좋다.

Part
6

케토채식을 시작하는 법

먹어야 할 음식과 피해야 할 식품에 대해 알아보았으니 이제 본격적으로 케토채식을 시작하는 방법을 소개하고자 한다. 케토채식의 효과를 최대한 끌어내려면 우선 건강한 변화를 맞이할 준비를 마치고 의식해서 행동해야 한다. 나는 수년간 수천 명의 환자를 진찰하면서 효과가 좋은 방법과 그렇지 않은 방법이 무엇인지 관찰해왔고, 케토채식에 대한 다양한 질문을 받았다. 물론 처음에는 감당하기 힘든 변화일 수도 있지만 너무 걱정하지 않도록 단순하게 설명할 예정이다.

자전거 타기, 자동차 운전처럼 처음에는 어렵고 낯설었지만 지금은 제2의 본능처럼 자연스럽게 하게 된 일들을 되새겨보자. 케토채식도 일단 감을 잡고 실천하면 본능이 될 것이다. 미처 깨닫기도 전에 보조바퀴를 뗄 것이라고 장담한다. 이제 시작해보자!

이 파트에서는 케토채식의 각 단계를 설명하고 무엇을 해야 하는지 자세한 설명을 마친 다음 조금 더 천천히 변화를 꾀하고 싶을 때 따라 하기 좋은 쉽고 편한 케토채식팁을 덧붙였다.

1단계: 음식을 기록하고 무엇을 먹고 있는지 인지한다

케토채식의 궁극적인 목표는 양질의 채식을 기반으로 한 케토 식단을 활용해서 건강한 라이프스타일을 만드는 것이다. 신체를 당 연소가 아닌 지방 연소에 적응시키고 건강하게 만들려면 다량영양소를 올바른 비율로 구성해야 한다. 요즘에는 케토 음식 추적 앱이 다양하게 개발돼 있다. 섭취한 식단을 기록하면 지방과 단백질, 탄수화물의 1일 권장 섭취량을 체크하고 실제로 어느 정도의 양을 먹었는지 쉽게 계산해준다. 계산기와 연필을 치워두고 현대의 기술을 활용해보자. 일단 익숙해지면 제2의 본능처럼 자연스럽게 실천할 수 있다. 자신의 신체가 건강하려면 어떤 식품이 필요하고 내 몸이 좋아하는 것과 싫어하는 것은 무엇인지 알게 될 것이다.

먹는 음식을 기록하는 것은 식사에 강박관념을 가지라는 것이 아니다. 본인이 섭취하는 음식을 제대로 인지하고 먹을 수 있도록 돕기 위한 과정이다. 장기적으로 먹는 음식을 기록하는 것이 잘 맞는 사람도 있지만 일단 내 몸이 무엇을 좋아하고 무엇을 먹으면 가벼운지 터득하고 나면 더 이상 기록할 필요는 없다.
자신이 섭취하는 음식의 다량영양소 구성(내가 어떤 음식에서 연료를 얻는지)을 이해하면 남은 목표는 그저 만족할 때까지 먹는 것뿐이다. 배가 부를 때까지가 아니다. 만족할 때까지다.

쉽고 편한 케토채식

만일 케토채식 음식 목록에 있는 건강한 음식이 너무 낯설다면 서서히 친숙해지는 것이 요령이다. 처음 2주 동안은 허용된 음식 목록에 있는 식품만 먹는다. 식사량이나 다량영양소를 분석하지 말고 그냥 만족스러울 때까지 허용된 음식을 먹는 것이다. 부담스럽다면 이 기간에는 음식 섭취량을 기록하지 않는다. 그저 쉽고 편하게 정해진 음식을 먹으면 된다. 건강한 음식에 익숙해져야 하는 처음 2주 동안 허용 목록에 없는 모든 음식을 찬장과 냉장고에서 치운다. 건강한 2주의 전환 기간이 끝나고 나면 케토채식을 1단계부터 시작한다. 만일 허용된 음식 목록의 식품이 낯설지 않다면 바로 1단계부터 시작하면 된다.

2단계:
탄수화물, 단백질, 지방 섭취량을 계산한다

탄수화물

최대한 쉽게 설명하자면 케토채식에서 탄수화물 섭취량은 천연 식물성 식품에서 비롯된 탄수화물로 채우고 하루 순수 탄수화물(총 탄수화물에서 섬유질과 당알코올을 제한한 수치) 섭취를 55g 이하로 유지해야 한다. 처음 시작할 때는 하루 순수 탄수화물 섭취를 25g 이하로 삼고 한 달 동안 조금씩 늘려가는 것이 효과적이다. 처음에 최저선에서 출발하면 케토제닉에 더 빨리 적응할 수 있다. 일단 신체가 영양 케토시스 상태를 확보하면 하루 섭취량을 최대치인 순수 탄수화물 55g까지 천천히 늘리면 된다. 이때 영양 케토시스를 유지하는 한에서 얼마나 많은 탄수화물을 먹을 수 있는지 찾아내는 과정을 거친다. 이것이 나에게 필요한 양과 상태를 찾아서 식단 및 생활을 조절하는 케토채식 개별화 계획이다. 건강한 탄수화물은 총 칼로리 섭취량의 5~15%를 차지하면 된다.

쉽고 편한 케토채식

대부분의 케토식 음식 추적 앱은 총 탄수화물뿐만 아니라 순수 탄수화물도 계산하므로 어림짐작으로 양을 체크할 필요가 없다. 총 탄수화물 vs 순수 탄수화물 비중을 단순하게 유지하는 한 가지 요령은 총 탄수화물 섭취량을 따질 때 비전분질 녹색 채소와 아보카도의 탄수화물은 계산하지 않고(탄수화물 함량이 아주 낮고 섬유질이 풍부한 음식이므로), 오로지 과일과 고구마 등 전분질 채소만 계산하는 것이다.

단백질

단백질은 우리 신체를 건강하고 강인하게 만드는 많은 경로를 유지하는 아미노산으로 구성돼 있다. 아미노산은 영양소를 세포로 운반하는 작업을 담당하고 신체조직과 기관 조절에 큰 역할을 한다.[1] 이처럼 우리의 근육에 연료를 공급하려면 단백질이 필요한데, 정확히 어느 정도의 양을 먹어야 할까? 기억하자, 건강한 케토제닉 식단의 기본은 고지방, 저탄수화물, 적당한 단백질이다.

일반적인 케토제닉 또는 저탄수화물 식단을 따르는 사람은 단백질을 많이 먹어야 한다고 생각하기 쉽다. 하지만 케토채식을 하는 동안 단백질을 필요한 양보다 많이 먹으면 포도당이 생성되는 과정을 자극하기 때문에 신체의 케토시스화를 억제할 수 있다. 또한 단백질을 너무 많이 섭취하면 노화 가속화 및 암 활성화로 이어지는 세포 분열의 가속화를 담당하는 mTOR 증가를 야기할 수 있다.

단백질을 너무 적게 섭취해도 건강에 좋지 않다. 성장 장애와 근육량 손실, 면역력 저하, 심장 및 호흡기 계통 약화 등을 일으킬 수 있다. 건강한 케토채식 생활을 유지하려면 반드시 단백질을 먹어야 한다. 본인에게 맞는 최적의 단백질 섭취량을 알아보자. 나는 대체로 총 체중이 아닌 제지방체중 450g당 단백질 0.5~1g을 섭취할 것을 권장한다. 제지방체중(LBM)은 몸무게에서 체지방 무게를 제외한 수치다. 온라인을 찾아보면 LBM을 계산하는 프로그램이 많다. 고강도 운동선수, 일부 노인과 임신부 및 모유 수유부는 제지방체중 450g당 단백질 0.9~1.5g을 섭취해야 한다. 1일 단백질 섭취량은 전체 칼로리의 15~30%를 차지하면 된다. 수학을 좋아하지 않는 사람이라면 케토 음식 추적 앱의 힘을 빌리자.

| 지방 |

이제 케토채식에 지방이 얼마나 필요한지 알아볼 차례다. 앞서 총 칼로리에서 탄수화물과 단백질의 비율을 기재했다. 그만큼을 제하고 남은 부분은 무엇으로 채워야 할까? 바로 건강한 지방이다. 우리는 1일 총 칼로리 섭취량 중 60~75% 정도를 지방으로 구성하게 될 것이다.

3단계:
케토시스 상태를 확인한다

신진대사를 지방 연소에 적응시키려면 먼저 신체를 영양 케토시스 상태로 만들어야 한다. 두 개가 뭐가 다르냐고? 케토채식 식단을 처음 시작하면 우리 신체는 케톤을 생산하고 글리코겐(저장된 당)을 사용하기 시작하지만 아직은 지방을 주요 에너지원으로 사용하지는 않는다. 지방 적응화를 마치면 신체는 탄수화물을 먹더라도 케톤을 생산하고 지방을 주요 에너지원으로 사용할 것이다. 이것이 바로 유연한 신진대사다. 신체가 당 연소에서 지방 연소로 전환하면서 탄수화물과 단백질에 대한 고유의 임계값을 확인하고 마침내 다량영양소를 자유자재로 활용할 수 있게 됐음을 의미한다. 탄수화물을 많이 먹으면 신체는 탄수화물부터 먼저 연소시켜 에너지로 삼는다. 기억하자, 당분은 마치 불쏘시개처럼 빠르고 쉽게 연소된다. 그러나 신체가 지방 적응화를 마치면 당 연소 스위치를 껐다가 개별 임계값을 초과할 때만 다시 켜는 것이 기능해진다. 신체가 지방을 연소시키고 있는지 알아보려면 케톤을 확인해야 한다. 체내에는 아세테이트, 아세토아세테이트, 베타하이드록시뷰티레이트 등 다양한 종류의 케톤이 존재하므로 확인하는 방법 또한 여러 가지다.

| 케토시스 상태가 됐는지 확인하는 방법 |

- **혈액 측정**
- **호흡 측정**
- **소변검사**

| 혈액 측정 |

혈액 케톤 측정기는 가장 일반적이고 정확한 케토시스 검사 도구다. 혈당 측정기와 마찬가지로 케톤 측정기는 케톤 테스트 스트립을 이용해서 혈액의 케톤 상태를 식별한다. 신체가 사용하는 주요 케톤인 베타하이드록시뷰티레이트(BHB)는 혈액을 통해 연료로 사용될 세포까지 이동한다. 우리 몸의 혈액 케톤 수치(호흡이나 소변 내의 케톤과 달리)는 변수에 영향을 잘 받지 않기 때문에 신체가 생산하는 케톤의 양은 혈액 케톤 검사로 가장 정확하게 알 수 있다.

이미 혈당 검사에 익숙하다면 이 검사 또한 동일한 과정이라 금방 적응할 것이다. 본인이 가지고 있는 기구를 확인하면 당과 케톤을 동시에 확인하는 측정기가 있을지도 모른다. 무엇보다 혈액 내에 존재하는 케톤 수치를 정확하게 제공한다는 것이 가장 큰 장점이다. 소변검사처럼 색상으로 케톤 수치를 짐작하지 않아도 된다. 아주 간단하고 명료하다. 신체가 영양 케토시스 상태라면 케톤 수치는 지속적으로 0.5~1.0mmol 사이를 유지한다. 지방 적응화를 마치면 수치가 1.5~3.0mmol까지 오른다. 그러나 이 수치 범위를 유지해야 한다는 규칙은 없다. 본인이 가뿐한 기분이 드는 최적의 수치를 목표로 하면 된다.

케톤 수치가 더 높다고 반드시 더 좋은 것도 아니다. 최적의 수준인지가 중요하다. 혈액 측정기는 가장 정확한 정보를 주지만 스트립이 비싸다는 것이 단점이다.

- **영양 케토시스 상태의 케톤 수치 0.5~1.0mmol**
- **최적의 케토시스 상태의 케톤 수치 1.5~3.0mmol**

| 호흡 측정 |

케톤 확인에 사용하는 또 다른 도구로 호흡 분석기가 있다. 폐로 확산된 호흡 아세톤(BrAce)은 크기가 작아서 호흡을 통해 측정할 수 있다.[2] 우리가 숨을 내쉬면 BrAce가 증가한다.[3] 여러 연구에 따르면 호흡 내의 아세톤은 혈액 내의 BHB와 강한 상관관계가 있다. 호흡 측정기를 통해 아세톤을 측정하면 색 또는 숫자로 신체가 생성하는 케톤 수치가 표시된다. 비침습성 기술이라 손가락을 바늘로 찌르고 싶지 않은 사람에게 좋은 방법이며 신뢰도가 높고 무엇보다 스트립이 필요하지 않아서 한 번만 구입하면 재사용할 수 있다. 하지만 호흡 내 케톤은 알코올이나 물 같은 요인에 쉽게 영향을 받는다. 본인에게 가장 적합한 도구가 어떤 것인지 결정하려면 장단점을 모두 고려해야 한다.

| 소변검사 |

세 번째 케톤 측정용 도구는 소변검사 스트립이다. 아주 간단하고 단순한 기술이다. 소변검사 스트립은 소변을 통해서 배설된 여분의 아세토아세테이트 케톤을 측정한다. 검사도 아주 쉽다. 그냥 스트립에 소변을 보고 30~45초만 기다리면 색의 음영이 변해서 소변 내 케톤 수치를 확인할 수 있다. 다만 색상 변화만으로는 정확한 수치를 측정할 수는 없다. 연구에 따르면 케톤 소변검사는 아침 일찍 또는 저녁 식사 후 몇 시간 뒤에 하는 것이 가장 좋다.[4]

소변검사 스트립은 저렴하고 사용이 간편하며 비침습적 도구이므로 케토 적응화를 거치는 동안 소변 내의 케톤을 확인하기에는 효과적이지만 장기적으로는 추천하지 않는다. 우리 신체가 지방에 적응하면 할수록 케톤을 더욱 효율적으로 사용하기 때문이다. 즉, 우리 신체는 영양 케토시스에 적응할수록 케톤을 그렇게 많이 배설하지 않게 된다. 애초에 케톤이 소변으로 배출된다고 해서 반드시 신체가 케톤을 연소시키는 중인 것은 아니다. 그저 우리 몸이 케톤을 소변으로 배출하고 있음을 알 수 있을 뿐이다. 또한 소변검사는 전해질 수준과 수화 상태 등 다른 요인의 영향을 많이 받는다. 이 모든 조건을 종합해볼 때 소변검사는 케톤을 측정하는 아주 정확한 방법이라고는 할 수 없다.

케토시스 상태인지 확인하는 다른 방법

- **공복혈당 수치가 80mL/dL 미만이며 여전히 활력이 넘친다.**
- **허기져서 화가 나는 일이 없다.**

- 머리가 맑고 집중력이 높다.
- 하루 종일 활력이 유지된다.
- 간식이 먹고 싶지 않다.
- 수시간 동안 입이 궁금하지 않거나 식사를 쉽게 건너뛸 수 있다.

| 검사는 하는 것이 좋은가? |

케토채식을 따른다면 초반에는 케톤을 확인해보는 것이 좋지만, 어느 정도는 스스로 짐작할 수 있을 것이다. 지방 적응화가 진행되면 많은 변화가 느껴진다. 사람마다 차이가 있지만 대체로 다음과 같다.

우선 우리 몸은 탄수화물보다 지방을 훨씬 천천히 연소시키기 때문에 하루 종일 활력이 유지되고 머릿속이 맑아진다. 더 이상 탄수화물에 의존하지 않기 때문에 혈당도 잘 조절된다. 심지어 혈당 수치가 낮아질 수도 있고 그러면서도 천하를 다 얻은 기분이 들며 쇠약하거나 손이 떨리는 느낌이 사라진다. 어쩌면 식사를 건너뛰거나 금식을 하는 것이 쉬울 수도 있다. 건강한 지방 섭취량을 늘리면 포만감이 유지되며 허기지지 않기 때문에 배가 고파서 짜증이 나는 상황에도 안녕을 고할 수 있다. 내 몸이 들려주는 소리에 귀를 기울이자.

| 케토시스 상태가 되지 않았을 때 해야 할 일 |

케토시스에 이르지 못했다면 어떻게 해야 할까? 혈액 측정, 호흡 측정, 소변검사를 통해 케톤을 확인한 결과 아직 케토시스 상태가 되지 못했다면 무엇이 부족했는지 다음 점검 목록을 확인해보자.

1. 다량영양소를 조정하고 수분 섭취량을 확인한다

케토채식 생활을 시작하면 일단 일정한 습관을 유지하기 전까지는 섭취하는 음식을 추적하고 기록할 것을 권장한다. 음식 자체에 강박을 가지기 위해서가 아니라는 점을 꼭 기억하자. 자신이 먹는 음식이나 식품이 신체에 연료를 공급하는 방식을 파악하기 위해서다. 계산기를 마련할 필요도 없다. 케토채식이 제2의 본능이 되어 손쉽게 식단을 꾸릴 수 있게 되면 꼭 기록을 지속해야 할 필요도 없다. 또한 매일 물 8잔을 마시고 있는지 확인하자. 적절한 수분 섭취는 전반적인 신진대사 기능 최적화에 도움을 준다. 자신의 영양 케토시스가 더디다면 먹은 음식을 다시 확인하고 수분 섭취량을 체크하자. 다음을 기억하자.

- **탄수화물 섭취량은 낮게 유지한다**(천연 식물성 식품으로 섭취. 순수 탄수화물 25~55g).
- **단백질 섭취량은 적당히 조절한다.**
- **건강한 지방 섭취량은 늘린다.**

2. 탄수화물 섭취량을 잠시 줄인다

어떤 사람은 탄수화물에 민감하게 반응하기도 한다. 인슐린 저항성 및 기타 염증성 문제가 있는 사람이 케토시스 상태가 되려면 순수 탄수화물을 25g 이하로 섭취해야 할 수도 있다. 일단 케토시스 상태로 만들고 나면 탄수화물 섭취량을 천천히 늘리면서 자신의 탄수화물 내성이 어느 정도인지 시험할 수 있다.

3. 포만감이 들 때까지 먹는다

케토채식은 영양소가 풍부하고 건강한 음식에 중점을 둔다. 만족할 때까지 음식을 충분히 섭취하는 것이 중요하다. 음식을 두려워하지 말아야 한다. 음식은 우리의 친구이자 연료다. 반대로 만족스러운 정도를 넘어설 때까지 먹어서도 안 된다. 평소 과식을 하는 사람이라면 음식이 자신의 기분을 어떻게 조절하는지 우리 몸이 어떤 말을 하는지 들을 때까지 시간이 걸릴 수 있다. 천천히 씹으면서 의식적으로 식사를 하자. 만족감이 느껴지면 바로 식사를 중지한다.

4. 움직이자

케토채식 식단에 따라 식사를 하거나 간헐적 단식을 할 때 운동을 병행하면 케톤을 더욱 강화할 수 있다. 운동의 긍정적인 효과를 극대화하려면 아침 식사를 하기 전이나 금식 중에 운동을 하는 것이 좋다. 연구에 따르면 공복에 운동을 하면 식사 후에 하는 것보다 케톤을 더욱 증가시킨다고 한다.[5]

5. 코코넛오일 또는 MCT오일을 사용한다

코코넛오일 또는 MCT(중쇄지방산)오일을 섭취하면 케토시스 상태에 도움이 된다. 코코넛오일에는 생체 이용 가능한 지방의 순수한 공급원인 MCT오일이 일부 함유돼 있다. MCT오일은 쉽게 흡수돼 에너지원으로 사용되며 케톤을 증가시킨다.[6] 케토시스 상태를 독려하는 데도 효과가 있고 심지어 탄수화물 섭취량을 늘려도 효과를 볼 수 있다.[7] 또한 코코넛오일에는 MCT의 한 종류로 지속적인 케토시스를 형성하기 위해 사용되는 라우르산이 함유돼 있다.[8] 코코넛오일과 MCT오일을 너무 많이 섭취하면 위경련을 일으키고 설사를 할 수도 있다. 매일 1작은술로 시작해서 2~3큰술까지 늘려간다.

6. 스트레스를 관리한다

만성적인 스트레스는 케토시스 상태로 들어가기 어려운 또 다른 원인이다. 스트레스는 호르몬 불균형과 높은 염증 수치를 불러일으킨다. 신진대사에도 해롭다. 케토시스는 물론 전반적인 건강 상태를 위해 중요한 요소인 스트레스에 대해서는 Part 7을 참고하자.

7. 간헐적 단식을 시도한다

내가 케토시스 상태를 북돋우기 위해 가장 즐겨 쓰는 방법은 간헐적 단식(IF)이다. 간헐적 단식은 사람마다 특성에 맞춰 적당하게 변경시킬 수 있다. 여러 가지 종류의 간헐적 단식에 대해서는 Part 7을 참고하자.

4단계: 8주 후 내게 맞게 조정한다

이 책에서는 케토채식 식단을 최소한 60일 정도 시도할 것을 권장하지만, Part 7을 참조하면서 30일 이후부터 수정할 수도 있다.

이렇게 60일의 식단 조절을 거치면 신체의 신진대사를 효율적인 지방 연소 상태로 전환하게 된다. 8주가 지나면 현재의 상태와 기분을 평가해보자. 본인의 상태에 만족한다면 아무것도 바꿀 필요가 없다. 지구상에서 가장 건강한 음식을 먹고 있는 중이기 때문이다. 하지만 평생 영양 케토시스 상태를 유지해야 할까? 전혀 그렇지 않다. 8주 동안 본인의 리듬을 파악할 수 있을 것이다. 다음에 설명하는 간헐적 단식과 탄수화물 허용치 개별화 등을 자유롭게 활용해보자. 건강한 탄수화물을 늘리고 건강한 지방을 낮추고 싶다면 케토시스에서 잠시 벗어나 다양한 시도를 한 다음 상태를 다시 확인해보자.

만일 케토시스 상태일 때 신진대사가 더 좋다면 바꾸려고 크게 노력하지 않아도 된다. 케토채식은 유행이나 단기 다이어트, 요요 현상 등으로 신체를 해치지 않는 고마운 식습관이다.

케토 독감의 정체와 피하는 법

우리는 평생 동안 신체에 연료를 공급하기 위해 탄수화물을 먹으며 살아왔다. 이제 식단을 바꾸면 신체는 큰 변화를 겪게 된다. 우리 몸의 모든 세포와 조직, 섬유질은 한 가지 다량영양소(탄수화물)에 오랫동안 의존하고 있었기 때문에 다른 방식으로 전환하는데 시간이 걸릴 수 있으며, 일부 사람은 케토 독감이라고 부르는 신진대사적 해독 기간을 거치게 된다. 두뇌와 신진대사가 지금까지 이어왔던 지저분한 당 연료에서 건강하고 깨끗한 지방 연료로 바꾸면서 해독 증상을 일으키는 것이다.

체내의 지방세포는 중금속 및 화학 호르몬을 파괴하는 독소의 저장고가 되기 때문에 처음으로 지방을 연소하면 저장돼 있던 독소가 방출되기도 한다. 케토 독감의 또 다른 원인이다.

영양 케토시스로의 대사 변화는 장내 미생물군(박테리아는 우리가 먹는 음식을 먹는다)을 변화시킨다. 기본적으로 장내 박테리아 불균형 또는 효모 과다증식 증상을 지니고 있는 사람이 식단을 변경해서 박테리아의 먹이가 바뀌면 개체수가 급격하게 자연 소멸된다.

탄수화물 섭취량을 늘리면 케토 독감 증상이 줄어들지만 나는 기능 의학적 관점에서 이 증상의 원인을 알아보고자 했다. 사람에 따라 약초나 식물성 의약품을 통해서 해독 경로와 미생물군 건강을 강화하는 것이 증상 해결에 더욱 효과적이기도 하다. 케토 독감 증상은 며칠에서 몇 주까지 지속될 수 있으며, 일반 독감 증상과 비슷하다.

| 일반적인 케토 독감 증상 |

- **피로**
- **두통**
- **구역질**
- **불면증**
- **조급증**
- **배탈**

모든 사람이 위와 같은 증상을 경험하지는 않으며 본인이 겪는 증상이 다른 사람과 완전히 다를 수도 있다. 이런 증상이 전혀 발생하지 않을 수도 있고, 처음에는 기분이 아주 상쾌했지만 갑자기 경미한 증상이 나타나기도 한다. 그렇다면 케토 독감 증상을 예방하거나 극복할 수 있는 방법은 무엇일까?

| 케토 독감 극복하기 |

- 물을 더 많이 마신다(체중을 파운드로 계산해 절반으로 나눈 후 같은 수치의 온스 무게에 해당하는 분량의 물을 마신다).
- 건강한 지방 섭취량을 늘린다.
- 천일염과 미네랄 섭취량(전해질이 풍부한 음식)을 늘린다.
- 스트레스를 관리한다.
- 운동을 한다.

Part
7

케토채식의 기술

간헐적 단식(IF) 시도하기

건강한 케토 음식에 집중하는 것 외에도 케토제닉 상태가 되기 위해 도움이 되는 것이 있다. 바로 일정 기간 동안 칼로리 섭취를 제한하는 간헐적 단식이다. 케토 적응화에 도움을 주기 때문에 염증 수준을 낮춰야 할 때 활용하는 기술이기도 하다. 수많은 환자에게 정기적으로 간헐적 단식을 처방한 결과 제대로 효과를 볼 수 있었다. 간헐적 단식을 시도하기 전에 다음 사항을 알아두자.

간헐적 단식은 음식 섭취를 제한하거나 전혀 먹지 않는 기간을 칭하는 일반적인 용어다. 어째서 스스로를 기아 상태에 빠뜨려야 하는 것일까? 연구 결과에 따르면 간헐적 단식은 염증 표지를 현저하게 떨어뜨린다. 또한 여러 종류의 염증 및 mTOR(전암 경로)을 진정시키고 자식작용(세포 청소 및 재활용) 및 AMPK과 Nrf2 경로(질병 퇴치 경로)를 증가시킨다는 것을 확인할 수 있다.

- **두뇌 염증**_ 불안, 우울증, 브레인 포그 같은 정신 건강 문제가 증가하고 있다. 연구에 따르면 간헐적 단식은 두뇌 기능과 기분을 개선시키는 일종의 항우울제 효과가 있는 것으로 나타났다. 우울증이나 불안 등 기분 장애뿐만 아니라 알츠하이머병과 파킨슨병 등 신경염증 질환에도 효과가 있다. 다른 연구에 따르면 간헐적 단식을 통해 뉴런을 유전적 및 후생적 스트레스 요인으로부터 보호할 수 있다. 이는 두뇌 노화를 본질적으로 늦출 수 있다는 뜻이다!
- **폐 염증**_ 격일로 금식을 하면 천식 증상과 산화스트레스 및 염증 표지가 감소하는 것으로 나타났다.
- **호르몬 신호 염증**_ 충격적이지만 미국 성인 중 50%에게 영향을 미치는 호르몬 문제인 인슐린 저항성 또한 간헐적 단식을 통해 감소시킬 수 있다. 당뇨병 같은 만성질환에 대항하고 스트레스에 적응하는 신체 기능을 향상시키는 효소의 생성을 증가시키기도 한다.
- **만성통증 염증**_ 간헐적 단식은 새로운 정보에 반응해 시냅스 연결을 형성 및 재구성하

는 두뇌 기능인 신경가소성을 향상시킨다. 현재 과학계에서는 신경가소성이 만성통증 관리에 어떤 역할을 하는지를 연구하고 있다.

- **암_** 이미 여러 연구에서 간헐적 단식과 유방암 발병 위험 감소 사이에 뚜렷한 관계가 있음을 확인한 바 있다.
- **자가면역질환_** 3일 간격으로 금식을 하면 다발성경화증과 루푸스 등 자가면역질환 증상을 감소시킬 수 있다.
- **위장 염증_** 나는 경험을 통해 복통과 과민성대장증후군, 대장염, 설사, 메스꺼움 등 염증성 위장 문제에 간헐적 단식이 효과가 있다는 사실을 알아냈다. 연구 결과 또한 금식이 장 건강에 이롭다는 점을 시사하고 있다.
- **심장 염증_** 간헐적 단식은 보호성 HDL 콜레스테롤을 증가시키고 중성지방 및 혈압을 감소시켜서 심혈관질환 위험을 부분적으로 감소시키는 것으로 나타났다.
- **음식에 대한 갈망 감소 및 식습관 변화_** 우리는 음식에 집착하고 항상 무언가를 먹는다. 그 결과 육체적 굶주림이 어떤 느낌인지 이해하지 못하게 됐다. 우리가 느끼는 배고픔은 거의 정신적인 것이다. 내 환자들은 간헐적 단식을 경험하면서 신체와 음식 사이의 정서적 관계를 이해하게 됐다. 간헐적 단식을 통해 음식에 대한 갈망, 버릇처럼 먹거나 정서적인 이유로 음식에 손을 대는 습관에서 벗어나 자유로워질 수 있다. 간헐적 단식을 일정하게 진행하면 신진대사가 불규칙한 당 연소에서 느리고 안정적인 지방 연소로 전환되기 때문이다.

| 가장 효과적인 간헐적 단식법은 무엇일까? |

초급자

- **오전 8~오후 6시 식사_** 간헐적 단식을 하는 간단한 방법으로 단순하게 아침 8시부터 오후 6시 사이에만 식사를 한다. 이른 저녁부터 적당한 아침 시간까지 금식을 하기 때문에 단식을 오래 유지할 수 있다.
- **오후 12~6시 식사_** 내가 주중에 시도하는 간헐적 단식법이다. 위와 비슷하지만 금식

우리는 음식에 집착하며 항상 무언가를 먹는다. 그 결과 육체적 굶주림이 어떤 느낌인지 이해하지 못하게 됐다.

시간을 점심시간까지 연장해서 첫 끼니를 12시에 먹는다. 아침 시간에는 평소보다 물과 허브차를 많이 마시고 점심 식사를 만족스럽게 즐긴다.

중급자

- **2일 변형 단식법**_ 1주일에 5일간 깨끗한 식습관을 유지한 다음 1주일 내에 아무 때나 2일을 골라서 700kcal 미만으로 음식 섭취를 제한한다. 열량을 제한해 온전한 하루치의 간헐적 단식에 버금가는 건강상 이점을 누릴 수 있다.
- **5일 식사 / 2일 단식법**_ 1주일에 비연속적으로 2일을 골라서 완전히 금식을 하는 간단한 간헐적 단식법이다. 예를 들어 월요일과 수요일에는 금식을 하되 나머지 5일간은 규칙적이고 건강한 식사를 하는 방법이다.

상급자

- **격일 단식법**_ 격일로 완전히 단식을 행하는 간헐적 단식 프로토콜이다. 상당히 엄격하지만 일부 사람에게는 매우 효과적이고 몸에도 좋다.

| 간헐적 단식은 호르몬 건강에 해롭지 않을까? |

많이 듣는 질문이다. 간헐적 단식과 호르몬에 관한 과학적 지식을 살펴보자.

공복과 지방저장 호르몬(인슐린, 그렐린, 렙틴)

간헐적 단식은 공복과 혈당, 신진대사에 직접적으로 영향을 미치는 호르몬을 개선해야 할 때 빛을 발한다. 내가 혈당 문제에 적용하는 최고의 방법 중 하나다. 간헐적 단식은 인슐린 저항성을 감소시켜서 당뇨병 발병 위험을 낮추고[1] 신진대사를 강화한다.[2] 또한 그렐린 호르몬에 긍정적인 영향을 미친다. 놀랍게도 간헐적 단식 중 변화하는 그렐린 분비는 두뇌의 도파민 수치를 개선해 인지기능을 향상시킨다.[3] 이는 체내에서 작용하는 또 다른 장뇌축의 예로 꼽을 수 있다. 혈당이 안정적이지 않다면 신체가 편안하게 적응할 수 있도록 간헐적 단식 프로토콜을 천천히 시도하면서 혈당을 안정시키는 것이 좋다. 또한 체중 증가 문제를 일으키는 까다로운 호르몬 저항 패턴인 렙틴 저항에도 간헐적 단식법을 활용하면 좋다.

여성호르몬(에스트로겐과 프로게스테론)

여성에게는 두뇌와 난소가 통신하는 과정을 뜻하는 두뇌난소축, 즉 시상하부뇌하수체성선(HPG)축이 존재한다. 두뇌는 화학적 이메일을 쓰듯이 난소에 호르몬을 분비해 의사를 전달한다. 그러면 난소가 에스트로겐과 프로게스테론을 분비한다. 활력을 유지하고 임신을 하기 위해서는 HPG축이 건강해야 한다.

여성의 경우 키스펩틴Kisspeptin 탓에 남성보다 간헐적 단식에 민감하게 반응하는 경향이 있다. 키스펩틴은 남녀 모두에게 존재하는 단백질로 시상하부를 자극해 화학적 이메일이라고 말할 수 있는 GnRH를 방출한다. 보통 키스펩틴은 여성에게 더 많이 발견되는 편이다. 연구에 따르면 여성의 키스펩틴 수치가 높을 경우 금식 등의 시도에 더 민감하게 반응하게 된다.[4] 이 때문에 여성이 간헐적 단식을 시도하면 생리를 건너뛰거나 주기가 변하고 때로는 호르몬 불균형을 재촉해 건강에 좋지 않다고 느낄 수도 있다. 아직 연구가 더 필요하지만, 이론적으로는 생식뿐만 아니라 신진대사에도 영향을 미칠 수 있다.

하지만 모든 사람이 동일하게 반응하는 것은 아니다. 간헐적 단식이 효과가 있는 여성도 있고 그렇지 못한 여성도 있다. 그렇다면 간헐적 단식에 민감한 여성은 절대 시도하면 안 되는 것일까? 그렇지 않다. 단지 더 섬세하고 여유롭게 접근하면 된다. 이때 적용하기 좋은 것이 크레센도Crescendo('점점 크게'를 뜻한다. 같은 뜻의 음악 용어로도 사용된다-옮긴이) 금식이다. 나는 간헐적 단식이 잘 맞지 않는 환자에게 크레센도 금식을 권한다. 크레센도 금식 방법은 다음과 같다. 크레센도 단식 대신 앞서 언급한 초급자형 간헐적 단식을 시도해도 좋다.

- **1주일에 비연속적으로 2일을 골라(월요일과 금요일 등) 금식을 한다.**

- 금식일에는 운동을 삼간다. 가벼운 걷기나 적당한 요가가 적합하다.
- 12~16시간 단식을 목표로 한다.
- 2주 후에 단식을 하루 추가한다(월요일과 수요일, 금요일 등).
- 크레센도 금식을 진행하는 동안에는 분말 또는 캡슐 형태로 판매되는 측쇄아미노산 보충제(BCAAs)를 6g 정도 섭취할 것을 권장한다. 측쇄아미노산은 날카로운 기분을 진정시키고 금식으로 인한 긍정적인 영향을 강화하는 데 도움을 준다.

코르티솔Cortisol

스트레스 호르몬인 코르티솔은 신장 위에 작은 모자처럼 얹혀 있는 부신에서 분비된다. 내가 여러 해에 걸쳐 저술한 주제이기도 한 부신 피로는 두뇌와 부신이 이루는 균형(HPA축)의 상태가 나쁠 때 발생한다. 그러면 코르티솔이 낮아야 할 때 높아지거나 높아야 할 때 낮아지거나 혹은 항상 높거나 낮은 상태를 유지한다. HPA축 기능 장애는 여러 가지 형태로 나타난다. 이런 일주기 리듬 문제를 겪는 사람은 간헐적 단식에 그리 긍정적으로 반응하지 않는다. 만약 일주기 생체리듬 장애를 가지고 있는데 간헐적 단식을 시도하고 싶다면 초급자형부터 시작할 것을 권장한다.

갑상선호르몬(T4와 T3)

모든 호르몬의 여왕에 속하는 호르몬으로 경이롭게 설계된 우리 신체의 모든 세포 하나하나에 영향을 미친다. 갑상선이 제대로 작동하지 않으면 우리 몸의 모든 요소가 돌아가지 않는다. 갑상선호르몬 문제가 더 어려운 것은 원인이 워낙 복잡하고 다양하기 때문이다.

세상에는 하시모토병이나 저T3증후군 같은 갑상선 전환 문제, 인슐린 저항성과 비슷한 갑상선 저항성 문제, 두뇌갑상선(뇌하수체시상하부갑상선 또는 HPT축) 기능 장애의 2차 질병인 갑상선 질환 등 자가면역 관련된 여러 가지 갑상선 문제가 존재한다. 이런 갑상선호르몬 문제는 간헐적 단식에 각각 다르게 반응할 수 있다. 그러나 관찰한 바에 따르면 금식으로 인해 갑상선호르몬이 낮아질 수 있지만 반드시 나쁜 일은 아니다. 규칙적으로 간헐적 단식을 하면서 건강한 지방으로 구성된 케토채식 식단을 따르는 사람은 갑상선 수치가 약간 낮지만 여전히 활력이 넘친다. 이는 하이브리드 자동차와 비슷하다. 에너지 활용의 효율성이 높아져서 신체가 기능하기 위해 필요한 호르몬의 양이 줄어들기 때문이다. 하지만 갑상선 문제를 지니고 있을 경우 금식이 맞지 않을 수 있으므로 개인의 상태에 맞춰 적용해야 한다.

| 간헐적 단식 사이에는 무엇을 먹어야 할까? |

궁극적으로 금식만으로 나쁜 식이요법에서 벗어날 수는 없다. 간헐적 단식을 시도하고 싶다면 반드시 올바른 식이요법을 병행해서 간헐적 단식을 보완해야 한다. 단식을 하지 않을 때는 케토채식 식단에 따라 건강한 지방과 안전한 탄수화물, 깨끗한 단백질을 섭취해야 한다. 간헐적 단식이 가져오는 모든 이점을 온전히 누리려면 반드시 필요한 과정이다.

단식 모방 다이어트(Fasting Mimicking Diet, FMD)

간헐적 단식과 유사한 FMD도 좋은 식이요법이다. FMD는 단식을 하지 않고도 단식의 장점을 누리는 방법이다. 즉, 영양 케토시스 및 지방 손실을 촉진하고 두뇌에 활력을 불어넣으며 자식작용을 강화하고 염증을 진정시키는 식이요법이다. FMD는 사우스 캘리포니아 대학의 발터 롱고Valter Longo 박사 팀이 수십 년간 개척한 작업으로 5일간 칼로리를 제한하는 것에 중점을 둔다. FMD 방법은 대체로 다음과 같다.

- **1일 차_** 1,100kcal 섭취.
- **2~5일 차_** 하루 800kcal 섭취.

5일간 다량영양소 비율은 다음과 같다.

- 지방 80%
- 단백질 10%
- 탄수화물 10%

5일의 칼로리 제한 기간 동안 운동은 삼가고 커피는 하루 최대 1컵으로 제한한다. FMD는 케토채식과 식품군이 겹친다. 즉, 건강한 식물성 지방을 활용했다는 부분을 장점으로 꼽을 수 있다.[5] 물론 요양 중인 환자 및 임신부라면 칼로리를 제한하면 안 되지만 대부분의 사람들은 금식 및 칼로리 제한법을 통해서 긍정적인 효과를 볼 수 있다.

탄수화물 최적점 찾기

케토채식 식단을 1개월 이상 진행한 뒤 적용할 수 있는 기술이다. 가능하면 최소한 60일 이상 진행한 뒤 시도하는 것이 좋지만 사람마다 체질이 다르므로 기준을 유연하게 잡았다. 처음에는 건강한 지방을 넉넉하게 섭취하고 건강한 탄수화물은 순수 탄수화물 기준 55g 이하로 유지한다. 그래야 우리 신체가 당 연소에서 지방 연소(케토 적응화)로 전환할 시간을 가질 수 있다. 케토채식의 다량영양소 비율을 따랐을 때 몸 상태가 나무랄 데가 없다면 굳이 탄수화물 최적점을 찾을 이유가 없다. 다만 사람마다 체질이 다르므로 어떤 사람은 일단 지방 적응화를 마치고 나서 살짝 탄수화물 비중을 높이면 훨씬 상태가 좋아진다. 이때 본인의 탄수화물 최적점을 찾으려면 다음과 같은 방법을 사용한다. 1개월 이상 순수 탄수화물을 55g 이하로 섭취하고 다음 과정을 진행한다.

1. 탄수화물 섭취량을 적당히 조절한다

탄수화물 섭취량을 매일 순수 탄수화물 기준 75~115g으로 늘리고 증가분을 보완할 수 있도록 건강한 지방 섭취량을 줄인다(예: 탄수화물 20%, 지방 65%, 단백질 15%). 과일을 늘리거나 전분질 채소를 더하는 등 건강한 탄수화물 선택지를 추가한다. 예를 들면 다음과 같다.

- **익힌 당근**_ 1컵당 순수 탄수화물 8g
- **블루베리**_ 1컵당 순수 탄수화물 18g
- **구운 고구마**_ 1개당 순수 탄수화물 23g
- **구운 참마**_ 1개당 순수 탄수화물 33g

여성의 경우 탄수화물 섭취량을 살짝 높이는 편이 더 적응하기 좋을 수도 있는데, 전혀 이상한 일이 아니다. 본인의 탄수화물 최적점에 맞춰 건강한 탄수화물을 더 먹는다고 해서 부끄러워할 이유가 전혀 없다. 탄수화물 섭취량을 늘릴 생각이라면 낮 동안의 신진대사를 방해하지 않기 위해서 가능하면 저녁 식사 때 섭취할 것을 권장한다. 저녁에 탄수화물을 먹으면 피로 효과를 통해 취침 전에 긴장을 이완시킬 수 있다. 어떤 사람은 격렬한 운동을 하기 전후로 여분의 탄수화물을 섭취하는 쪽이 맞기도 한다. 이처럼 자체적으로 실험을 할 때는 케톤 검사를 해서 탄수화물 섭취가 자신에게 어떤 영향을 미치는지 확인해볼 것을 권장한다.

2. 탄수화물 섭취를 주기적으로 순환시킨다

1주일에 5~6일간은 일반 케토채식의 고지방 저탄수화물 식이요법을 지속한다(1일 순수 탄수화물 55g 미만). 그리고 6, 7일에는 건강한 탄수화물 섭취량을 순수 탄수화물 기준 75~115g으로 늘린다(예: 탄수화물 20%, 지방 65%, 단백질 15%). 이 순환식 케토채식 접근법은 여성과 고강도 운동 선수에게 효과적이며 1개월 이상 체중 감량 정체기를 겪고 있을 때 활용하기 좋다. 케토채식 식단을 자신에게 맞도록 개별화할 수 있는 기술이다.

나는 인슐린 저항성, 당뇨병 또는 염증 문제가 있거나 몸무게를 5kg 이상 줄여야 하는 사람 등 탄수화물에 민감한 사람에게는 탄수화물 섭취량을 해당 범위의 최고치 이상으로 늘리는 것을 권장하지 않는다. 반복해서 강조하지만 기존 식단을 유지해도 무리가 없다면 탄수화물 섭취량을 늘릴 필요가 없다.

본인의 탄수화물 최적점을 찾고 싶다면 위의 기술을 한 달에 걸쳐 각각 시도하며 몸 상태를 확인해보자. 활력 수준과 두뇌 기능, 체중, 기분, 수면 및 소화 능력을 비교해보자. 어느 정도일 때 가장 기분이 좋을까?

3. 계절성 케토채식

케토채식 식단을 최소한 60일 이상 고수한 뒤 시도할 수 있는 또 다른 기술로 계절성 케토시스를 꼽을 수 있다. 인간이 역사를 통해 반복해온 계절의 주기를 모방해 정립한 방법이다. 고대 인간은 과일이 부족한 겨울에는 자연스럽게 탄수화물을 적게 섭취했다. 그러나 여름에는 베리 등의 과일과 고구마 등 전분성 덩이줄기를 거두어 먹었다. 계절에 따라 식단을 조절하는 이 방법은 탄수화물 함량이 높은 자연식품이 잘 맞고 유연한 신진대사를 갖춘 사람에게 적당하다.

60일 뒤에는 어떤 기술을 활용해야 할까? 케토채식을 지속하려면 스스로의 균형을 찾아서 유지해야 한다. 실험을 하고 즐거움을 찾아보자. 이 책에서 소개하는 지침을 따라 60일을 보낸 뒤 음식을 흥미롭게 가지고 놀아보자. 케토시스를 장기간 유지해야 할 필요가 있을까? 인슐린이나 체중 감량 저항, 음식에 대한 갈망, 신경학적 문제를 겪기 쉬운 사람은 영양 케토시스를 장기간 유지하면 활력을 되찾을 수 있다. 그 외의 사람들은 계절에 따라, 혹은 1주일 계획에 따라 탄수화물 섭취량을 조절하는 것이 좋다.

자연식품을 통해 탄수화물 섭취량을 늘려도 괜찮은 사람들도 대사를 조절하고 싶다면 기꺼이 케토시스로 돌아가면 된다. 기억하자, 케토채식은 다이어트 규칙을 지키고 좌절을 느끼려는 것이 아니라 식사를 통해 가벼운 기분과 감사함을 느끼고자

하는 방식이다. 이 책에서 소개하는 기술을 활용해 자신의 신체가 좋아하는 것과 싫어하는 것을 알아내자.

전해질 균형 맞추기

케토채식 식단으로 변경하면서 곡물, 설탕 등 모든 염증성 탄수화물을 제한하면 신체가 보유한 체액을 어느 정도 손실하게 된다. 이 때문에 대사 전환 기간 동안 전해질 균형(특히 나트륨, 칼륨, 마그네슘)이 망가지기도 한다. 하지만 음식에 천일염을 첨가하면 전해질을 보충할 수 있다. 내가 담당한 환자 중 일부 HPA축 문제가 있거나 부신피로증후군을 겪는 사람은 물 1컵에 히말라야산 천일염 1작은술을 섞어서 아침에 마시거나 음식에 더해 먹었다. 물 1컵에 채소국물 또는 닭뼈국물 큐브 1~2개 또는 천일염 1~2작은술을 넣어도 좋다. 칼슘과 마그네슘이 풍부한 아보카도, 버섯, 시금치를 섭취해도 어느 정도 균형을 맞출 수 있다. 식품 외에도 시판되고 있는 훌륭한 전해질 보충제를 찾아보자.

스트레스 관리하기

스트레스는 수많은 질병을 일으키는 숨겨진 이유 중 하나로 스트레스 때문에 케토시스 상태에 들어가지 못하는 사람도 있다. 스트레스는 우울증, 불안, 심장병, 위장관 문제, 자가면역질환의 위험을 늘리는 등 여러 질환과 관련돼 있다. 연구 결과에 따르면 직장 내 스트레스는 간접흡연만큼 건강에 해롭다.[6] 심리적 스트레스는 실제로 면역체계를 약화시키고 신체의 염증을 증가시킨다. 다음은 반복되는 나쁜 생각을 떨치고 스트레스를 관리하면서 건강을 지킬 수 있는 방법이다.

- **알람을 더 일찍 맞춘다_** 아침은 하루의 씨앗이니 제대로 시작하자. '다시 알림' 버튼을 여러 번 반복해서 누르는 대신 천천히 잠에서 깨어날 시간을 갖도록 한다. 녹차 한 잔을 마시고 고요한 시간을 보내면서 자신에게 집중하는 하루를 맞이하자. 알람을 끄고 다시 잠들었다가 아슬아슬하게 일어나 집 안을 뛰어다니면 스트레스로 하루를 시작하게 된다.
- **인식력을 키우는 연습을 한다_** 인식은 근육과 같아서 사용할수록 더 강화된다. 마음챙김 명상Mindfulness Meditation 등을 통해 인식력을 키울 수 있다. 나의 생각 자체가 생각을 관찰하는 입장에 선 사람이라는 사실을 깨닫게 될 것이다. 그러면 반복되는 마음 속 잡음을 깨뜨리고 현재에 집중할 수 있다.
- **해야 할 일 목록을 작성한다_** 업무를 조금 일찍 시작하는 것을 권장한다. 끔찍한 말로 들릴지도 모르지만 미리 준비해두면 하루를 제대로 집중할 수 있다. 아침에 몇 분 정도 시간을 내어 해야 할 일 목록을 작성하자. 더 급한 일부터 시작해서 장기적인 목표까지 빠짐없이 정리한다. 이후 작업을 완료할 때마다 목록에 표시를 한다. 이런 접근법을 통해 번잡스러운 정신까지 정리되고 순서대로 일을 처리할 수 있다. 오늘 다 마무리하지 못해도 자신에게 너그러움을 발휘해야 한다는 점을 기억하자. 우리에게는 언제나 내일이 있다.
- **전자기기 해독 기간을 가진다_** 인터넷 세상은 손가락 하나로 양질의 정보를 얻을 수 있다. 하지만 아무리 정보를 얻는다고 하더라도 무의식적으로 SNS를 반복해 스크롤하는 것은 시간을 무의미하게 흘리는 일이다. 현재 상태를 외면하고 반복적인 생각을 뛰어넘지 못하게 만든다. 잡음을 끄고 플러그를 뽑자.
- **한 번에 한 가지 작업에 집중한다_** 오늘 해야 할 일 목록을 따라 업무를 이어가면서 지금 잡고 있는 작업에 충실하게 임한다. 미래나 과거에 대한 생각은 불안감을 유발하고 효율성을 떨어뜨린다. 지루한 작업을 그저 끝내야 할 짐으로 생각하고 초침이 흘러가는 모습만 바라보고 있지는 말자. 해야 할 일 목록이 아무리 재미없다 하더라도 중요하

게 생각해야 한다. 지금 이 순간을 명상의 기회로 활용하자. 할 일을 온전히 받아들이면 스트레스가 줄어들고 내면의 평화를 얻을 수 있다.

- **의식적으로 공간을 정돈하자**_ 주변이 어수선하면 마음도 어수선해진다. 매주 책상과 사무실을 정리하는 시간을 갖자. 필요 없는 서류와 물건은 버린다. 사무실과 집 안의 어수선한 분위기를 정리하면 바쁜 하루를 차분하게 되돌릴 수 있다.
- **태극권이나 요가를 시도하자**_ 시끄러운 SNS를 끈 다음 빈 시간 동안 정신을 가다듬고 고요함을 되찾는 운동을 시도하자. 태극권과 요가는 내면의 고요함을 키우기에 좋은 운동이다.
- **하루 종일 의식적인 호흡을 연습한다**_ 스트레스를 받고 긴장 상태를 유지하면 호흡이 얕아져서 불안감이 가중될 수 있다. 의식적으로 심호흡을 하면 내면의 고요함을 찾을 수 있다. 지금 이 순간에 집중하려면 의식적으로 호흡을 한다. 직장에서 스트레스를 받을 때마다 조용히 자연스럽게 호흡을 하며 숨쉬기에 집중해보자. 걱정과 불안이 날아간다.
- **긍정으로 마음을 채우자**_ 긍정적인 것을 접하면 부정적인 스트레스를 다독일 수 있다. 예를 들어 클래식이나 명상 음악, 즐거운 팟캐스트, 책, 또는 단순한 침묵 등은 마음을 고요하게 만드는 방법이다. 연구에 따르면 특정 행동을 많이 반복하면 두뇌를 쇄신할 수 있다고 한다. 긍정을 습관으로 만들자.
- **긍정적인 사람들과 함께하자**_ 부정적으로 생각하고 그 생각을 키우는 사람들과 시간을 보내고 있지 않은가? 나는 우정을 세 가지 크기의 동심원으로 상정한다. 첫째는 가장 안쪽 원으로 서로의 기운을 북돋우는 사람이다. 둘째는 가운데 원으로 나에게 긍정적인 영향을 주는 사람이다. 제일 바깥쪽 원은 부정적인 영향을 주는 사람이다. 끊임없이 부정적인 얘기를 하거나 모든 대화를 자기 중심으로 이끌어가는 '에너지 뱀파이어'에게 거리를 두자. 건강한 거리를 유지해야 그들을 계속 사랑할 수 있다.
- **기분 상하지 말자**_ 나는 몇 년 동안 불쾌한 기분에 시달린 결과 건강에 해를 입은 환자를 여럿 만났다. 머릿속으로 부정적인 생각을 반복하면 신체에도 부정적인 영향을 줄 수 있다. 아무리 내가 정당했다 하더라도 치유의 일부로 상대방을 용서해보자. 나에게

생긴 모든 사건은 개인적인 일이 아니라 다른 사람의 무의식에서 비롯된 것이라는 점을 의식하자. 실천은 쉽지 않지만 만사를 개인적으로 받아들이지 않는 편이 훨씬 자유롭고 건강에도 이롭다.

- **낮에 적어도 한 번은 밖에 나간다**_ 쉬는 시간이 생기면 나가서 햇볕을 쬐자. 햇빛 비타민인 비타민D는 기분과 두뇌 기능 향상에 반드시 필요한 영양소다. 그저 밖에 나가는 것만으로 스트레스가 가득한 주중의 긴장을 풀 수 있다. 자연을 접할 방법을 찾자. 사무실 밖에 나무가 하나뿐이더라도 나가서 그 나무 아래 앉자! 잠시 차분하게 앉아서 의식적인 호흡을 연습하자.
- **양질의 수면을 취한다**_ 다음 날을 위해 기운을 충전할 수 있도록 밤에는 충분한 수면을 확보하자. 최적의 수면 시간은 하루 7시간이다. 잠자리에 들기 전에 텔레비전과 휴대전화를 끄고 책을 읽으면 양질의 수면을 독려할 수 있다.

음식과 몸의 평화 이루기

탄수화물 최적점을 찾거나 간헐적 단식, 전해질 균형 맞추기를 시도하고 심지어 스트레스를 관리하는 것은 수치를 측정할 수는 없지만 꼭 필요한 기술이다. 다량영양소를 완벽하게 섭취하고 더없이 건강에 좋은 음식을 먹으면서 완벽하게 지방을 연소하는 케토 적응화 기계가 된다 하더라도, 음식과 신체와 정신이 건강하지 못하면 케토채식의 모든 장점을 제대로 누리기 힘들다.

수년간의 임상경험에서 목격한 바에 따르면 케토채식(이 문제에 있어서는 그 어떤 건강한 식이요법이라도)은 우리가 음식과 건강한 관계를 맺을 때 최상의 결과를 가져온다. 음식을 우리의 친구로 삼자. 신체를 건강하게 만드는 영양소가 풍부한 모든 음식에 집중하자. 그리고 의식적으로, 합리적으로 식사를 하는 것이 중요하다.

우리가 피해야 할 음식을 배제하는 것은 신체를 벌하기 위해서가 아니라 우리 몸이 좋아하는 음식에 집중하기 위해서다. 나의 신체는 나 자신을 관리하면서 만들 수 있는 선물 같은 존재다. 뛰어난 음식의약으로 기꺼이 영양을 공급할 정도로 나 자신을 사랑할 줄 알아야 한다.

우리 신체는 눈부신 생화학 원리 덕분에 숨쉬고 살아간다. 식사를 할 때마다 스스로에게 어떻게 연료를 공급해야 할 것인가에 집중하자. 간헐적 단식 또한 내 신체를 사랑한다는 이유로 시작해야 하고 단식 전후로 만족스러운 음식을 먹어야 더 쉽게 할 수 있다.

건강을 생각한 의식적인 식사는 음식과 신체, 그리고 인생에 산뜻한 기분과 감사의 마음을 준다. 감사하는 마음에 기반한 식사와 자연스러운 지방 적응화에 더해 음식에 대한 대책 없는 집착이 사라지면 진정 음식으로부터 자유가 찾아온다. 내 몸을 싫어하면 치유할 수도 없다. 스스로와 타인을 용서하면 치유로 나아가는 혁신적인 한 발짝을 내딛을 수 있다. 나는 이런 정서적 치유가 환자를 건강하게 만드는 필수 요소라고 본다.

충격적인 연구 결과에 따르면 우리 생각의 90%는 반복적인 것으로 추정된다. 그리고 대다수에게 반복적인 생각은 부정적인 생각이기도 하다. 이런 부정적인 스트레스를 꾸준하게 관리하지 않으면 우리 몸에 염증을 유발하고 장기적으로 건강 문제를 일으킬 수 있다.

우리는 매일 음식과 관련된 결정을 200건 정도 내린다고 한다. 연구진에 따르면 음식에 관한 결정은 특별한 이유 없이 자동적으로 이뤄진다. 우리는 자신이 내린 결정을 의식적으로 인지하지 못하며, 이는 나쁜 식습관으로 이어진다. 따라서 스스로에 대한 인식력을 키워야 치유를 시작하고 장기적으로 건강을 되찾을 수 있다. 생각이 이루어지는 상태를 관찰하고 지금 이 순간에 집중하면 중독된 생각 습관을 깨뜨릴 수 있다.

그래서 마음 챙김 명상을 추천한다. 명상을 통해 의식적으로 건강에 관한 선택을 내릴 수 있게 되며 부정적이고 반복적인 생각 패턴을 제거해 현재에 대한 인식력을 높이고 신체와 조화를 이루어서 최적의 건강 상태를 갖출 수 있다.

의식적인 식사는 음식과 신체, 그리고 인생에 산뜻한 기분과 감사의 마음을 준다.

나는 누구인가? 나 자신의 본질적인 가치를 마음 깊이 인식하면 저절로 건강한 선택을 하게 된다. 자기 관리는 자기 존중의 한 가지 형태다. 자신이 오래된 중고차가 아니라 최첨단 전기자동차라는 사실을 인지하면 신체와 마음, 영혼을 대하는 방식이 바뀐다. 지속 가능한 진정한 웰니스는 엄격한 규칙이 아니라 휴식과 운동을 선사하고 맛있는 음식의약으로 영양을 공급할 만큼 스스로를 사랑하는 삶의 방식이다.

Part
8

케토채식 메뉴

이제는 실전이다. 지금까지 케토채식주의자가 돼야 할 이유를 살펴봤으니 이제 맛있는 음식의약 식단을 실천할 때다. 케토채식 음식은 비건과 채식주의에 친화적이며 AIP(자가면역 프로토콜Auto Immune Protocol의 약자로 자가면역 친화적이라는 뜻)까지 갖춘 모든 이를 위한 건강의 열쇠라 할 수 있다. 모든 레시피는 글루텐, 곡물, 유제품(기 제외)을 배제한 것으로 팔레오 식단에도 적합하다. 각 레시피별로 1인분 기준 다량영양소 정보를 기재했다.

* 이 책에 등장하는 낯선 재료는 건강식품 전문점 및 해외 직구 사이트(iherb.com 등)에서 구입할 수 있다.
견과류요구르트, 코코넛요구르트 및 기타 대체 유제품을 구하기 힘들 경우에는 비건요구르트, 비건치즈로 대체 가능하다.

Veggie Main Dished

채소로 만든 메인 요리

제대로 조리한 신선하고 깨끗한 채식 요리는 케토채식의 기초에 해당한다.
건강해지고 싶다고 하루 종일 토끼처럼 케일만 우물거려야 하는 것은 아니다.
화려하고 건강한 식물성지방으로 배를 채우고 체내에 연료를 공급해보자.
맛있는 음식의약을 활용해 세포와 장내 미생물군을 먹여 살리자.
다른 해독법을 찾아 헤매는 대신 케토채식 음식으로 인생을 정화하는 것이다.

봄채소양상추랩

Spring Veggie Lettuce Wraps

비건, 채식, AIP

준비 시간: 15분
굽는 시간: 45분

2인분

단백질: 3g
순수 탄수화물: 11g
지방: 32g

- 양상추잎(큰 것) 8장
- 비트(지름 7.5cm, 주황 또는 노랑) 2개
- 샬롯(작은 것) 1개
- 아스파라거스 225g
- 아보카도(큰 것) 1개
- 올리브오일 3큰술
- 생 라임즙 2큰술
- 차이브 다진 것 1큰술
- 코셔소금 $\frac{1}{2}$작은술
- 후추 간 것 $\frac{1}{4}$작은술

1 비트는 껍질을 벗겨서 2~3cm 두께의 웨지 모양으로 자르고 샬롯도 웨지 모양으로 얇게 자른다.

2 아스파라거스는 손질해서 2.5cm 길이로 자르고 아보카도는 반으로 잘라서 씨와 껍질을 제거한다.

3 오븐을 220℃로 예열한 뒤 오븐팬에 비트, 올리브오일 분량의 $\frac{1}{2}$, 소금 분량의 $\frac{1}{2}$, 후추 분량의 $\frac{1}{2}$을 담고 골고루 버무린다.

4 비트를 오븐팬에 넓게 펴고 알루미늄포일을 덮은 뒤 오븐에서 30분 정도 굽는다.

5 포일을 벗기고 샬롯을 넣은 뒤 포일을 씌우지 않은 채로 10분 정도 더 굽는다.

6 아스파라거스를 넣고 남은 올리브오일을 두른다. 포일을 씌우지 않은 채로 모든 채소가 부드럽고 살짝 노릇노릇해질 때까지 8~10분 정도 더 굽는다.

7 아보카도, 라임즙, 차이브, 남은 소금, 남은 후추를 볼에 넣고 매셔나 포크 등을 이용해서 원하는 질감이 될 때까지 으깬다.

8 양상추잎을 두 장씩 겹친 뒤 구운 채소를 양상추에 나누어 담는다. 그 위에 **7**을 얹고 양상추잎을 말아서 랩 모양으로 만든다.

태국식 코코넛캐슈너트커리

Thai Vegetable Cashew Curry With Coconut

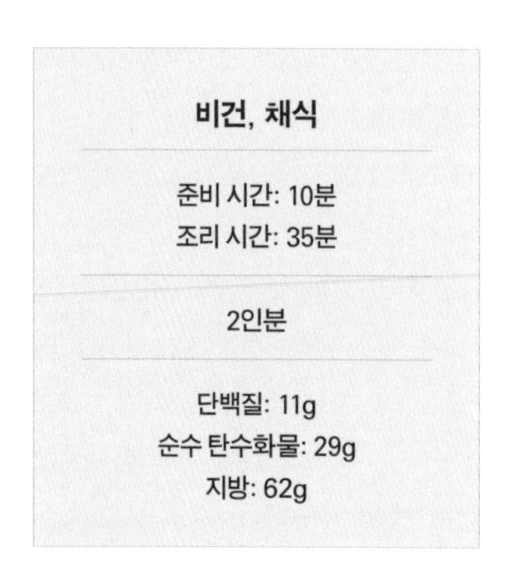

- 가지 2개
- 파프리카(큰 것, 노랑 또는 빨강) 1개
- 캐슈너트(무염) $\frac{1}{2}$컵
- 코코넛슬라이스(무가당) 4큰술
- 적양파 다진 것 $\frac{1}{4}$컵
- 마늘 다진 것 2작은술
- 생강 다진 것 2작은술
- 코코넛오일 $\frac{1}{4}$컵
- 레드커리페이스트(또는 그린커리페이스트로) 3큰술
- 코코넛밀크 1컵
- 라임즙 2작은술
- 라임제스트 $\frac{1}{2}$작은술
- 천일염 $\frac{1}{4}$작은술

1. 가지와 파프리카는 2.5cm 크기로 깍둑썰고 캐슈너트는 살짝 구워서 굵게 다지고 코코넛슬라이스는 아주 살짝만 굽는다.
2. 코코넛오일을 두른 팬을 중강불에 달군 뒤 적양파, 마늘, 생강을 넣고 적양파가 반투명해질 때까지 4분 정도 볶는다.
3. 레드커리페이스트를 넣고 1분 정도 저어가며 볶는다.
4. 파프리카를 넣고 천일염을 뿌린 뒤 반쯤 익을 때까지 5분 정도 볶다가 가지를 넣고 3분 정도 더 볶는다. 뚜껑을 닫고 불을 중약불로 낮춘다. 가지와 파프리카가 완전히 익어서 부드러워질 때까지 10분 정도 익힌다.
5. 뚜껑을 열고 코코넛밀크와 라임즙을 넣고 살짝 걸쭉해질 때까지 강불에서 4분 정도 끓인다.
6. 5를 볼 2개에 나누어 담고 캐슈너트, 코코넛슬라이스, 라임제스트를 뿌린다.

양송이버섯레드와인라구

Mushroom Red Wine Ragout

비건, 채식

준비 시간: 20분
조리 시간: 20분

2인분

단백질: 8g
순수 탄수화물: 15g
지방: 33g

- 양송이버섯 225g
- 방울양배추 225g
- 올리브(칼라마타) 12개
- 올리브오일 $\frac{1}{4}$컵
- 레드와인(드라이한 것) $\frac{1}{4}$컵
- 채소국물(무방부제, 무가당) $\frac{1}{2}$컵
- 적양파 다진 것 $\frac{1}{2}$컵
- 토마토페이스트 1큰술
- 마늘 다진 것 2작은술
- 허브드프로방스(허브 믹스 말린 것) 1작은술
- 천일염 $\frac{1}{4}$작은술
- 백후추 간 것 $\frac{1}{8}$작은술

1 양송이버섯과 방울양배추는 밑동을 다듬고 4등분한다. 올리브는 씨를 제거하고 2등분한다.
2 올리브오일 2큰술을 두른 팬을 중강불에 달군 뒤 적양파와 마늘을 넣고 적양파가 반투명해질 때까지 4분 정도 볶는다.
3 토마토페이스트를 넣고 1분 정도 더 볶는다.
4 남은 올리브오일을 두르고 양송이버섯, 방울양배추, 허브드프로방스, 천일염, 백후추를 넣은 뒤 채소가 부드러워지고 수분이 전부 날아갈 때까지 5~7분 정도 볶는다. 올리브를 넣고 1분 정도 더 볶는다.
5 레드와인을 붓고 강불에서 1분 정도 바글바글 끓인다.
6 채소국물을 붓고 국물이 반 정도 졸아서 걸쭉해질 때까지 5~7분 정도 끓인다.

모로코식 채소타진

Moroccan Vegetable Tagine

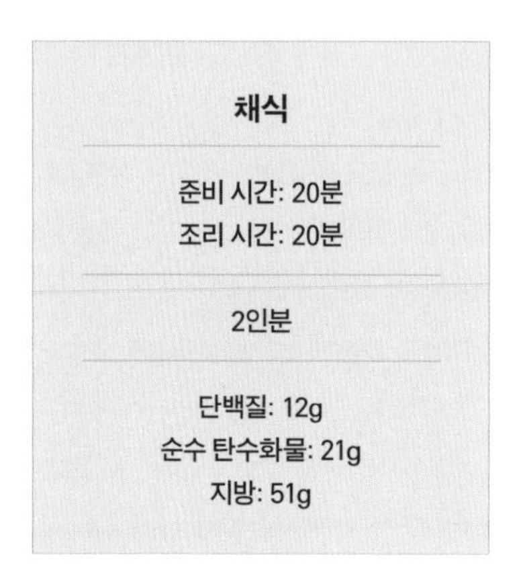

채식

준비 시간: 20분
조리 시간: 20분

2인분

단백질: 12g
순수 탄수화물: 21g
지방: 51g

- 파프리카(노랑, 주황, 빨강) 2개
- 적양파(작은 것) 1개
- 주키니(작은 것) 1개
- 근대잎 가늘게 채썬 것 $1\frac{1}{2}$컵(눌러 담은 것)
- 올리브(씨 없는 것) 반으로 자른 것 $\frac{1}{4}$컵
- 시나몬가루 $\frac{1}{8}$작은술 + 여분
- 마늘 다진 것 1작은술
- 생강 다진 것 1작은술
- 기 5큰술
- 쿠민가루 $\frac{1}{8}$작은술
- 카이엔페퍼 약간
- 토마토페이스트 1큰술
- 채소국물(무방부제, 무가당) 1컵
- 아몬드(무가염) 굵게 다진 것 $\frac{1}{2}$컵
- 고수(또는 파슬리잎) 곱게 다진 것 2큰술
- 천일염 $\frac{3}{8}$작은술

1 파프리카, 적양파, 주키니는 작게 깍둑썬다.

2 기 2큰술을 두른 속이 깊은 프라이팬을 중강불에 달군 뒤 파프리카, 적양파, 마늘, 생강, 천일염 분량의 $\frac{2}{3}$, 시나몬, 쿠민, 카이엔페퍼를 넣고 적양파가 반투명해질 때까지 4분 정도 볶는다.

3 토마토페이스트를 넣고 골고루 섞은 뒤 1분 정도 익힌다.

4 주키니를 넣고 부드러워질 때까지 5분 정도 볶다가 근대잎을 넣고 숨이 죽을 때까지 3분 정도 더 볶는다.

5 채소국물을 붓고 올리브를 넣은 뒤 강불에서 한소끔 끓인다.

6 5가 끓어오르면 뚜껑을 닫고 중약불로 낮춘다. 모든 채소가 부드러워지고 국물이 살짝 걸쭉해질 때까지 10~15분 정도 뭉근하게 익힌다.

7 기 2큰술을 넣고 섞은 뒤 그대로 녹인다.

8 기 1큰술을 두른 다른 팬을 중불에 올린 뒤 기가 녹으면 아몬드와 남은 천일염, 여분의 시나몬가루를 넣고 아몬드가 살짝 노릇노릇해질 때까지 3분 정도 굽는다. 타지 않도록 주의한다.

9 큰 볼 2개에 나누어 담고 아몬드와 고수를 뿌린다.

잣과 바질을 곁들인 국수호박스파게티

Spaghetti Squash With Pine Nuts And Basil

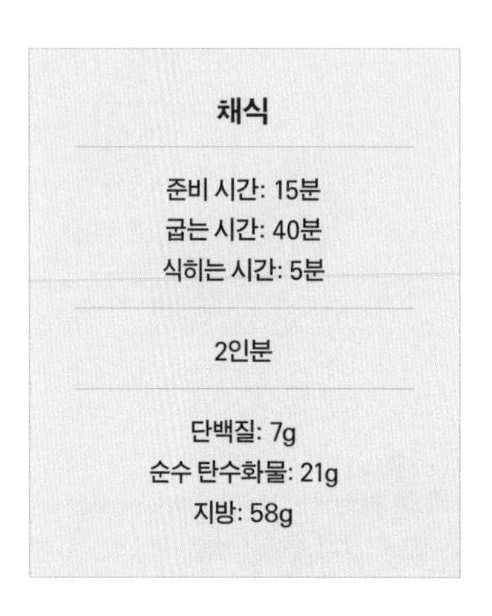

채식

준비 시간: 15분
굽는 시간: 40분
식히는 시간: 5분

2인분

단백질: 7g
순수 탄수화물: 21g
지방: 58g

- 국수호박 1개(680~900g)
- 가지 껍질을 벗기고 잘게 썬 것 1컵
- 파프리카(빨강) 잘게 썬 것 $\frac{1}{2}$컵
- 덜스 말린 것 $\frac{1}{2}$컵(가볍게 담은 것)
- 올리브(칼라마타) 씨를 빼고 다진 것 $\frac{1}{2}$컵
- 잣 $\frac{1}{3}$컵
- 실파 2대
- 마늘 다진 것 1쪽 분량
- 올리브오일 2큰술
- 레몬즙 2큰술
- 화이트와인(드라이한 것) 2큰술
- 기 2큰술
- 바질잎 다진 것 $\frac{1}{4}$컵 분량
- 코셔소금 $\frac{1}{4}$작은술
- 후추 간 것 $\frac{1}{4}$작은술

1 오븐을 200℃로 예열하고 오븐팬에 유산지를 깐다.

2 국수호박은 가로로 2등분하고 숟가락으로 씨와 섬유질을 긁어낸 뒤 호박 단면이 아래로 가도록 오븐팬에 올린다.

3 국수호박을 꼬치로 찌르면 쉽게 들어갈 정도로 부드러워질 때까지 40~50분 정도 구운 뒤 식힘망에서 한 김 식힌다.

4 팬에 잣을 넣고 중약불에 올린 뒤 자주 저으면서 살짝 노릇해질 때까지 3~5분 정도 굽는다. 구운 잣은 바로 볼에 옮겨서 식힌다.

5 **4**의 팬에 덜스, 올리브오일 분량의 $\frac{1}{2}$을 넣고 덜스가 살짝 노릇해질 때까지 가끔 저으면서 중불에 3~5분 정도 익힌다. 덜스를 접시에 옮겨서 식힌다.

6 실파는 송송 썬 다음 흰 부분과 초록 부분을 분리한다. 흰 부분은 **5**의 팬에 넣고 남은 올리브유와 가지, 파프리카, 마늘을 넣은 뒤 채소가 살짝 부드러워질 때까지 가끔 저으면서 중불에서 3~5분 정도 익힌다.

7 다른 팬에 레몬즙과 와인을 넣고 바닥에 달라붙은 갈색 부분을 긁어내고 저어가며 중불에서 끓인다.

8 **7**이 끓으면 중약불로 낮추고 기 분량의 $\frac{1}{2}$을 넣은 뒤 완전히 녹아서 골고루 섞일 때까지 거품기로 저으면서 익힌다. 남은 기를 넣고 같은 과정을 반복하고 불을 끈다.

9 국수호박 속을 포크로 스파게티 모양으로 긁어내서 **6**과 골고루 섞는다. 잣과 바질잎 2큰술을 넣고 코셔소금과 후추를 뿌린 뒤 골고루 섞는다.

10 완성된 스파게티를 접시 2개에 담고 **8**의 소스를 골고루 두른다. 올리브와 실파, 남은 바질을 뿌리고 덜스를 부숴서 골고루 뿌린다.

멕시코식 케일엔칠라다

Maxican Kale Enchiladas

비건, 채식

준비 시간: 15분
조리 시간: 30분

2인분

단백질: 20g
순수 탄수화물: 34g
지방: 72g

- 라시나토 케일잎(대) 6장 *카볼로네로라고도 부르며 잎이 넓적하고 색이 짙은 초록이다
- 루타바가 껍질을 벗기고 깍둑썬 것 1컵 *스웨덴순무라고도 부르는 육질이 단단한 뿌리채소
- 파프리카(주황 또는 노랑) 깍둑썬 것 $\frac{1}{4}$컵
- 포블라노페퍼 씨를 제거하고 깍둑썬 것 $\frac{1}{2}$컵 *맵지 않은 멕시칸 고추
- 양파 다진 것 $\frac{1}{2}$컵
- 아보카도오일 2큰술
- 호두 다진 것 $\frac{2}{3}$컵
- 마늘 다진 것 3쪽 분량
- 파프리카가루 1작은술
- 코셔소금 $\frac{3}{4}$작은술
- 오레가노 말린 것 $\frac{1}{2}$작은술
- 쿠민가루 $\frac{1}{2}$작은술
- 토마토페이스트 $\frac{1}{4}$컵
- 생 비건치즈 잘게 부순 것 6큰술
- 아보카도(큰 것) 1개
- 라임즙 1~2큰술
- 살사 신선한 것 약간
- 고수 다진 것 약간
- 후추 간 것 약간

1 오븐을 220℃로 예열하고 오븐팬에 루타바가와 아보카도오일 분량의 $\frac{1}{2}$을 넣고 골고루 버무린다. 덮개를 씌우지 않은 채로 중간에 한두 번 뒤섞으면서 루타바가가 적당히 부드러워질 때까지 15~20분 정도 굽는다.

2 팬에 호두를 담고 자주 저으면서 중약불에서 노릇하게 구운 뒤 꺼내 식힌다.

3 같은 팬에 남은 아보카도오일을 두르고 파프리카, 포블라노페퍼, 양파, 마늘 분량의 $\frac{1}{3}$을 넣고 자주 저으면서 채소가 부드러워질 때까지 중불에 4~5분 정도 익힌다.

4 파프리카가루, 코셔소금 분량의 $\frac{2}{3}$, 오레가노, 쿠민가루, 후추를 더해서 골고루 젓는다.

5 물 $\frac{1}{2}$컵과 토마토페이스트를 볼에 넣고 섞은 뒤 **4**의 팬에 부은 다음 한소끔 끓인다. 불을 중약불로 낮추고 뚜껑을 닫은 뒤 가끔 저으면서 5분 정도 뭉근하게 익힌 다음 불을 끈다.

6 루타바가와 호두를 넣고 섞는다.

7 케일잎은 심을 제거하고 다듬은 뒤 도마에 올리고 **6**을 케일잎 한쪽 끝에 골고루 얹는다. 그 위에 비건치즈를 뿌리고 케일잎을 돌돌 만다.

8 케일잎을 여민 부분이 아래로 오도록 오븐팬에 담는다. 덮개를 씌우고 전체적으로 뜨거워질 때까지 오븐에서 10~15분 정도 굽는다.

9 반으로 잘라서 씨를 제거한 아보카도, 라임즙, 남은 마늘, 남은 코셔소금, 후추를 볼에 담고 매셔나 포크를 이용해서 으깬다.

10 **8**을 접시에 담고 **9**와 살사, 고수를 올린다.

이탈리아식 콜리플라워쌀수프

Italian Cauliflower Rice Soup

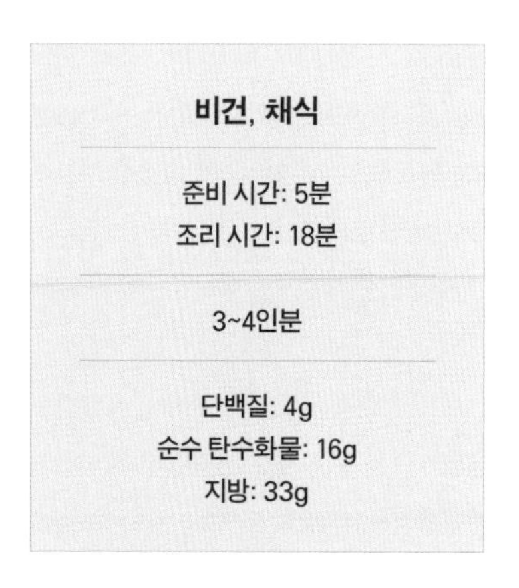

비건, 채식

준비 시간: 5분
조리 시간: 18분

3~4인분

단백질: 4g
순수 탄수화물: 16g
지방: 33g

- 생 콜리플라워쌀 2컵 *콜리플라워를 푸드프로세서나 강판 등에 갈아서 쌀알 모양으로 만든 것
- 올리브오일 $\frac{1}{4}$컵 + 2큰술
- 양파 다진 것1컵
- 파프리카(빨강) 한 입 크기로 자른 것 1컵
- 어린 시금치잎 2컵
- 마늘 다진 것 2쪽 분량
- 채소국물(무방부제, 무가당) 3컵
- 토마토 다이스 물기 제거하지 않은 것 1캔(410g)
- 생 비건치즈 잘게 부순 것 113g
- 올리브(검정 또는 초록) 씨를 빼고 4등분한 것 $\frac{1}{4}$컵
- 올리브오일 2큰술
- 이탈리안시즈닝 1작은술
- 소금 $\frac{1}{2}$작은술
- 레드페퍼플레이크 $\frac{1}{4}$작은술

1. 냄비에 올리브오일 $\frac{1}{4}$컵을 담고 중불에서 가열한다.
2. 양파와 파프리카를 넣고 3분 정도 익힌다.
3. 콜리플라워, 마늘, 이탈리안시즈닝, 소금, 레드페퍼플레이크를 넣고 골고루 버무린 뒤 가끔 저으면서 5분 정도 익힌다.
4. 채소국물과 토마토를 넣고 한소끔 끓인다. 불을 중약불로 낮추고 뚜껑을 닫지 않은 채로 10분 정도 뭉근하게 익힌 뒤 불을 끈다.
5. 어린 시금치잎을 넣고 골고루 섞는다.
6. 수프를 그릇에 담고 비건치즈와 올리브를 올리고 올리브오일 2큰술을 두른다.

동양식 양배추버섯수프

Asian Cabbage-Mushroom Soup

비건, 채식, AIP

준비 시간: 20분
조리 시간: 15분

2인분

단백질: 7g
순수 탄수화물: 18g
지방: 29g

- 표고버섯 말린 것 28g
- 생 표고버섯(또는 양송이버섯) 기둥을 제거하고 얇게 저민 것 1½컵
- 끓인 물 ¾컵
- 실파 2대
- 셀러리 1대
- 참기름 3큰술
- 생강 다진 것 1큰술
- 대황(해초) 말린 것 15g
- 깍지완두콩 반으로 어슷썬 것 1컵
- 청경채 곱게 채썬 것 2컵
- 코코넛아미노스 2~3작은술
- 코코넛밀크 ½컵
- 고수 적당히 뜯은 것 2큰술

1. 표고버섯 말린 것과 끓인 물을 볼에 담고 덮개를 씌워서 15분 정도 불린다. 표고버섯을 체에 거르고 불린 물은 따로 둔다. 불린 표고버섯은 물에 씻은 다음 굵게 다지고 다시 표고버섯을 불린 볼에 넣는다.
2. 실파는 곱게 송송 썰고 흰색과 초록 부분을 분리한다. 셀러리는 얇게 송송 썰고 대황은 잘게 부순다.
3. 참기름을 두른 큰 냄비에 실파 흰색 부분, 생 표고버섯, 셀러리를 담고 채소가 부드럽고 살짝 노릇노릇해질 때까지 가끔 저으면서 중강불에서 5~6분 정도 익힌다.
4. 물 3컵, 생강, 대황, 불린 표고버섯과 표고버섯 불린 물을 넣고 한소끔 끓인다. 불을 낮추고 뚜껑을 닫은 뒤 5분 정도 뭉근하게 익힌다.
5. 깍지완두콩을 넣고 뚜껑을 닫은 뒤 2분 정도 익힌다.
6. 청경채를 넣고 뚜껑을 닫고 1분 정도 더 익힌 뒤 불을 끈다.
7. 코코넛아미노스와 코코넛밀크를 넣고 골고루 젓는다. 얕은 볼에 담고 실파와 고수를 올린다.

코코넛채소볶음과 콜리플라워밥

Coconut Veggie Stir-Fry With Cauliflower Rice

비건, 채식

준비 시간: 10분
조리 시간: 15분

2인분

단백질 9g
순수 탄수화물 15g
지방: 44g

- 콜리플라워 송이로 나눈 것 3컵
- 브로콜리 송이로 나눈 것 2컵
- 피터팬호박(작은 것) 5개 *밝은색에 납작하게 눌린 모양을 한 작은 호박 품종
- 적양파 얇게 저민 것 $\frac{1}{3}$컵
- 생강 간 것 2작은술
- 마늘 다진 것 1쪽 분량
- 코코넛밀크 $\frac{3}{4}$컵
- 참기름 2큰술
- 코코넛오일 2큰술
- 리퀴드아미노스 1큰술 *첨가제가 들어가지 않은 저염 케토식 간장 제품
- 식초 1큰술
- 코코넛플레이크(무가당, 큰 것) 구운 것 $\frac{1}{4}$컵
- 고수 잘게 썬 것 2큰술
- 코셔소금 $\frac{1}{2}$작은술
- 후추 간 것 $\frac{1}{4}$작은술

1 피터팬호박은 손질해서 4등분한다.

2 손질한 콜리플라워를 푸드프로세서에 담고 콜리플라워가 쌀알 크기가 될 때까지 짧은 간격으로 간다.

3 참기름을 두른 팬을 중강불에서 달구고 브로콜리와 호박을 넣은 뒤 겉은 바삭하고 속은 촉촉해질 때까지 4~5분 정도 볶는다. 채소가 너무 빨리 노릇해지면 중불로 낮춘다.

4 적양파를 넣고 2분 정도 더 볶은 뒤 채소를 볼에 담는다. 덮개를 씌워서 따뜻하게 보관한다.

5 같은 팬에 생강과 마늘을 넣고 저어가며 중약불에서 30초 정도 천천히 익힌다. 코코넛밀크와 리퀴드아미노스, 식초, 코셔소금 분량의 $\frac{1}{2}$, 후추 분량의 $\frac{1}{2}$을 넣고 한소끔 끓인다. 불을 약하게 낮추고 뚜껑을 닫지 않은 채로 소스가 살짝 걸쭉해질 때까지 5분 정도 뭉근하게 익힌다.

6 코코넛오일을 두른 팬을 중불에서 달구고 2의 콜리플라워쌀, 남은 소금, 남은 후추를 넣은 뒤 콜리플라워가 부드럽고 살짝 노릇해질 때까지 자주 저으면서 3~5분 정도 익힌다.

* 취향에 따라 콜리플라워 대신 시판 콜리플라워쌀 3컵을 사용해도 좋다.

7 4를 다시 팬에 넣고 1분 정도 따뜻하게 데운다.

8 6을 그릇에 담고 7의 채소와 5의 소스를 올린 뒤 코코넛플레이크와 고수를 뿌린다.

주키니버섯꼬치구이

Zucchini And Mushroom Satay

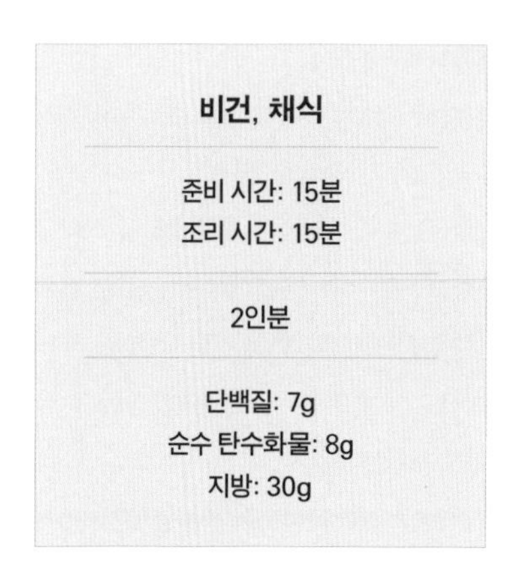

비건, 채식

준비 시간: 15분
조리 시간: 15분

2인분

단백질: 7g
순수 탄수화물: 8g
지방: 30g

- 주키니 $\frac{1}{2}$개 분량
- 호박(노랑) $\frac{1}{2}$개 분량
- 표고버섯 85g

양념장

- 마늘 다진 것 1쪽 분량
- 올리브오일 2큰술
- 참기름 1작은술
- 생 레몬즙 1작은술
- 쿠민가루 $\frac{1}{2}$작은술
- 코리앤더가루 $\frac{1}{2}$작은술
- 생강 간 것 $\frac{1}{2}$작은술

아몬드소스

- 마늘 곱게 다진 것 1쪽 분량
- 적양파 곱게 다진 것 $\frac{1}{4}$컵
- 코코넛밀크 2큰술
- 아몬드버터 2큰술
- 아몬드 잘게 부순 것 2큰술
- 쿠민씨 $\frac{1}{4}$작은술
- 코리앤더씨 $\frac{1}{4}$작은술
- 천일염 $\frac{1}{4}$작은술
- 카이엔페퍼 $\frac{1}{8}$작은술

1 25~30cm 길이의 꼬치 2개를 준비한다. 대나무 소재라면 미리 물에 30분 이상 담가서 불린다.

2 주키니, 호박은 2.5cm 두께로 자르고 표고버섯은 기둥을 제거한다.

3 주키니, 호박과 표고버섯을 꼬치에 번갈아 끼운다.

4 양념장 재료를 볼에 넣고 골고루 섞는다. 양념장 분량의 반 정도를 조리용 솔로 호박과 버섯에 바른다.

5 그릴이나 팬에 꼬치를 올린 뒤 남은 양념장을 덧발라가며 여러 번 뒤집으면서 12~18분 정도 굽는다.

6 아몬드소스 재료를 작은 냄비에 담고 섞은 뒤 약불에서 한소끔 끓인 다음 걸쭉해질 때까지 자주 저어가며 3~4분 정도 익힌다.

7 **5**의 꼬치를 그릇에 담고 **6**의 아몬드소스를 곁들인다.

속을 채운 주키니

Stuffed Zucchini

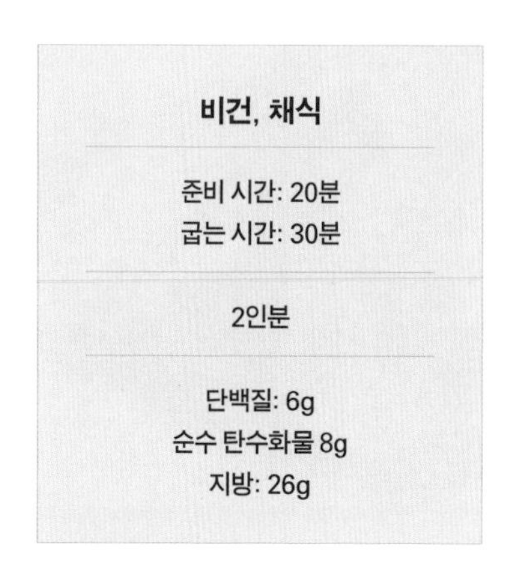

비건, 채식

준비 시간: 20분
굽는 시간: 30분

2인분

단백질: 6g
순수 탄수화물 8g
지방: 26g

- 주키니(중간 것) 2개
- 올리브오일 3큰술
- 양파(노랑) 다진 것 $\frac{1}{4}$컵
- 마늘 다진 것 1쪽 분량
- 어린 시금치잎 3컵
- 생 비건치즈 $\frac{1}{4}$컵
- 올리브(검정 또는 초록) 씨를 빼고 굵게 다진 것 $\frac{1}{4}$컵
- 파슬리 다진 것 1작은술
- 소금 약간
- 후추 간 것 약간

1. 오븐을 190℃로 예열한다.
2. 주키니를 길게 반으로 자르고 0.6cm 두께만 남겨서 과육을 파낸 뒤 파낸 과육을 잘게 다진다.
3. 올리브오일 2큰술을 두른 팬을 중불에 달구고 주키니 과육, 양파, 마늘을 넣은 뒤 부드러워질 때까지 3~5분 정도 익힌다.
4. 어린 시금치잎을 넣고 골고루 버무린 뒤 어린 시금치잎이 숨이 죽을 때까지 1분 정도 볶는다.
5. 소금과 후추로 간을 맞추고 불을 끈다. 비건치즈를 넣고 골고루 섞는다.
6. 속을 파낸 주키니에 **5**를 채운 뒤 오븐팬에 담는다.
7. 덮개를 씌워서 20분 정도 굽고 덮개를 제거하고 주키니가 부드러워질 때까지 5~10분 정도 더 굽는다.
8. 올리브, 파슬리, 남은 올리브오일을 볼에 담고 골고루 섞는다.
9. 구운 주키니를 그릇에 담고 **8**을 올린다.

시금치샐러드

Spinach Salad

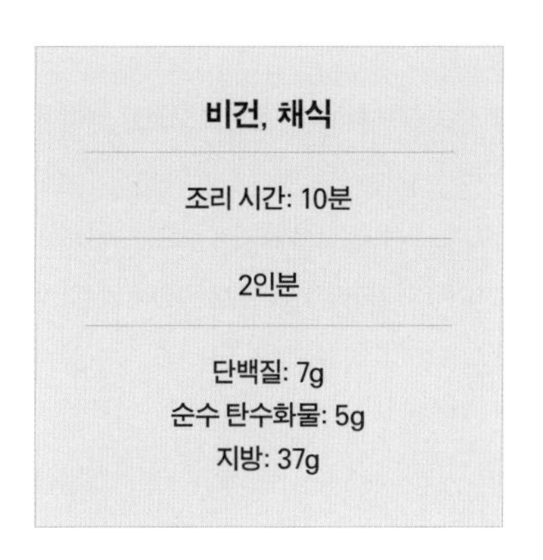

비건, 채식

조리 시간: 10분

2인분

단백질: 7g
순수 탄수화물: 5g
지방: 37g

- 어린 시금치잎 3컵
- 아보카도(중간 것) 1개
- 블루베리 $\frac{1}{4}$컵
- 엑스트라버진 올리브오일 3큰술
- 호박씨(페피타) 껍질 제거한 것 2큰술
- 생 레몬즙 1큰술
- 헴프시드 2작은술
- 파슬리 다진 것 2작은술
- 소금 $\frac{1}{8}$작은술
- 후추 간 것 $\frac{1}{8}$작은술

1. 아보카도는 반으로 자르고 씨와 껍질을 제거한 뒤 슬라이스 한다.
2. 볼 2개에 어린 시금치잎을 나눠 담고 아보카도, 블루베리, 호박씨, 헴프시드를 올린다.
3. 레몬즙, 소금, 후추를 작은 볼에 넣고 섞는다.
4. 올리브오일을 천천히 부으면서 계속 저어 유화시킨 뒤 파슬리를 넣고 섞어 드레싱을 만든다.
5. 2의 샐러드에 4의 드레싱을 두른다.

가지구이와 비트타히니요구르트

Roasted Eggplant With Beet-Tahini Yogurt

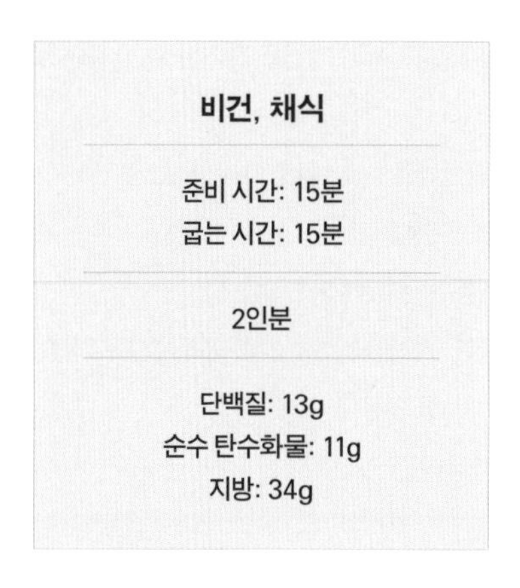

비건, 채식

준비 시간: 15분
굽는 시간: 15분

2인분

단백질: 13g
순수 탄수화물: 11g
지방: 34g

- 가지(작은 것) 1개
- 호박씨(무염) 살짝 구운 것 $\frac{1}{4}$컵
- 견과류밀크요구르트(플레인, 무가당) $\frac{3}{4}$ 컵
- 비트 익힌 것 56g
- 타히니 잘 저은 것 1큰술
- 올리브오일 2큰술 + 여분
- 생 레몬즙 1작은술
- 파슬리 곱게 다진 것(또는 고수잎) 1큰술
- 천일염 $\frac{1}{4}$작은술 + 여분
- 후추 간 것 약간

1 오븐은 220℃로 예열한다.

2 오븐팬에 유산지를 깔고 조리용 솔로 올리브오일을 넉넉히 바른다.

3 가지는 1.2~2cm 두께로 4등분하고 조리용 솔로 올리브오일 2큰술을 앞뒤로 바른다. 천일염과 후추를 골고루 뿌린다.

4 가지를 오븐팬에 담고 오븐에서 7분 정도 굽는다. 가지를 뒤집어서 부드러워질 때까지 7~10분 정도 더 굽는다.

5 견과류밀크요구르트, 비트, 타히니, 레몬즙, 여분의 천일염과 후추를 푸드프로세서에 넣고 1분 정도 곱게 간다.

6 가지를 접시 2개에 나눠 담고 5의 요구르트를 얹고 호박씨와 파슬리를 뿌린다.

버터콜리플라워

Butter Cauliflower

채식

준비 시간: 5분
불리는 시간: 하룻밤
조리 시간: 25분

4인분

단백질: 10g
순수 탄수화물: 22g
지방: 40g

- 콜리플라워(작은 것) 송이로 뗀 것 6컵
- 캐슈너트 $\frac{1}{2}$컵
- 토마토 다이스 물기를 제거하지 않은 것 1캔(411g)
- 코코넛밀크 $\frac{2}{3}$컵
- 기 $\frac{1}{3}$컵
- 양파 다진 것 $\frac{1}{2}$컵
- 마늘 다진 것 2쪽 분량
- 생강 다진 것 2작은술
- 가람마살라 1~2작은술
- 고수 다진 것 2큰술
- 캐슈너트 구운 것 $\frac{1}{2}$컵
- 소금 $\frac{1}{4}$작은술
- 카이엔페퍼 $\frac{1}{8}$작은술

1. 캐슈너트를 작은 볼에 담고 넉넉하게 잠기도록 찬물을 붓고 냉장고에서 하룻밤 불린다.
2. 1을 씻어 건진 뒤 토마토와 함께 믹서에 넣고 곱게 간다.
3. 중불에서 달군 팬에 기를 두른 뒤 양파를 넣고 부드러워질 때까지 가끔 저어가며 2~3분 정도 볶는다.
4. 마늘, 생강, 가람마살라, 카이엔페퍼, 소금을 넣고 향이 올라올 때까지 1분 정도 볶다가 2와 콜리플라워를 넣고 잘 섞으면서 한소끔 끓인다. 뚜껑을 닫고 약불로 낮춘 뒤 콜리플라워가 부드러워질 때까지 가끔 저으면서 10~12분 정도 뭉근하게 익힌다.
5. 코코넛밀크를 넣고 골고루 저어가며 데운 뒤 불에서 내린다.
6. 고수를 넣어 잘 섞고 캐슈너트 구운 것을 뿌린다.

비트칩샐러드

Beet Chip Buddaha Bowls

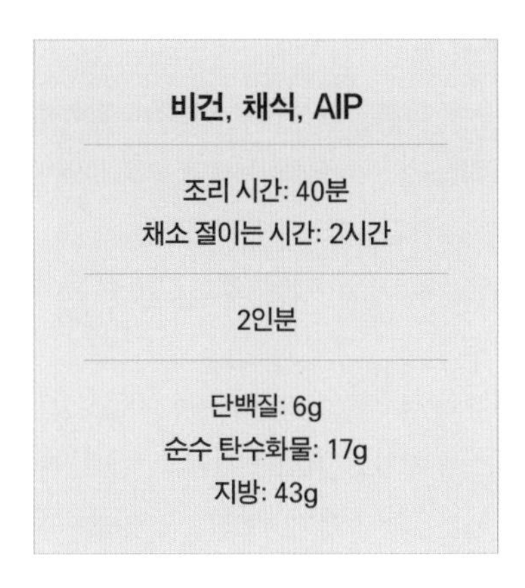

비건, 채식, AIP

조리 시간: 40분
채소 절이는 시간: 2시간

2인분

단백질: 6g
순수 탄수화물: 17g
지방: 43g

- 사보이양배추(또는 청경채) 굵게 채썬 것 3컵
- 비트(작은 것) 2개
- 오이(중간 것) $\frac{1}{4}$개
- 아보카도(중간 것) 1개
- 당근 채썬 것 $\frac{1}{4}$컵
- 양파 얇게 슬라이스한 것 $\frac{1}{4}$컵
- 마늘 얇게 저민 것 2쪽 분량
- 생 참기름(또는 올리브오일) 4큰술
- 생 레몬즙 3큰술
- 코코넛크림 2큰술
- 생강(또는 생강가루 $\frac{1}{4}$작은술) 간 것 $\frac{1}{2}$작은술
- 후추 간 것 $\frac{1}{4}$작은술
- 코셔소금 약간

1. 비트는 손질해서 껍질을 벗기고 오이는 반으로 갈라서 얇게 송송 썰고 아보카도는 반으로 잘라서 씨와 껍질을 제거하고 얇게 슬라이스한다.
2. 당근, 양파, 코셔소금을 작은 볼에 담고 골고루 버무린 뒤 레몬즙을 넣고 마저 버무린다. 꾹꾹 눌러서 채소가 레몬즙에 최대한 잠기도록 한 뒤 덮개를 씌워서 2시간 동안 절인다. 건져서 물기를 제거하고 절임액 1큰술은 따로 남겨둔다.
3. 오븐을 220℃로 예열하고 오븐팬에 유산지를 깐다.
4. 채칼이나 날카로운 칼을 이용해서 비트를 아주 얇게 0.3cm 두께로 슬라이스한다. 비트, 참기름 1큰술, 코셔소금을 볼에 담고 골고루 버무린 뒤 준비한 오븐팬에 올린다.
5. 오븐에서 바삭하고 살짝 노릇해질 때까지 14~17분 정도 구운 뒤 식힘망에서 식힌다.
6. 참기름 2큰술을 두른 팬을 중불에 달구고 양배추, 마늘, 코셔소금, 후추 분량의 $\frac{1}{2}$을 넣은 뒤 양배추가 부드러워질 때까지 가끔 저으면서 6~8분 정도 볶는다.
7. 코코넛크림, 남겨둔 절임액, 생강, 코셔소금, 남은 후추를 작은 볼에 담고 골고루 섞는다.
8. 그릇 2개에 양배추를 나눠 담고 **2**의 채소와 **5**의 비트칩, 오이, 아보카도를 올린 뒤 **7**을 뿌린다.

채소구이와 올리브바질페스토

Sheet-Pan Veggies With Nut-Free Olive Basil Pesto

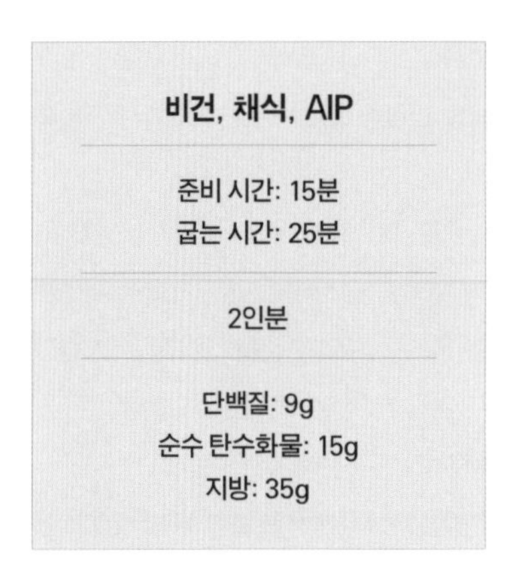

비건, 채식, AIP

준비 시간: 15분
굽는 시간: 25분

2인분

단백질: 9g
순수 탄수화물: 15g
지방: 35g

- 방울양배추 반으로 자른 것 3컵
- 양송이버섯 반으로 자른 것 2컵
- 적양파 웨지 모양으로 자른 것 $\frac{3}{4}$컵
- 마늘 3쪽
- 올리브오일 2큰술 + 1작은술
- 올리브 씨를 뺀 것 $\frac{1}{2}$컵
- 바질잎 1컵(눌러 담은 것)
- 스피룰리나 곱게 간 것 1~2작은술
- 코셔소금 $\frac{1}{4}$작은술
- 후추 간 것 $\frac{3}{8}$작은술

1. 오븐을 220℃로 예열한다.
2. 알루미늄포일을 10cm 크기의 정사각형 모양으로 잘라서 마늘을 얹는다. 올리브오일 1작은술을 두르고 오일이 새어 나오지 않도록 알루미늄포일로 마늘을 꼼꼼하게 싼다.
3. 마늘이 살짝 노릇해질 때까지 20~25분 정도 구운 뒤 그대로 식힘망에서 식힌다.
4. 오븐팬에 방울양배추, 양송이버섯, 적양파, 올리브오일 2큰술, 소금, 후추 분량의 $\frac{2}{3}$를 넣고 골고루 버무린 뒤 고르게 편다. 덮개를 씌우지 않은 채로 채소가 부드럽고 노릇해질 때까지 중간에 한두 번 뒤적이면서 25~30분 정도 굽는다.
5. 마늘과 올리브를 푸드프로세서에 넣고 곱게 간다. 바질잎, 스피룰리나, 남은 후추를 넣고 잘 섞어서 고운 질감이 될 때까지 간다.
6. 접시 2개에 구운 채소를 나눠 담고 **5**의 페스토를 두른다.

콜리플라워타코

Roasted Cauliflower Tacos

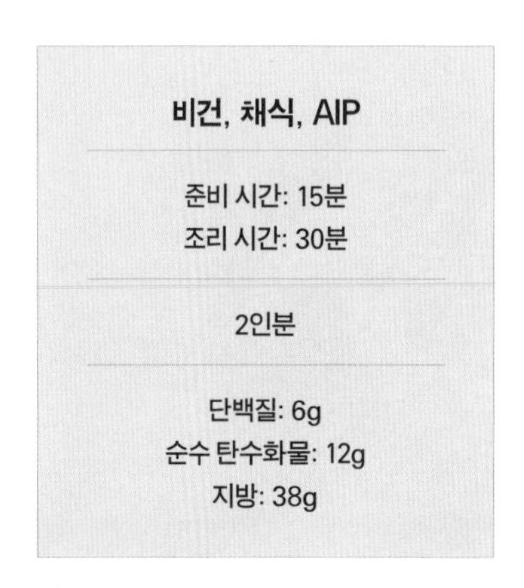

비건, 채식, AIP

준비 시간: 15분
조리 시간: 30분

2인분

단백질: 6g
순수 탄수화물: 12g
지방: 38g

필링

- 콜리플라워 송이를 뗀 것 4컵
- 적양파 슬라이스한 것 $\frac{1}{4}$컵
- 올리브오일 2큰술
- 코리앤더가루 $\frac{1}{4}$작은술
- 쿠민가루 $\frac{1}{4}$작은술
- 소금 $\frac{1}{8}$작은술

소스

- 마늘 다진 것 1쪽 분량
- 아보카도(중간 것) 1개
- 고수잎과 줄기 $\frac{1}{4}$컵
- 엑스트라버진 올리브오일 2큰술
- 생 라임즙 1큰술
- 쿠민가루 $\frac{1}{8}$작은술
- 소금 $\frac{1}{8}$작은술

장식

- 버터헤드(또는 빕 상추잎) 6장
- 라임 웨지 모양 1개

1. 오븐을 200℃로 예열한다.
2. 콜리플라워와 적양파, 올리브오일을 볼에 담고 골고루 버무린다.
3. 코리앤더가루, 쿠민가루, 소금을 볼에 담고 섞는다.
4. 2의 콜리플라워에 3의 향신료를 뿌리고 골고루 버무린다.
5. 오븐팬에 알루미늄포일을 깔고 콜리플라워를 한 층으로 펼쳐 담는다.
6. 20분 정도 구운 뒤 골고루 뒤적인 다음 콜리플라워가 부드럽고 노릇해질 때까지 10~15분 정도 더 굽는다.
7. 아보카도는 반으로 잘라서 씨와 껍질을 제거하고 잘게 자른다.
8. 소스 재료를 푸드프로세서에 담고 곱게 간다. 너무 되직해서 잘 갈리지 않으면 물을 1큰술씩 넣어 농도를 조절한다.
9. 버터헤드에 6의 콜리플라워를 담고 8의 소스와 라임을 곁들인다.

비트채소구이

Roasted Beets And Greens

비건, 채식

준비 시간: 10분
굽는 시간: 1시간

2인분

단백질: 5g
순수 탄수화물: 8g
지방: 19g

- 비트(빨강, 노랑) 1개씩
- 아스파라거스 113g
- 꽃상추 잘게 썬 것 113g
- 실파 송송 썬 것 2대 분량
- 코코넛오일 2큰술
- 호두 다진 것 2큰술
- 코셔소금 ½작은술
- 후추 간 것 ¼작은술
- 핫소스(식초 베이스) 약간

1. 오븐을 200℃로 예열한다.
2. 비트를 각각 알루미늄포일로 꼼꼼하게 싼 뒤 포크로 찌르면 쉽게 들어갈 때까지 1시간 정도 굽는다.
3. 오븐에서 비트를 꺼내 식힌 뒤 포일과 껍질을 벗겨내고 줄기와 뿌리 부분을 다듬은 다음 웨지 모양으로 자른다.
4. 중강불에 달군 팬에 코코넛오일을 두르고 2.5cm 길이로 자른 아스파라거스를 넣은 뒤 아삭하면서 부드러워질 때까지 3~5분 정도 볶는다.
5. 꽃상추, 실파, 코셔소금, 후추를 넣고 골고루 버무린다. 꽃상추가 가볍게 숨이 죽을 때까지 3분 정도 볶는다.
6. 익힌 채소 위에 비트를 얹고 호두를 올린 뒤 취향에 따라 핫소스를 뿌린다.

아보카도와 비트치즈바질카프레제

Beet Cheese Basil Caprese With Avocado

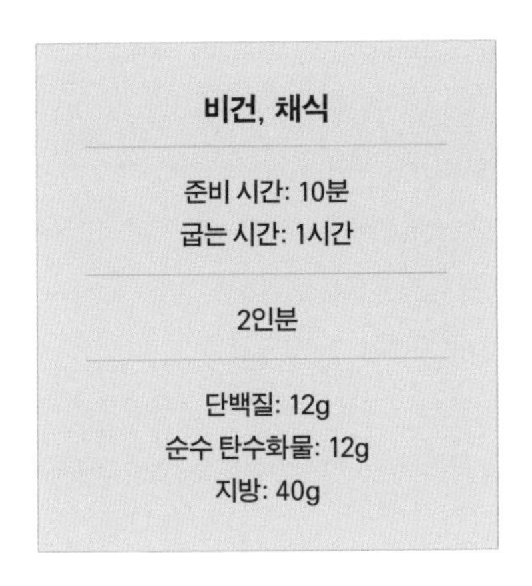

비건, 채식

준비 시간: 10분
굽는 시간: 1시간

2인분

단백질: 12g
순수 탄수화물: 12g
지방: 40g

- 비트(작은 것) 1개
- 아보카도(작은 것) 1개
- 생 비건치즈 슬라이스한 것 113g
- 아몬드(무염) 살짝 구워서 굵게 다진 것 $\frac{1}{4}$컵
- 바질잎 얇게 채썬 것 5장 분량
- 발사믹식초 2큰술
- 샬롯 다진 것 1큰술
- 엑스트라버진 올리브오일 1큰술
- 디종머스터드(무가당, 무보존제) $\frac{1}{2}$작은술
- 천일염 $\frac{1}{4}$작은술
- 후추 간 것 $\frac{1}{4}$작은술

1. 오븐을 200℃로 예열한다.
2. 비트는 알루미늄포일로 꼼꼼하게 싼 뒤 포크로 찌르면 부드럽게 들어갈 때까지 1시간 정도 오븐에서 익힌다. 만질 수 있을 정도로 식힌 다음 포일과 껍질을 벗겨내고 슬라이스한다.
3. 아보카도는 반으로 잘라서 씨와 껍질을 제거하고 슬라이스한다.
4. 발사믹식초, 샬롯, 올리브오일, 디종머스터드, 천일염 분량의 $\frac{1}{2}$, 후추 분량의 $\frac{1}{2}$을 볼에 넣고 거품기로 잘 섞는다.
5. 접시 2개에 비트, 비건치즈, 아보카도를 담고 아몬드와 바질잎을 올린다.
6. 남은 후추와 천일염, **4**를 골고루 뿌린다.

페스토주키니파스타

Pesto Zoodle Bowls

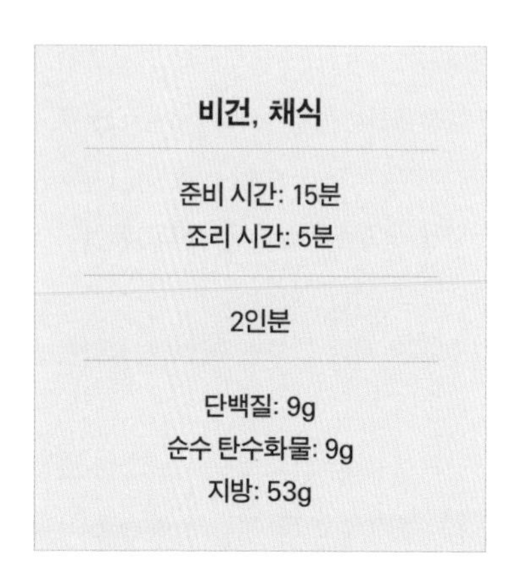

비건, 채식

준비 시간: 15분
조리 시간: 5분

2인분

단백질: 9g
순수 탄수화물: 9g
지방: 53g

- 주키니(중간 것) 2개
- 생 비건치즈 잘게 부순 것 56g
- 올리브(검정 또는 초록) 씨를 빼고 잘게 다진 것 $\frac{1}{4}$컵
- 엑스트라버진 올리브오일 1큰술
- 후추 간 것 약간

페스토

- 어린 시금치잎 1$\frac{1}{2}$컵(눌러 담은 것)
- 바질잎 $\frac{1}{2}$컵(눌러 담은 것)
- 올리브오일 $\frac{1}{4}$컵
- 호두 $\frac{1}{4}$컵
- 마늘 1쪽
- 소금 $\frac{1}{8}$작은술

1 페스토 재료를 푸드프로세서에 담고 아주 고운 상태가 되기 직전까지 간다.

2 주키니의 한쪽 면을 씨가 드러날 때까지 채칼로 길게 자른다. 직각으로 돌려가면서 4면 모두 씨가 보일 때까지 자른 뒤 씨와 가운데 심은 제거한다. 돌돌 깎을 수 있는 채소국수용 원형 채칼로 면처럼 자른다.

3 올리브오일을 두른 팬을 중불로 달구고 2의 주키니파스타를 넣은 뒤 후추를 뿌린다. 아삭하면서 부드러워질 때까지 3~5분 정도 익힌다.

4 불을 끄고 1의 페스토를 넣어 골고루 버무린다.

5 그릇 2개에 나눠 담고 비건치즈와 올리브를 올린다.

견과류를 채운 양송이버섯

Nut-stuffed Cremini Mushrooms

비건, 채식

준비 시간: 10분
조리 시간: 20분
식히는 시간: 3분

2인분

단백질: 7g
순수 탄수화물: 8g
지방: 25g

- 양송이버섯 226g
- 믹스너트(소금을 약간 넣은 것) 다진 것 $\frac{1}{2}$컵
- 김 잘게 썬 것 $\frac{1}{2}$장 분량
- 파슬리잎 곱게 다진 것 2큰술
- 참기름 1큰술
- 코코넛오일 녹인 것 1큰술
- 오향가루 $\frac{1}{2}$작은술
- 참깨 $\frac{1}{2}$작은술
- 소금 $\frac{1}{4}$작은술

1 양송이버섯은 기둥을 제거한다.

2 중불에 달군 팬에 믹스너트를 넣고 5분 정도 살짝 굽는다.

3 참기름, 오향가루, 참깨, 소금을 넣고 1분 정도 더 익힌 뒤 불에서 내린다.

4 오븐을 190℃로 예열하고 오븐팬에 조리용 솔로 코코넛오일을 바른다.

5 양송이버섯 윗부분이 아래로 오도록 오븐팬에 담고 **3**을 채운 뒤 부드러워질 때까지 15~20분 정도 굽는다.

6 3분 정도 식힌 뒤 김과 파슬리를 뿌린다.

콜리플라워피자

Cauliflower Plank Pizzas

비건, 채식

준비 시간: 5분
조리 시간: 30분

2~3인분

단백질: 8g
순수 탄수화물: 13g
지방: 31g

- 콜리플라워(큰 것) 1통
- 양송이버섯 다진 것 $\frac{3}{4}$컵
- 파프리카(빨강) 다진 것 $\frac{1}{2}$컵
- 적양파 다진 것 $\frac{1}{4}$컵
- 마늘 다진 것 1쪽 분량
- 올리브(초록) 씨를 빼고 다진 것 $\frac{1}{3}$컵
- 마리나라소스 $\frac{1}{2}$컵 *라오스홈메이드마리나라소스 Rao's Homemade Marinara Sauce 등을 사용
- 생 비건치즈 잘게 부순 것 $\frac{1}{4}$컵
- 바질잎 다진 것 $\frac{1}{4}$컵
- 비건리코타치즈 $\frac{1}{4}$컵
- 올리브오일 3큰술
- 로즈메리잎(또는 타임) 다진 것 2작은술
- 후추 $\frac{1}{4}$작은술

1 오븐을 200℃로 예열하고 오븐팬에 알루미늄포일을 깐다.

2 콜리플라워는 잎을 제거하고 송이 모양이 흐트러지지 않도록 주의하면서 줄기 끝부분을 손질한다. 콜리플라워 심 부분이 아래로 오도록 세우고 가운데 부분을 중심으로 2.5cm 두께로 2장을 자른다. 나머지 콜리플라워는 다른 요리에 사용한다.

3 저민 콜리플라워를 오븐팬에 담고 조리용 솔로 올리브오일 2큰술을 앞뒤로 바른다.

4 덮개를 씌우지 않은 채로 콜리플라워를 10분 정도 굽는다. 아삭하고 부드럽고 노릇해질 때까지 뒤집으면서 10~15분 정도 더 굽는다.

5 팬에 양송이버섯, 파프리카, 적양파, 마늘을 넣고 남은 올리브오일을 두른 뒤 부드럽고 노릇해질 때까지 뒤적이면서 4~5분 정도 볶는다.

6 불을 끄고 올리브, 로즈메리, 후추를 넣고 섞는다.

7 구운 콜리플라워 위에 마리나라소스를 바르고 6을 골고루 얹은 뒤 잘게 부순 비건치즈를 뿌린다.

8 비건치즈가 부드러워질 때까지 브로일러에서 3~4분 정도 굽는다.

9 콜리플라워 피자를 접시에 담고 바질잎과 비건리코타치즈를 골고루 올린다.

콜리플라워스테이크

Grilled Cauliflower Steaks

비건, 채식

준비 시간: 15분
굽는 시간: 16분

2인분

단백질: 8g
순수 탄수화물: 9g
지방: 30g

- 콜리플라워 1통(1.24kg)
- 파프리카(빨강) 구워서 물기 제거한 것 $\frac{1}{4}$컵
- 아몬드(무염) 살짝 구워서 다진 것 $\frac{1}{4}$컵
- 올리브오일 3큰술 + 여분
- 셰리식초 2큰술
- 파슬리잎 곱게 다진 것 2큰술
- 라스엘하누트Ras El Hanout $\frac{1}{4}$작은술 ※중동 지역의 대표 향신료
- 마늘 다진 것 1작은술
- 천일염 $\frac{1}{2}$작은술
- 후추 간 것 $\frac{1}{8}$작은술

1 콜리플라워는 송이가 아래로 오도록 도마 위에 뒤집어 얹고 가운데를 기준으로 두께 3.8cm 정도의 스테이크 모양이 2개 나오도록 자른 다음 나머지 부분은 송이로 나눈다.

2 콜리플라워 스테이크에서 초록 부분과 줄기의 바닥 2.5cm 정도를 자른다. 나머지 콜리플라워와 송이는 다른 요리에 사용한다. 종이타월로 콜리플라워 앞뒤의 물기를 제거한다.

3 올리브오일 2큰술, 셰리식초 1큰술, 라스엘하누트, 천일염 분량의 $\frac{1}{2}$을 볼에 담고 골고루 섞는다.

4 콜리플라워 스테이크에 조리용 솔로 **3**의 반 정도를 바른다.

5 그릴팬을 달군 뒤 여분의 올리브오일을 넉넉히 바르고 콜리플라워 스테이크를 얹은 다음 뚜껑을 덮고 8분 정도 굽는다. 뒤집어서 조리용 솔로 남은 **3**의 양념을 바른다.

6 뚜껑을 덮고 콜리플라워가 부드럽되 뭉개지지는 않도록 8~10분 정도 더 구운 뒤 알루미늄포일을 덮어서 따뜻하게 보관한다.

7 올리브오일 1큰술, 셰리식초 1큰술, 파프리카, 아몬드 2큰술, 마늘, 후추, 남은 천일염을 푸드프로세서에 담고 아주 고운 상태가 되기 직전까지 1분 정도 갈아서 소스를 만든다.

8 콜리플라워 스테이크 2개에 **7**의 소스를 나눠 얹고 남은 아몬드와 파슬리를 올린다.

코코넛버섯수프

Coconut Mushroom Simmer

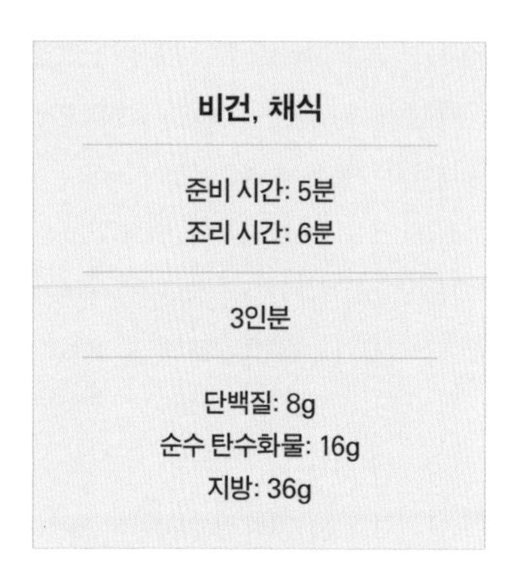

비건, 채식

준비 시간: 5분
조리 시간: 6분

3인분

단백질: 8g
순수 탄수화물: 16g
지방: 36g

- 주키니 깍둑썬 것 1개 분량
- 캐슈너트 $\frac{1}{4}$컵
- 표고버섯 기둥 제거하고 저민 것 1컵
- 느타리버섯 반으로 자른 것 1컵
- 팽이버섯 $\frac{1}{2}$컵
- 코코넛밀크 2컵
- 코코넛오일 2큰술
- 레몬 웨지 모양 1개

레몬그라스페이스트

- 마늘 3쪽
- 레몬그라스 굵게 다진 것 2큰술
- 태국고추(또는 프레스노고추) 심 제거하고 굵게 다진 것 2개
- 고수잎 굵게 다진 것 2큰술
- 코셔소금 1작은술
- 후추 간 것 1작은술

1 레몬그라스페이스트 재료를 절구나 향신료 그라인더에 넣고 거친 질감이 나도록 으깨거나 간다.

2 코코넛오일을 두른 팬을 중불에 달구고 주키니와 캐슈너트를 넣은 뒤 가끔 저으면서 2분 정도 익힌다.

3 1의 레몬그라스페이스트를 넣고 계속 저으며 1분 정도 더 익힌다.

4 표고버섯, 느타리버섯, 코코넛밀크를 넣고 3분 정도 더 뭉근하게 익힌다.

5 팽이버섯을 올리고 레몬을 살짝 짜서 뿌린다.

* 레몬그라스를 요리에 사용할 때는 줄기의 뿌리 부분과 질긴 이파리를 자르고 줄기 길이의 $\frac{2}{3}$ 정도가 되도록 다듬는다. 질긴 겉잎은 모두 벗겨서 버리고 심만 굵게 다진다.

콜리플라워후무스랩

Cauliflower Hummus Wraps

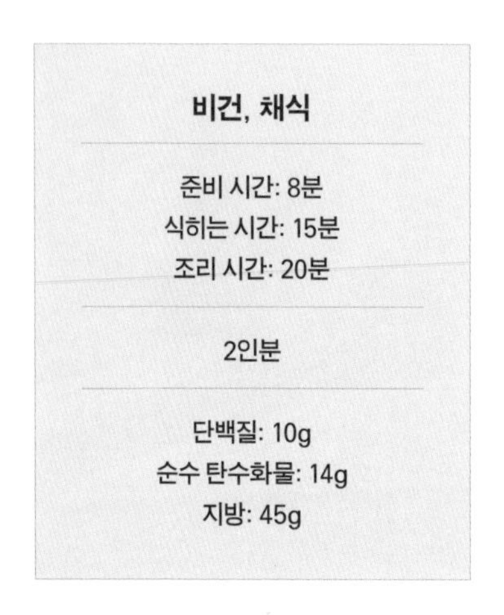

비건, 채식

준비 시간: 8분
식히는 시간: 15분
조리 시간: 20분

2인분

단백질: 10g
순수 탄수화물: 14g
지방: 45g

후무스

- 콜리플라워 송이로 뗀 것 4컵
- 마늘 2쪽
- 올리브오일 4큰술
- 타히니 잘 휘저은 것 2큰술
- 생 레몬즙 1큰술
- 소금 $\frac{1}{4}$작은술
- 카이엔페퍼 약간

장식

- 버터헤드(또는 빕 양상추) 6장
- 토마토 씨를 빼고 잘게 썬 것 $\frac{1}{4}$컵
- 오이 잘게 썬 것 $\frac{1}{4}$컵
- 올리브(검정) 씨를 빼고 굵게 다진 것 2큰술
- 타히니 잘 휘저은 것 2큰술

1 오븐을 200℃로 예열한다.

2 콜리플라워와 마늘을 볼에 담고 올리브오일 2큰술을 두른 뒤 골고루 버무린다. 소금과 카이엔페퍼를 넣고 다시 버무린다.

3 오븐팬에 **2**를 골고루 펴고 오븐에서 10분 정도 구운 뒤 골고루 버무린다.

4 콜리플라워가 부드럽고 노릇해질 때까지 10~15분 정도 더 구운 뒤 15분 정도 식힌다.

5 **4**와 올리브오일 2큰술, 타히니, 레몬즙을 푸드프로세서에 넣고 곱게 간다. 너무 되직하면 물을 1큰술씩 더하면서 농도를 조절한다.

6 버터헤드에 **5**의 콜리플라워후무스를 담고 토마토, 오이, 올리브를 얹은 뒤 타히니를 올린다.

Breakfast

아침 식사

에너지를 보충하면서 하루를 건강하게 시작할 수 있는
간단하고 맛있는 아침 식사 레시피를 소개한다.
건강한 지방 적응화 상태라면 아침 식사는 그리 중요하지 않다.
마음이 내키면 언제든지 아침 식사를 건너뛰고 간헐적 단식을 해도 좋다.
케토채식은 내 몸을 위해 건강한 음식을 고를 수 있는 자유를 선사한다.
물론 아침 식사 메뉴를 점심이나 저녁으로 활용해도 괜찮다.

아스파라거스스크램블

Asparagus Scramble

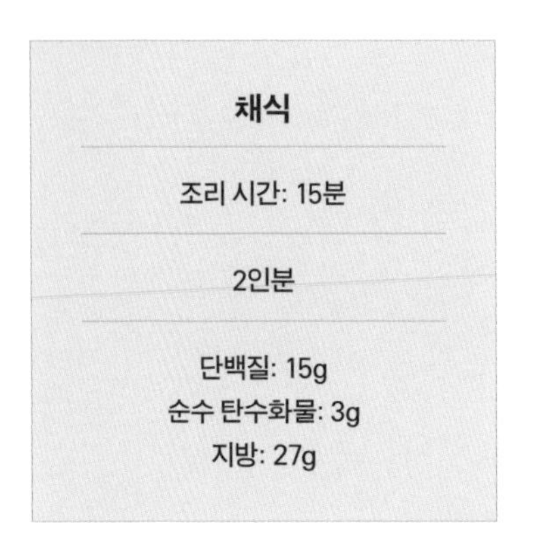

채식

조리 시간: 15분

2인분

단백질: 15g
순수 탄수화물: 3g
지방: 27g

- 아스파라거스 2.5cm 길이로 자른 것 $\frac{1}{2}$컵
- 피망(빨강) 잘게 썬 것 2큰술
- 생 비건치즈 $\frac{1}{4}$컵
- 달걀(큰 것) 4개
- 물 2큰술
- 올리브오일 2큰술
- 차이브 다진 것 2작은술
- 소금 $\frac{1}{8}$작은술
- 후추 간 것 $\frac{1}{8}$작은술

1 올리브오일을 두른 팬을 중불에 달구고 아스파라거스와 피망을 넣어 부드러워질 때까지 3~4분 정도 익힌다.

2 달걀, 소금, 후추, 물을 볼에 담고 거품기로 섞는다.

3 달군 팬에 2를 붓고 휘젓지 말고 바닥과 가장자리 부분이 굳을 때까지 중불에서 익힌다.

4 스패출러로 달걀을 들어서 익지 않은 부분이 아래로 흐르도록 한 뒤 달걀이 완전히 익을 때까지 1~2분 정도 더 익힌다.

5 접시 2개에 1과 달걀스크램블을 나눠 담고 비건치즈를 얹은 뒤 차이브를 뿌린다.

코코넛을 얹은 베리크림파르페

Berry-cream Parfaits With Toasted Coconut Topping

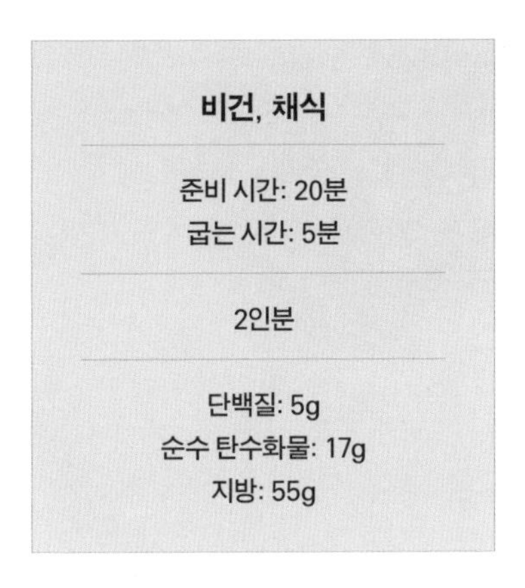

비건, 채식

준비 시간: 20분
굽는 시간: 5분

2인분

단백질: 5g
순수 탄수화물: 17g
지방: 55g

- 코코넛슬라이스(무가당) $\frac{1}{2}$컵
- 코코넛오일 녹인 것 2큰술
- 시나몬가루 $\frac{1}{8}$작은술
- 카다몸가루 $\frac{1}{8}$작은술
- 블루베리 $\frac{1}{2}$컵
- 라즈베리 $\frac{1}{2}$컵
- 아몬드밀크요구르트(플레인, 무가당) $\frac{3}{4}$컵(150g)
- 코코넛크림(무가당) 잘 저은 것 $\frac{3}{4}$컵(150g)
- 천일염 $\frac{1}{8}$작은술

1 오븐을 150℃로 예열하고 오븐팬에 유산지를 깐다.

2 코코넛슬라이스와 코코넛오일, 시나몬가루, 카다몸가루, 천일염을 볼에 넣어 골고루 버무린다.

3 2를 오븐팬에 넣고 노릇해질 때까지 중간에 한 번 저어가며 5~6분 정도 구운 뒤 실온에서 15분 정도 식힌다.

4 파르페 또는 낮은 유리잔 2개에 $\frac{1}{2}$ 분량의 블루베리와 라즈베리, 아몬드밀크요구르트, 코코넛크림, 3을 순서대로 나눠 담는다.

5 남은 재료를 같은 순서대로 켜켜이 나눠 담고 여분의 코코넛슬라이스를 올린다.

* 아몬드밀크요구르트 대신 코코넛밀크요구르트를 사용하면 AIP 레시피가 된다.

치아푸딩브랙퍼스트볼

Chia Pudding Breakfast Bowls

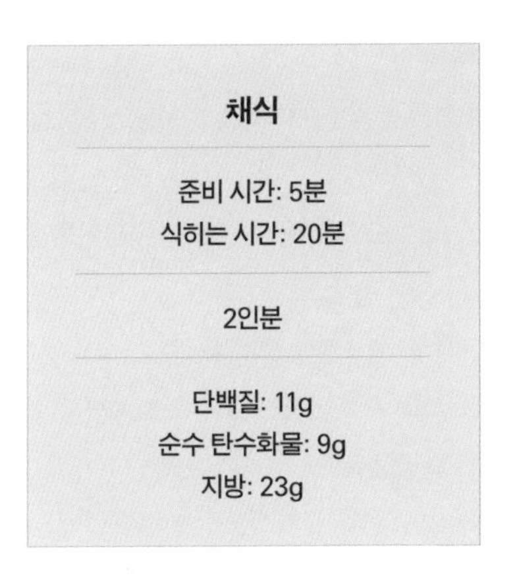

채식

준비 시간: 5분
식히는 시간: 20분

2인분

단백질: 11g
순수 탄수화물: 9g
지방: 23g

- 코코넛밀크 $\frac{3}{4}$컵
- 아몬드밀크(무가당) $\frac{1}{4}$컵
- 바닐라익스트랙 $\frac{1}{4}$작은술
- 리퀴드스테비아 4방울
- 치아시드 2큰술
- 헴프프로틴파우더 1큰술
- 생 블루베리 $\frac{1}{2}$컵
- 헴프시드 2큰술
- 화분 2작은술

1 코코넛밀크, 아몬드밀크, 바닐라익스트랙, 리퀴드스테비아를 볼에 담고 거품기로 골고루 섞는다.
2 치아시드와 헴프프로틴파우더를 넣고 다시 섞는다.
3 전체적으로 걸쭉해질 때까지 20분 정도 차갑게 보관한다. 가끔 저어서 치아시드가 수분을 흡수할 수 있도록 한다.
4 완성된 푸딩을 볼 2개에 나눠 담는다.
5 블루베리, 헴프시드, 화분을 올린다.

아몬드밀크

- 아몬드(무염) $1\frac{1}{2}$컵
- 물 $1\frac{1}{2}$컵 + 3컵
- 바닐라익스트랙 1작은술
- 소금 $\frac{1}{4}$작은술

1 아몬드와 물 $1\frac{1}{2}$컵을 볼에 담고 덮개를 씌워서 12~48시간 동안 불린다. 오랫동안 불릴수록 더 진하고 부드러운 밀크가 된다.
2 아몬드만 건져서 헹구고 물기를 제거한다.
3 아몬드, 물 3컵, 소금을 믹서기에 담고 빠른 속도로 2분 정도 간다.
4 채반에 면포 2장을 겹쳐 깔고 볼 위에 얹는다. 3을 채반에 붓고 면포 가장자리를 들어올려 부드럽게 밀크를 짠 뒤 건더기는 버린다.
5 취향에 따라 바닐라익스트랙을 더한다.

* 냉장고에서 1주일 정도 보관할 수 있으며 사용하기 전에 잘 저어야 한다.

에그카도

Egg-o-cado

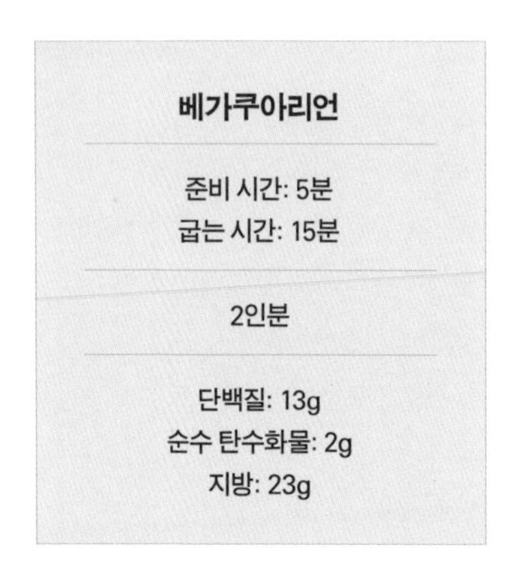

- 아보카도(큰 것) 1개
- 달걀(중간 것) 2개
- 록스 연어Lox Salmon 굵게 다진 것 56g *유대교식으로 제조한 훈제 연어
- 레몬 $\frac{1}{2}$개
- 차이브 다진 것 1$\frac{1}{2}$작은술
- 후추 굵게 간 것 $\frac{1}{2}$작은술
- 코셔소금 $\frac{1}{4}$작은술
- 올리브오일 약간
- 레드페퍼 부순 것 약간

1 오븐을 200℃로 예열한다.

2 아보카도는 반으로 잘라서 씨를 제거하고 과육을 조심스럽게 떠낸다.

3 오븐팬에 올리브오일을 바르고 아보카도를 얹은 뒤 가볍게 눌러 바로 세운다.

4 달걀을 아보카도 위에 1개씩 조심스럽게 얹는다.

5 달걀흰자가 굳고 달걀노른자가 원하는 질감이 될 때까지 오븐에서 15~20분 정도 굽는다.

6 록스 연어를 얹고 차이브, 후추, 코셔소금을 뿌린다.

7 레몬은 즙을 짜서 달걀 위에 뿌리고 레드페퍼로 장식한다.

* 연어를 빼면 채식 메뉴가 된다.

연어달걀스크램블

Lox And Egg Scramble

베가쿠아리언

조리 시간: 15분

2인분

단백질: 26g
순수 탄수화물: 1g
지방: 20g

- 달걀(큰 것) 3개
- 훈제연어 깍둑썬 것 170g
- 아몬드밀크요구르트(플레인, 무가당) $\frac{1}{4}$컵
- 딜 곱게 다진 것 2작은술
- 기 1큰술
- 천일염 $\frac{1}{8}$작은술
- 후추 간 것 $\frac{1}{8}$작은술

1 아몬드밀크요구르트, 딜, 천일염, 후추 분량의 $\frac{1}{2}$을 볼에 담고 섞어 소스를 만든다.

2 달걀을 볼에 풀고 연어와 남은 후추를 넣고 잘 섞는다.

3 중불에서 달군 팬에 기를 두르고 **2**를 넣은 뒤 중약불로 낮춘다.

4 나무 주걱으로 자주 저으면서 작은 덩어리 형태로 거의 익을 때까지 4~5분 정도 익힌다. 불을 끄고 1분 정도 더 둔다.

5 **4**의 달걀을 접시 2개에 나눠 담고 **1**의 소스를 절반씩 나누어 붓는다.

달걀근대스크램블

Egg-Chard Scramble

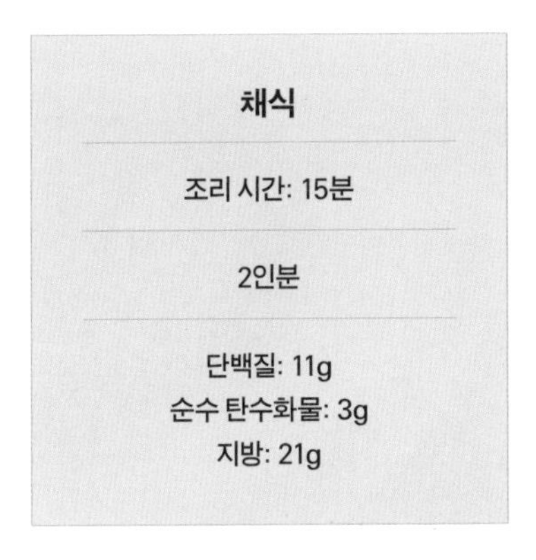

채식

조리 시간: 15분

2인분

단백질: 11g
순수 탄수화물: 3g
지방: 21g

- 무지개근대(또는 근대) 2장 *심 부분이 알록달록한 색상을 띠는 근대 품종
- 적양파 다진 것 $\frac{1}{4}$컵
- 달걀(큰 것) 3개
- 코코넛오일(정제, 또는 아보카도오일) 2큰술
- 파슬리(또는 바질잎) 잘게 썬 것 2큰술
- 머스터드가루 $\frac{1}{4}$작은술
- 코셔소금 $\frac{1}{4}$작은술
- 후추 간 것 $\frac{1}{4}$작은술

1 무지개근대는 줄기와 잎을 자른 뒤 줄기는 얇게 슬라이스하고 잎은 잘게 썬다.

2 코코넛오일 1큰술을 두른 팬을 중불에서 달구고 무지개근대 줄기와 적양파를 넣은 뒤 부드러워질 때까지 자주 저어가며 3~5분 정도 익힌다. 근대잎을 넣고 숨이 죽고 부드러워질 때까지 1~2분 정도 더 익힌다. 모든 채소를 팬 가장자리로 모은다.

3 달걀을 볼에 풀고 머스터드가루, 코셔소금, 후추를 넣고 거품기로 잘 섞는다.

4 팬 가운데 남은 코코넛오일을 두르고 **3**을 붓는다. 바닥과 가장자리 부분이 굳을 때까지 중약불에서 젓지 않은 채로 익힌다.

5 스패출러나 큰 숟가락을 이용해 달걀의 익은 부분을 들어서 익지 않은 부분이 아래로 흐르도록 한다. 달걀이 전체적으로 잘 익어서 반짝거리고 촉촉한 상태가 될 때까지 2~3분 정도 더 익힌다.

6 달걀스크램블과 **2**를 골고루 섞고 그릇에 담은 뒤 파슬리를 뿌린다.

아보카도코코넛오이카나페

Cucumber Bites With Avocado And Coconut

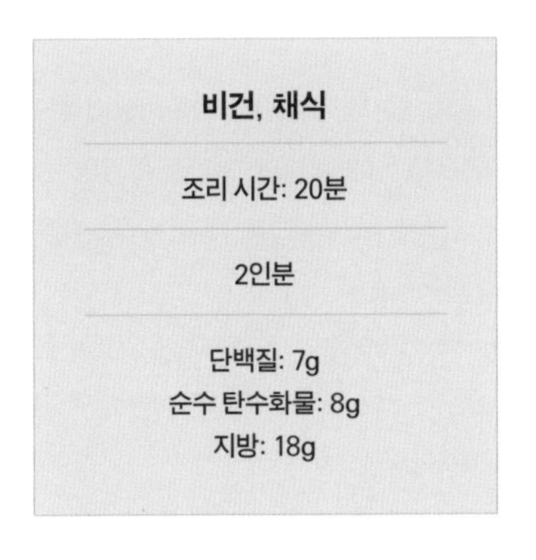

- 아보카도(큰 것) 1개
- 오이 1.5cm 두께로 슬라이스한 것 16조각
- 코코넛밀크 3큰술
- 코코넛슬라이스(무가당) 구운 것 3큰술
- 헴프프로틴파우더 1큰술
- 스피룰리나 곱게 간 것 2작은술
- 레드페퍼 부순 것 $\frac{1}{4}$작은술
- 소금 $\frac{1}{8}$작은술
- 후추 간 것 약간

1. 아보카도는 반으로 잘라 씨와 껍질을 제거한다.
2. 아보카도, 코코넛밀크, 헴프프로틴파우더, 스피룰리나, 레드페퍼, 소금을 볼에 넣고 매셔나 포크로 곱게 으깬다.
3. 오이 위에 2를 골고루 올리고 코코넛슬라이스와 후추를 뿌린다.

비트아보카도자몽과 적양파피클

Roasted Beet With Avocado Grapefruits, And Pickled Red Onion

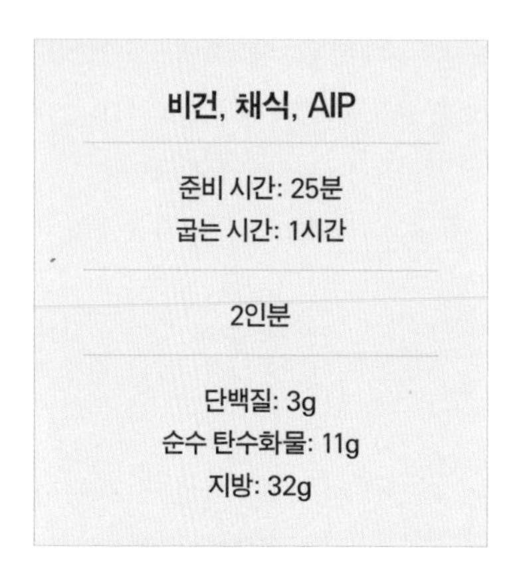

- 비트(노랑, 중간 것) 1개
- 아보카도(큰 것) 1개
- 루비레드자몽(중간 것) $\frac{1}{2}$개
- 적양파(작은 것) 얇게 저민 것 $\frac{1}{2}$개
- 사과주식초 3큰술
- 아보카도오일 3큰술
- 칠리파우더 $\frac{1}{8}$작은술
- 천일염 $\frac{1}{8}$작은술 + 여분
- 정향가루 약간
- 머스터드가루 약간
- 후추 간 것 약간

1. 오븐을 200℃로 예열한다.
2. 비트는 알루미늄포일로 단단하게 감싸서 오븐에 넣고 부드러워질 때까지 1시간 정도 굽는다. 비트가 만질 수 있을 정도로 식으면 포일과 껍질을 벗기고 8등분한다. 비트는 하루 전에 구워서 냉장 보관해도 된다.
3. 사과주식초 2큰술, 아보카도오일, 칠리파우더, 천일염을 볼에 넣고 거품기로 섞는다. 비트를 넣고 골고루 버무린 뒤 실온에서 20분 정도 재운다.
4. 사과주식초 1큰술을 볼에 담고 여분의 천일염, 정향가루, 머스터드가루, 후추를 넣고 거품기로 잘 섞는다. 적양파를 넣고 실온에서 20분 정도 재워 적양파피클을 만든다. 먹기 전에 적양파를 건진다.
5. 아보카도는 반으로 잘라서 씨와 껍질을 제거한 뒤 8등분하고 자몽은 과육만 잘라낸다.
6. 접시 2개에 비트, 적양파, 아보카도, 자몽을 예쁘게 담는다. 아보카도와 자몽에 여분의 천일염을 골고루 뿌려서 간한다.

Egg For Dinner

저녁 식사용 달걀 요리

달걀은 아침에만 먹는 음식이 아니다.
신선한 유기농 달걀은 영양소가 풍부한데다가 활용도도 다양하다.
오메가지방산과 비타민이 풍성한 식재료를 아침 식사에만 한정시키지 말자.
하루 종일 즐길 수 있는 창의적이고 신나는 달걀 메뉴를 소개한다.

콜리플라워볶음밥

Cauliflower Fried Rice

채식

준비 시간: 5분
조리 시간: 12분

2인분

단백질: 19g
순수 탄수화물: 10g
지방: 49g

- 생 콜리플라워쌀 453g
- 달걀(큰 것) 4개
- 피망(빨강) 잘게 썬 것 $\frac{1}{2}$컵
- 실파 2대
- 마늘 다진 것 1쪽 분량
- 올리브오일 3큰술
- 아보카도오일마요네즈 3큰술
- 코코넛아미노스 4작은술
- 소금 $\frac{1}{8}$작은술
- 레드페퍼 부순 것 약간

1. 실파는 송송 썰어서 흰 부분과 초록 부분을 분리한다.
2. 올리브오일 2큰술을 두른 팬을 중강불에 달구고 콜리플라워쌀, 피망, 실파 흰 부분, 마늘, 소금, 레드페퍼를 넣은 뒤 부드러워질 때까지 자주 저어가며 6~8분 정도 익힌다. 코코넛아미노스 3작은술을 넣고 골고루 섞는다.
3. 2를 볼 2개에 나눠 담는다.
4. 같은 팬에 올리브오일 1큰술을 두르고 중불에 달군 뒤 달걀을 깨서 넣고 불을 약하게 낮춘다. 뚜껑을 닫고 달걀흰자가 완전히 굳고 달걀노른자가 걸쭉할 때까지 3~4분 정도 익힌다. 달걀을 뒤집어서 30초 정도 더 익힌다.
5. 아보카도오일마요네즈와 남은 코코넛아미노스를 볼에 넣고 섞는다.
6. **3**에 **4**의 달걀을 얹고 **5**를 뿌린 뒤 실파 초록 부분으로 장식한다.

양배추볶음과 달걀피망찜

Fried Cabbage And Egg Stuffed Peppers

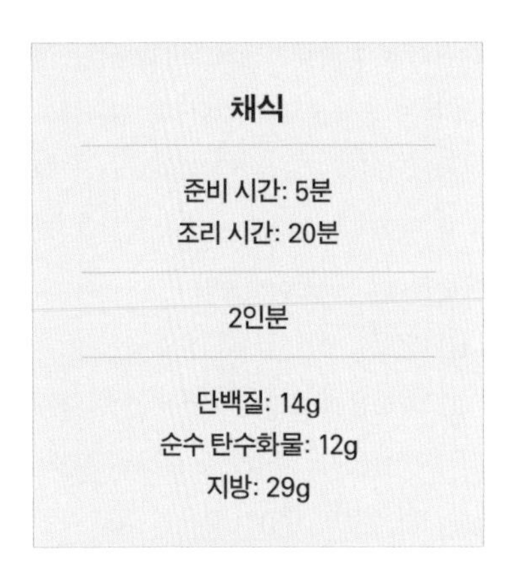

채식

준비 시간: 5분
조리 시간: 20분

2인분

단백질: 14g
순수 탄수화물: 12g
지방: 29g

- 양배추 굵게 채썬 것 2컵
- 피망(중간 것, 빨강) 2개
- 달걀(큰 것) 3개
- 샬롯(작은 것) 1개
- 당근 1개
- 참기름 2큰술
- 리퀴드아미노스 1큰술
- 생강 곱게 다진 것 2작은술
- 레드페퍼 부순 것 $\frac{1}{8}$~$\frac{1}{4}$작은술
- 생 참기름(또는 정제 코코넛오일) 1큰술
- 참깨 2작은술 + 여분

1 피망은 심지째 세로로 2등분해서 씨를 털고 샬롯은 얇게 저미고 당근은 곱게 다진다.

2 찜기에 물을 끓이고 피망을 넣어 6~8분 정도 부드럽게 찐 뒤 종이타월로 물기를 제거한다.

3 참기름을 두른 팬을 달구고 양배추, 샬롯, 당근을 넣어 양배추가 숨이 죽고 당근이 부드러워질 때까지 저어가며 6~8분 정도 익힌다.

4 아미노스, 생강, 레드페퍼를 넣고 골고루 섞은 뒤 중약불로 낮추고 채소를 팬 가장자리로 모은다.

5 생 참기름을 팬 가운데 두르고 가볍게 푼 달걀물을 붓고 중약불에서 젓지 않은 채로 달걀이 굳을 때까지 익힌다. 스패출러나 큰 숟가락을 이용해서 달걀의 익은 부분을 들어서 익지 않은 부분이 아래 흐르도록 한다. 달걀이 전체적으로 잘 익어서 반짝거리고 촉촉한 상태가 될 때까지 3~4분 정도 더 익힌다.

6 참깨를 뿌리고 5의 달걀과 4의 채소를 골고루 섞는다.

7 접시 2개에 2의 피망과 6을 나눠 담는다.

버섯근대치즈오믈렛

Omelet With Sauteed Mushrooms, Chard, And Nut Cheese

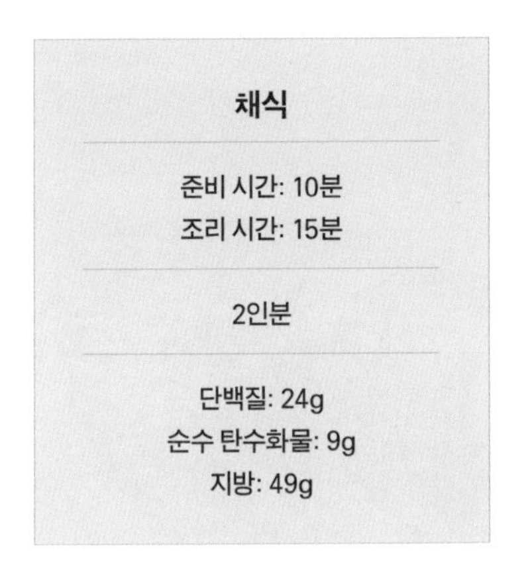

채식

준비 시간: 10분
조리 시간: 15분

2인분

단백질: 24g
순수 탄수화물: 9g
지방: 49g

- 표고버섯 113g
- 근대잎(적근대) 가늘게 채썬 것 1컵
- 아몬드밀크(플레인, 무가당, 또는 캐슈너트밀크) 2큰술
- 생 비건치즈 잘게 부순 것 113g
- 달걀(큰 것) 5개
- 기 3큰술
- 적양파 다진 것 2큰술
- 마늘 다진 것 2쪽 분량
- 타임잎 다진 것 $\frac{1}{2}$작은술
- 사과주식초 2작은술
- 천일염 $\frac{1}{4}$작은술
- 후추 간 것 $\frac{1}{4}$작은술

1 표고버섯은 기둥을 제거하고 고깔만 얇게 슬라이스한다.

2 기 분량의 $\frac{1}{2}$을 두른 팬을 중강불에 달구고 적양파와 마늘을 넣은 뒤 적양파가 반투명해질 때까지 2분 정도 볶는다.

3 표고버섯, 타임잎, 천일염 분량의 $\frac{1}{2}$, 후추 분량의 $\frac{1}{2}$을 넣고 표고버섯이 노릇하고 부드러우면서 수분이 증발할 때까지 4분 정도 볶는다.

4 근대잎을 넣고 완전히 숨이 죽을 때까지 1분 정도 더 볶는다. 사과주식초를 붓고 1분 정도 뭉근하게 익힌 뒤 따로 둔다.

5 달걀, 아몬드밀크, 남은 천일염과 후추를 볼에 담고 거품기로 섞는다.

6 남은 기를 두른 팬을 중강불에 달구고 **5**를 넣은 뒤 젓지 않고 2분 정도 익힌다. 가장자리 부분이 굳으면 나무 주걱으로 가볍게 긁어가며 액체 상태인 달걀을 가장자리에서 가운데로 모은다.

7 달걀의 가운데 부분이 굳으면 **4**와 비건치즈를 얹고 2분 정도 더 익힌다. 불을 끄고 뚜껑을 닫은 뒤 2분 정도 둬서 비건치즈가 부드러워지도록 한다.

8 반으로 접어서 그릇에 담는다.

로메인아보카도달걀시저샐러드

Grilled Romaine And Avocado Caesar Salad With Eggs

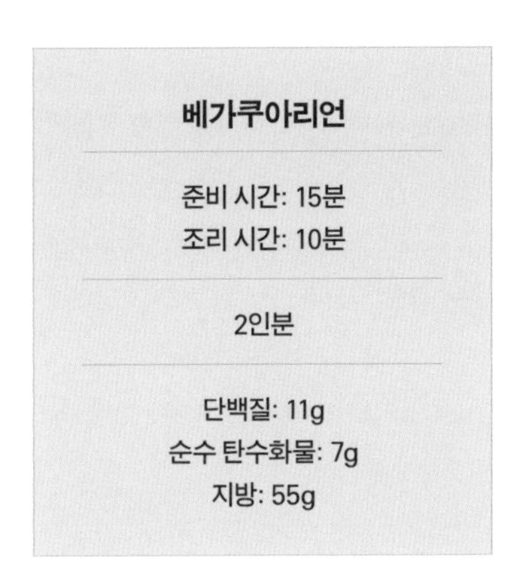

베가쿠아리언

준비 시간: 15분
조리 시간: 10분

2인분

단백질: 11g
순수 탄수화물: 7g
지방: 55g

- 로메인 1통
- 아보카도(큰 것) 1개
- 방울토마토 $1\frac{1}{2}$컵
- 달걀(큰 것) 2개
- 안초비 곱게 다진 것 2작은술
- 마늘(작은 것) 곱게 다진 것 1쪽 분량
- 올리브오일 5큰술
- 생 레몬즙 1큰술
- 디종머스터드 1작은술
- 기 2작은술
- 코셔소금 $\frac{1}{2}$작은술
- 후추 간 것 $\frac{1}{8}$작은술 + 여분
- 차이브 다진 것 약간

1 25~30cm 길이의 꼬치 2개를 준비한다. 대나무 꼬챙이를 사용할 경우에는 최소한 30분 정도 물에 불린다.

2 안초비, 마늘, 코셔소금 분량의 $\frac{1}{2}$을 볼에 넣고 섞은 뒤 레몬즙과 디종머스터드를 더해 거품기로 골고루 섞는다. 거품기로 계속 저으면서 올리브오일 3큰술을 천천히 부어서 걸쭉한 드레싱을 만든다.

3 로메인은 길게 반으로 자르고 아보카도는 반으로 잘라 씨를 제거한다.

4 로메인과 아보카도의 단면에 조리용 브러시로 올리브오일 1큰술을 바른다.

5 방울토마토를 올리브오일 1큰술에 버무리고 꼬치에 끼운다.

6 그릴팬에 **5**의 방울토마토 꼬치와 로메인과 아보카도 단면이 아래로 오도록 올린다.

7 로메인과 아보카도는 그릴 자국이 날 때까지 2~3분 정도 굽고 방울토마토 꼬치는 중간에 한 번 뒤집으면서 그릴 자국이 날 때까지 4~6분 정도 굽는다.

8 기를 두른 팬을 중불에 달구고 달걀을 굽는다. 남은 소금과 후추를 뿌리고 불을 약하게 낮춘다. 달걀흰자가 완전히 굳고 달걀노른자가 걸쭉할 때까지 3~4분 정도 익힌 뒤 뒤집어서 달걀노른자가 원하는 상태가 될 때까지 익힌다.

9 접시 2개에 로메인, 아보카도, 방울토마토를 나눠 담고 **8**의 달걀프라이를 얹는다. **2**의 드레싱을 두르고 후추와 차이브를 뿌린다.

매콤한 시금치올리브프리타타피자

Spicy Frittata Pizza With Spinach And Olives

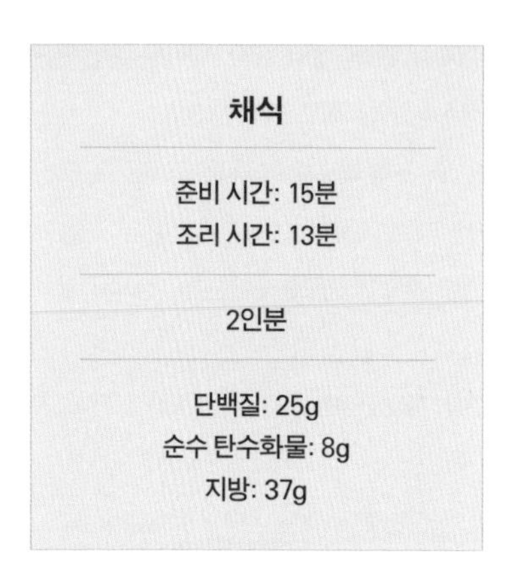

채식

준비 시간: 15분
조리 시간: 13분

2인분

단백질: 25g
순수 탄수화물: 8g
지방: 37g

- 어린 시금치잎 226g
- 올리브(칼라마타, 또는 니수아즈) 8개
- 달걀(큰 것) 5개
- 생 비건치즈 잘게 부순 것 113g
- 바질잎 곱게 다진 것 6장 분량
- 아몬드밀크(플레인, 무가당) 2큰술
- 올리브오일 1큰술
- 마늘 다진 것 2작은술
- 천일염 $\frac{1}{4}$작은술
- 후추 간 것 $\frac{1}{4}$작은술
- 레드페퍼 부순 것 $\frac{1}{8}$작은술

1. 오븐을 190℃로 예열한다.
2. 달걀, 아몬드밀크, 천일염과 후추 분량의 $\frac{1}{2}$을 볼에 담고 거품기로 잘 섞는다.
3. 올리브오일을 두른 오븐용 팬을 중강불에 달구고 마늘과 레드페퍼를 넣은 뒤 2분 정도 익힌다. 단, 노릇해지지 않도록 주의한다.
4. 어린 시금치잎은 잘 씻어서 물기를 충분히 제거하고 올리브는 씨를 제거하고 반으로 자른다.
5. 어린 시금치잎, 남은 소금과 후추를 **3**에 넣고 시금치가 숨이 죽을 때까지 자주 저어가며 2분 정도 익힌다.
6. 달걀을 넣고 중불로 낮춘 뒤 비건치즈와 올리브를 골고루 뿌린다. 달걀의 가장자리가 굳을 때까지 3분 정도 익힌다.
7. 팬을 오븐에 넣고 달걀이 완전히 익을 때까지 5~8분 정도 익힌 뒤 바질잎을 뿌린다.

그린프리타타

Greens Frittata

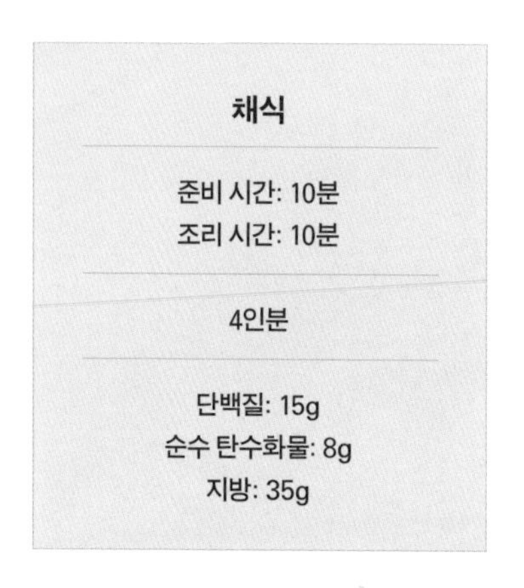

채식

준비 시간: 10분
조리 시간: 10분

4인분

단백질: 15g
순수 탄수화물: 8g
지방: 35g

- 케일잎(보라 또는 초록) 심을 제거하고 굵게 찢은 것 113g
- 어린 시금치잎 113g
- 어린 청경채 굵게 썬 것 1통 분량
- 물 $\frac{1}{4}$컵
- 달걀(큰 것) 6개
- 코코넛크림 $\frac{1}{4}$컵
- 셀러리 1대($\frac{1}{4}$컵)
- 마늘 으깬 것 2쪽 분량
- 샬롯 1개
- 프레스노칠리(또는 할라페뇨) 2개
- 피칸 다진 것 $\frac{1}{2}$컵
- 생 비건치즈 잘게 부순 것 $\frac{1}{4}$컵
- 올리브오일 3큰술
- 오레가노잎(또는 오레가노 말린 것 $\frac{1}{4}$작은술) 다진 것 1작은술
- 파프리카가루 1작은술
- 천일염 $\frac{1}{4}$작은술

1. 셀러리와 샬롯은 작게 깍둑썰고 프레스노칠리는 심을 제거하고 다진다.
2. 묵직하고 큰 팬을 중불로 달구고 케일잎, 시금치잎, 청경채, 물을 넣은 뒤 숨이 죽을 때까지 3분 정도 익힌다. 건져서 종이타월로 두드려 물기를 제거한다.
3. 달걀, 코코넛크림, 셀러리, 마늘, 샬롯, 프레스노칠리, 오레가노잎, 천일염을 볼에 담고 거품기로 섞는다.
4. 케일잎, 시금치잎과 청경채를 넣고 다시 섞는다.
5. 올리브오일을 두른 팬을 중강불에 달구고 **4**의 달걀 반죽, 피칸, 비건치즈를 올린 뒤 가장자리가 굳을 때 젓지 말고 6분 정도 익힌다.
6. 오븐이나 브로일러에 넣어 달걀이 굳을 때까지 익힌다.
7. 파프리카가루를 뿌리고 3분 정도 휴지한 뒤 자른다.

달걀을 채운 포르토벨로버섯

Italian Egg-stuffed Portobello Mushrooms

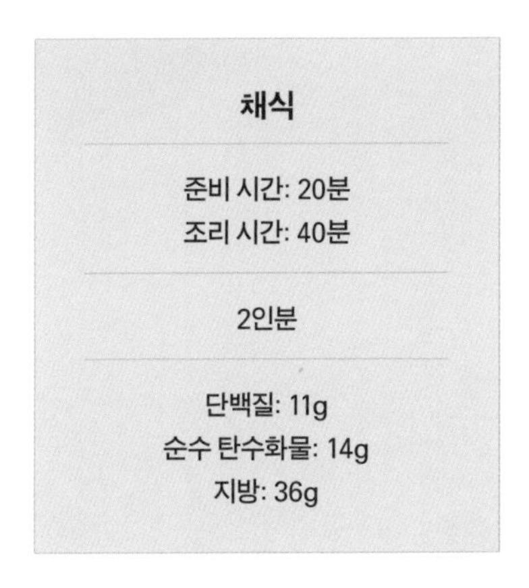

- 포르토벨로버섯 2개(280~340g) *완전히 성장한 양송이버섯으로 큼직하고 향이 짙다
- 달걀(중간 것) 2개
- 방울토마토 1컵
- 가지 껍질을 벗기고 잘게 썬 것 1컵
- 피망(빨강) 잘게 썬 것 $\frac{1}{2}$컵
- 적양파 잘게 썬 것 $\frac{1}{3}$컵
- 마늘 다진 것 1쪽 분량
- 올리브오일 4큰술
- 올리브(칼라마타) 씨를 빼고 잘게 썬 것 3큰술
- 오레가노 잘게 썬 것 1큰술
- 발사믹식초 2작은술
- 바질잎 잘게 썬 것 약간
- 코셔소금 $\frac{1}{4}$작은술 + 여분
- 후추 간 것 $\frac{1}{8}$작은술 + 여분

1 오븐을 220℃로 예열한다.

2 3L짜리 직사각형 오븐팬에 방울토마토, 가지, 피망, 적양파, 마늘, 코셔소금, 후추를 넣어 섞고 올리브오일 2큰술을 두른 뒤 골고루 버무린다. 덮개를 씌우지 않은 채로 채소가 노릇해질 때까지 한두 번 뒤적이면서 25~30분 정도 굽는다.

3 작은 오븐팬에 유산지나 알루미늄포일을 깐다.

4 포르토벨로버섯은 기둥을 자르고 고깔 가운데 부분을 2큰술 정도 도려내 달걀을 넣을 공간을 만든다. 바닥까지 전부 도려내지 않도록 주의한다.

5 조리용 브러시로 올리브오일 2큰술을 포르토벨로버섯에 바른다. 고깔 안쪽이 아래로 가도록 오븐팬에 얹고 덮개를 씌우지 않은 채로 버섯이 부드러워질 때까지 15분 정도 굽는다. 버섯 안쪽이 위로 오도록 뒤집는다.

6 오븐 온도를 175℃로 낮추고 버섯 고깔에 달걀을 하나씩 깨서 담는다. 여분의 소금과 후추를 가볍게 뿌린다.

7 덮개를 씌우지 않은 채로 달걀흰자가 완전히 굳고 달걀노른자가 원하는 굳기로 익을 때까지 8~10분 정도 굽는다.

8 **2**의 토마토믹스를 볼에 담고 원하는 질감이 나올 때까지 매셔로 으깬다. 필요에 따라 소량의 물을 더하고 믹서에 갈아서 질감이 거친 상태로 만들어도 좋다.

9 올리브, 오레가노, 발사믹식초를 넣고 다시 섞은 뒤 여분의 소금과 후추로 간한다.

10 접시 2개에 **9**의 소스를 나눠 담고 **7**의 달걀 넣은 포르토벨로버섯을 얹는다. 위에 남은 소스를 두르고 바질잎을 뿌린다.

토마토올리브케이퍼소스에 익힌 달걀

Poached Eggs Over Tomato-Olive-Caper Sauce

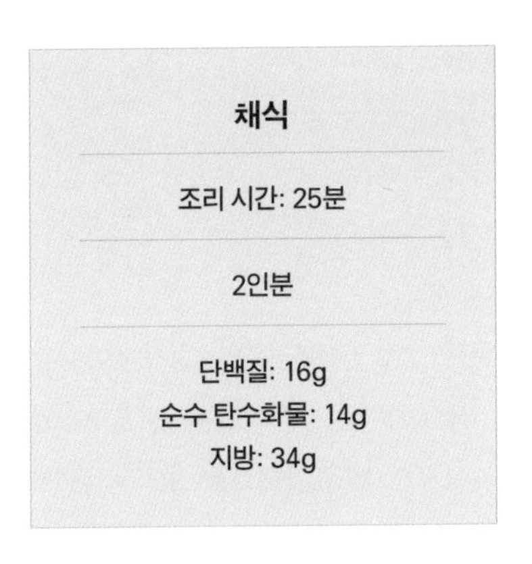

채식

조리 시간: 25분

2인분

단백질: 16g
순수 탄수화물: 14g
지방: 34g

- 토마토 파사타(무염) $1\frac{1}{4}$컵 *토마토를 갈아서 체에 내린 것
- 올리브(칼라마타) 8개
- 달걀(큰 것) 4개
- 올리브오일 3큰술
- 케이퍼 1큰술
- 오레가노잎 다진 것 1큰술
- 마늘 다진 것 1큰술
- 후추 간 것 $\frac{1}{8}$작은술
- 천일염 약간

1 올리브는 씨를 제거해서 반으로 자르고 케이퍼는 씻어서 물기를 제거한다.

2 올리브오일을 두른 팬을 중강불에 달구고 마늘을 넣어 2분 정도 볶는다. 단, 갈색으로 타지 않도록 주의한다.

3 토마토 파사타, 올리브, 케이퍼, 오레가노잎, 후추를 넣고 소스가 걸쭉할 때까지 강불에서 5분 정도 끓인다.

4 달걀을 1개를 넣고 남은 달걀도 재빠르게 같은 과정을 반복한 다음 천일염으로 간한다.

5 뚜껑을 닫고 중약불로 낮춘다. 달걀흰자가 불투명해지고 달걀노른자 가장자리가 탄탄하고 가운데는 액체 상태를 유지할 때까지 3~5분 정도 뭉근하게 익힌다.

채소해시와 달걀프라이

Vegetable Hash With Fried Eggs

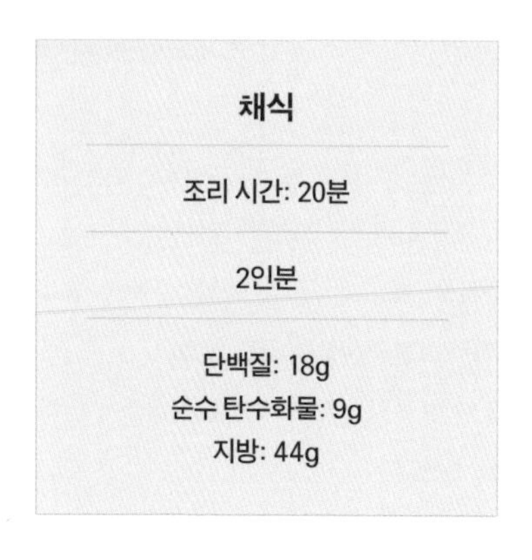

채식

조리 시간: 20분

2인분

단백질: 18g
순수 탄수화물: 9g
지방: 44g

- 브로콜리 송이로 떼서 굵게 다진 것 2컵
- 주키니 굵게 다진 것 $\frac{1}{2}$컵
- 피망(빨강) 굵게 다진 것 $\frac{1}{2}$컵
- 양파 다진 것 $\frac{1}{4}$컵
- 달걀(큰 것) 4개
- 기 4큰술
- 타임 말린 것 $\frac{1}{8}$작은술
- 생 비건치즈 잘게 부순 것 $\frac{1}{4}$컵
- 파슬리 다진 것 2작은술
- 소금 $\frac{1}{8}$작은술
- 레드페퍼 부순 것 약간

1 기 3큰술을 두른 팬을 중강불에 달구고 피망, 양파, 레드페퍼를 넣은 뒤 가끔 저어가며 3분 정도 익힌다.

2 브로콜리, 주키니, 타임, 소금을 넣고 아삭하면서 부드러워질 때까지 5~6분 정도 더 볶는다.

3 2를 접시 2개에 나눠 담는다.

4 같은 팬에 기 1큰술을 두르고 중불로 달군 뒤 달걀을 넣고 불을 약하게 낮춘다. 달걀흰자가 완전히 굳고 달걀노른자가 걸쭉해질 때까지 3~4분 정도 익힌다. 달걀을 뒤집어서 30초 정도 더 익혀 반숙 달걀프라이를 만든다.

5 3 위에 4의 달걀프라이를 얹고 비건치즈를 올린 뒤 파슬리를 뿌린다.

Salad And Sides

샐러드와 사이드 메뉴

가끔 샐러드가 지겨울 때도 있지만 케토채식 샐러드는 예외다.

케토채식 샐러드는 더없이 맛있으니 말이다.

사이드 메뉴 또한 다채로운 맛을 즐길 수 있다.

"채소를 전부 먹어야 해"라는 말이 전혀 부담스럽지 않으니 얼마나 좋은가.

오이래디시깍지완두콩샐러드

Cucumber, Radish, And Snap Pea Salad

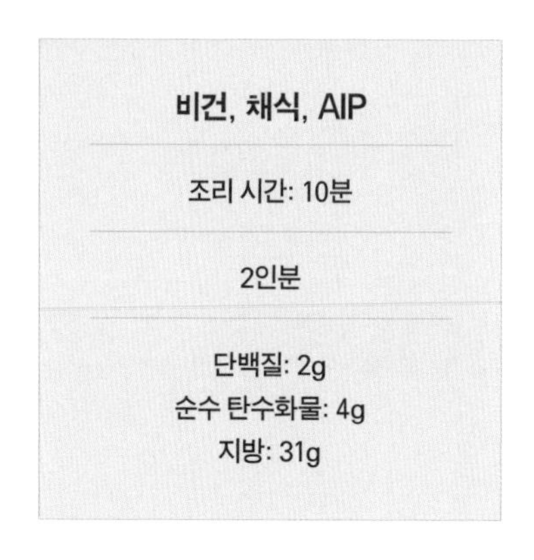
비건, 채식, AIP

조리 시간: 10분

2인분

단백질: 2g
순수 탄수화물: 4g
지방: 31g

- 오이 얇게 슬라이스한 것 1컵
- 래디시 얇게 슬라이스한 것 $\frac{1}{4}$컵
- 깍지완두콩(슈가 스냅피) 송송썬 것 $\frac{1}{2}$컵
- 아보카도(중간 것) 1개
- 아보카도오일 3큰술
- 화이트와인식초 1큰술
- 코코넛아미노스 2작은술
- 김 구운 것 $\frac{1}{2}$장

1 아보카도오일, 화이트와인식초, 코코넛아미노스를 볼에 담고 거품기로 골고루 섞는다.

2 오이, 래디시, 깍지완두콩을 **1**에 넣고 버무린다.

3 아보카도는 반으로 잘라서 씨와 껍질을 제거하고 깍둑썰기한 뒤 **2**에 넣고 조심스럽게 섞는다.

4 김은 길고 가늘게 자른 뒤 **3**에 올린다.

* 기호에 따라 참깨 1작은술을 뿌린다. 참깨를 빼면 AIP 레시피가 된다.

사과주식초브로콜리샐러드

Apple Cider Broccoli Salad

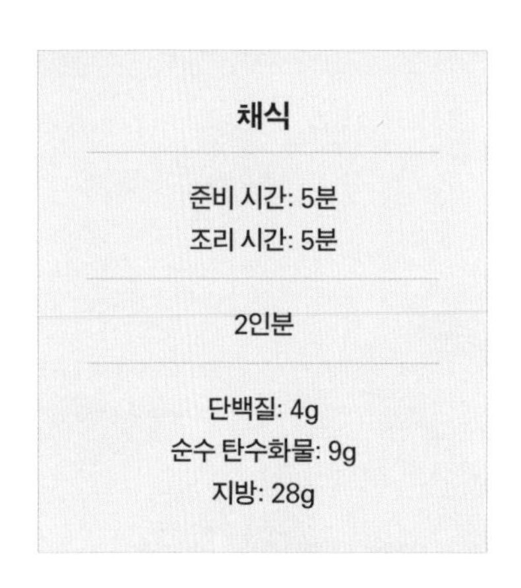

채식

준비 시간: 5분
조리 시간: 5분

2인분

단백질: 4g
순수 탄수화물: 9g
지방: 28g

- 브로콜리 송이로 떼어 데친 것 2컵
- 적양파 깍둑썬 것 $\frac{1}{4}$개 분량
- 적양배추 얇게 채썬 것 $\frac{1}{4}$컵
- 당근(작은 것) 1개
- 실파 송송 썬 것 2대 분량
- 마늘 다진 것 1쪽 분량
- 소금 약간
- 후추 약간

드레싱

- 엑스트라버진 올리브오일 $\frac{1}{4}$컵
- 사과주식초(유기농) $\frac{1}{4}$컵
- 라즈베리 잘게 썬 것 2큰술
- 펜넬씨 구운 것 $\frac{1}{2}$작은술
- 화분 $\frac{1}{2}$작은술

1. 작은 냄비에 사과주식초, 라즈베리, 펜넬씨, 화분을 담고 골고루 섞어서 한소끔 끓인다. 불을 낮추고 반으로 졸 때까지 뭉근하게 익힌다.
2. 1을 5분 정도 식히고 올리브오일을 천천히 부으면서 거품기로 잘 섞어서 드레싱을 만든다.
3. 당근은 껍질을 벗기고 얇게 슬라이스한다.
4. 브로콜리, 적양파, 적양배추, 당근, 실파, 마늘을 볼에 담고 2의 드레싱을 넣어 버무린 뒤 소금과 후추로 간한다.

참깨레몬펜넬오이슬로

Sesame Lemon Fennel Cucumber Slaw

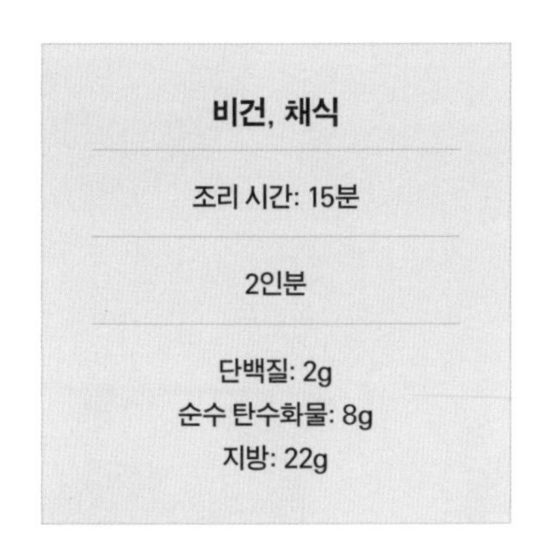

비건, 채식

조리 시간: 15분

2인분

단백질: 2g
순수 탄수화물: 8g
지방: 22g

- 펜넬(중간 것) 구근 1개(중)
- 오이 굵게 채썬 것 $\frac{3}{4}$컵($\frac{1}{2}$개 분량)
- 래디시(중간 것) 4개
- 실파 1대
- 생 레몬즙 2큰술
- 참기름 3큰술
- 참깨 1작은술
- 깨(검정) 1작은술
- 민트(또는 고수 다진 것) $\frac{1}{4}$컵
- 코셔소금 $\frac{1}{4}$작은술
- 레드페퍼 부순 것 $\frac{1}{8}$작은술

1 래디시는 아주 얇게 슬라이스하고 실파는 가늘게 송송 썬다.

2 펜넬 구근은 기둥 윗부분을 자르고 부드러운 잎 부분은 장식용으로 남긴다. 겉면을 얇게 도려내고 반으로 자른 다음 심을 제거하고 아주 얇게 채썬다.

3 펜넬, 오이, 래디시, 실파를 볼에 담고 섞는다.

4 레몬즙, 참기름, 참깨, 깨, 코셔소금, 레드페퍼를 볼에 담고 거품기로 섞은 뒤 3에 붓고 골고루 버무린다.

5 민트를 넣고 섞은 뒤 펜넬 잎 부분을 뿌린다.

코코넛라즈베리샐러드

Raspberry Super Salad With Toasted Coconut

비건, 채식, AIP

준비 시간: 20분
재우는 시간: 1~2시간

2인분

단백질: 4g
순수 탄수화물: 9g
지방: 28g

- 케일잎 손질해서 적당히 뜯은 것 1컵
- 어린 시금치잎 1컵
- 아보카도(작은 것) 1개
- 생 라즈베리 $\frac{1}{2}$컵
- 비달리아Vidalia 양파 얇게 저민 것 $\frac{1}{3}$컵
  *단맛이 강한 양파 품종
- 코코넛플레이크 구운 것 $\frac{1}{4}$컵
- 바질잎 찢은 것 $\frac{1}{4}$컵
- 생 라임즙 3큰술
- 올리브오일 2큰술
- 코셔소금 $\frac{1}{4}$작은술
- 후추 간 것 $\frac{1}{4}$작은술

1 양파와 라임즙을 작은 볼에 담고 골고루 버무린다. 양파를 꾹 눌러서 라임즙에 최대한 잠기도록 한 뒤 덮개를 씌워 1시간에서 24시간까지 재운다. 1시간 이상 재울 경우에는 냉장 보관한다.

2 케일잎, 올리브오일 1큰술, 코셔소금 분량의 $\frac{1}{2}$을 볼에 넣고 골고루 버무린다. 손가락으로 케일잎에 올리브오일을 골고루 묻히면서 가볍게 주물러 살짝 숨이 죽도록 한다. 덮개를 씌워서 1~2시간 정도 냉장 보관한다.

3 1의 양파를 건지고 절임액은 1큰술 정도 따로 남긴다.

4 3의 절임액 1큰술, 올리브오일 1큰술, 남은 코셔소금, 후추를 볼에 넣고 섞은 뒤 시금치잎과 케일잎을 넣고 버무린다.

5 아보카도는 반으로 잘라서 씨와 껍질을 제거하고 얇게 저민다.

6 4를 접시에 나눠 담고 3의 양파와 아보카도, 라즈베리, 코코넛플레이크, 바질잎을 골고루 올린다.

방울양배추샐러드

Warm German Brussels Sprout Salad

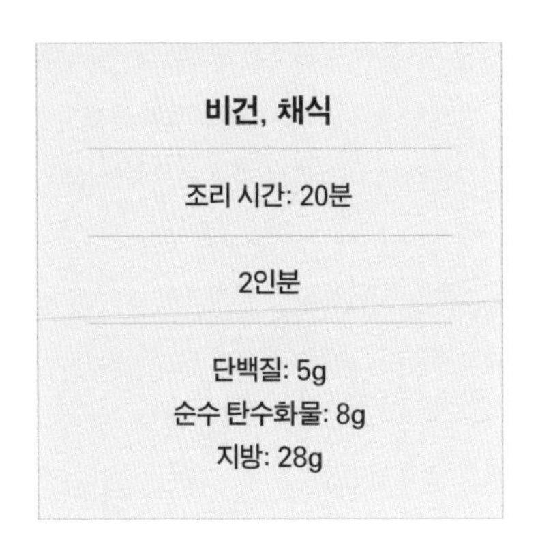

- 방울양배추 226g
- 샬롯(작은 것) 1개
- 사우어크라우트 $\frac{1}{4}$컵
- 어린 아루굴라잎 85g
- 코코넛오일 $\frac{1}{4}$컵
- 홀그레인머스터드(무가당) 1큰술
- 캐러웨이씨 $\frac{1}{2}$작은술
- 건포도 다진 것 $\frac{1}{2}$작은술
- 코셔소금 $\frac{1}{4}$작은술
- 후추 으깬 것 $\frac{1}{2}$작은술

1. 방울양배추는 다듬어 씻고 물기를 제거한 뒤 얇게 슬라이스한다.
2. 샬롯은 다지고 사우어크라우트는 씻은 뒤 물기를 제거한다.
3. 코코넛오일을 두른 팬을 중불에 달구고 방울양배추와 샬롯을 넣은 뒤 방울양배추가 따뜻하지만 아삭할 정도로 2분 정도 볶는다.
4. 따뜻한 방울양배추와 샬롯, 사우어크라우트를 볼에 담는다.
5. 홀그레인머스터드, 캐러웨이씨, 건포도, 코셔소금, 후추를 넣고 골고루 버무린 뒤 아루굴라잎을 올린다.

레몬핫소스의 콜리플라워올리브구이

Rosted Cauliflower With Hot Sauce, Olive, And Lemon

비건, 채식

준비 시간: 5분
굽는 시간: 35분

2인분

단백질: 3g
순수 탄수화물: 5g
지방: 24g

- 콜리플라워(작은 것) 1통
- 올리브(초록) $\frac{1}{3}$컵
- 올리브오일 3큰술
- 핫소스 1작은술
- 생 레몬즙 1작은술
- 레몬제스트 $\frac{1}{2}$작은술
- 천일염 $\frac{1}{4}$작은술

1 오븐을 220℃로 예열하고 깊은 오븐팬에 유산지나 알루미늄포일을 깐다.

2 콜리플라워는 2.5cm 크기의 송이로 자르고 올리브는 씨를 제거하고 반으로 자른다.

3 콜리플라워를 볼에 담고 올리브오일, 핫소스, 천일염을 넣고 버무린다.

4 오븐팬에 콜리플라워를 담고 오븐에서 20분 정도 굽는다. 버무린 볼은 그대로 둔다.

5 올리브를 넣고 섞은 뒤 콜리플라워가 부드럽고 군데군데 갈색이 될 때까지 15~20분 정도 더 굽는다.

6 5를 볼에 넣고 레몬즙과 레몬제스트를 더해 골고루 버무린다.

크림케일

Cream Kale

비건, 채식, AIP

준비 시간: 8분
조리 시간: 6분

2인분

단백질: 8g
순수 탄수화물: 13g
지방: 30g

- 케일잎 잘게 썬 것 5컵
- 코코넛밀크 $\frac{1}{2}$컵
- 코코넛오일 3큰술
- 샬롯 곱게 다진 것 3큰술
- 코코넛아미노스 2작은술
- 생강 곱게 다진 것 $\frac{1}{2}$작은술
- 소금 $\frac{1}{8}$작은술

1. 코코넛오일을 두른 팬을 중불에 달구고 샬롯과 생강을 넣은 뒤 향이 올라올 때까지 저어가며 1분 정도 익힌다.
2. 케일잎과 소금을 넣고 케일잎의 숨이 죽을 때까지 2~3분 정도 저어가며 볶는다.
3. 코코넛밀크를 붓고 뚜껑을 닫은 뒤 케일잎이 부드러워질 때까지 2~4분 정도 익힌다.
4. 코코넛아미노스를 넣고 섞는다.

라임피시소스의 방울양배추구이

Crispy Brussels Sprouts With Fish Sauce And Lime

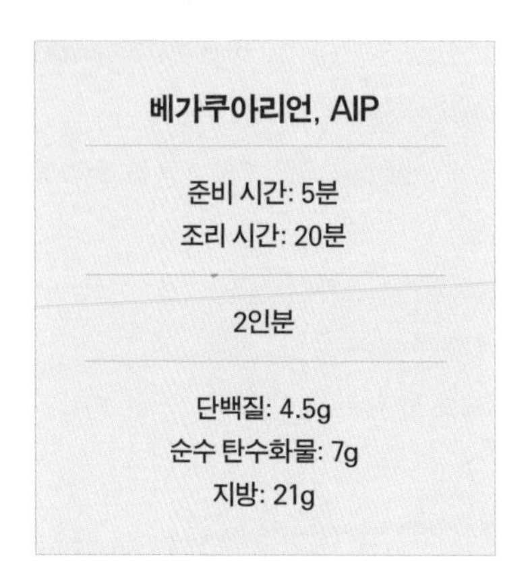

베가쿠아리언, AIP

준비 시간: 5분
조리 시간: 20분

2인분

단백질: 4.5g
순수 탄수화물: 7g
지방: 21g

- 방울양배추(작은 것) 226g
- 올리브오일 3큰술
- 피시소스 1작은술
- 생 라임즙 1작은술
- 라임제스트 $\frac{1}{2}$작은술
- 후추 간 것

1 오븐을 200℃로 예열하고 오븐팬에 유산지를 깐다.

2 방울양배추는 반으로 자른다.

3 방울양배추와 올리브오일, 피시소스를 볼에 담고 골고루 버무린 뒤 후추를 뿌려 섞는다.

4 3을 오븐팬에 담고 방울양배추의 단면이 아래로 가도록 정렬한 다음 부드럽고 짙은 갈색을 띠며 군데군데 바삭한 질감이 될 때까지 20분 정도 굽는다. 굽는 중간에 한 번 뒤집어준다. 버무린 볼은 그대로 둔다.

5 구운 방울양배추를 다시 볼에 담고 라임즙과 라임제스트를 넣어 버무린다.

새콤한 올리브그린빈볶음

Tangy Green Beans With Olives

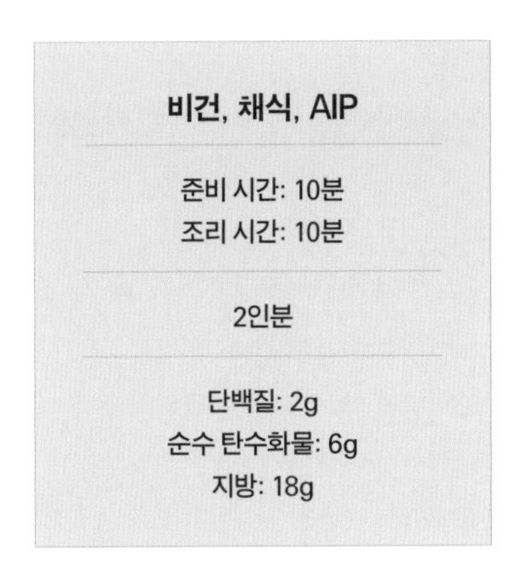

비건, 채식, AIP

준비 시간: 10분
조리 시간: 10분

2인분

단백질: 2g
순수 탄수화물: 6g
지방: 18g

- 그린빈 손질한 것 2컵(226g)
- 올리브(칼라마타) 씨를 빼고 굵게 다진 것 $\frac{1}{4}$컵
- 올리브오일 2큰술
- 파슬리 다진 것 2큰술
- 콜리플라워 굵게 간 것 2큰술
- 화이트와인식초 1큰술
- 코셔소금 $\frac{1}{4}$작은술
- 후추 간 것 $\frac{1}{4}$작은술

1 찜기에 물을 끓이고 그린빈을 넣은 뒤 뚜껑을 닫고 살짝 아삭할 때까지 6~8분 정도 찐다.

2 올리브오일을 두른 팬을 중강불에 달구고 1의 그린빈, 코셔소금, 후추를 넣은 뒤 그린빈이 가벼운 갈색을 띨 때까지 자주 저어가며 3~5분 정도 볶는다.

3 2에 올리브, 화이트와인식초를 넣고 버무린다.

4 접시 2개에 나눠 담고 파슬리와 콜리플라워를 뿌린다.

레몬과 올리브를 곁들인 브로콜리구이

Roasted Broccoli With Lemon And Olives

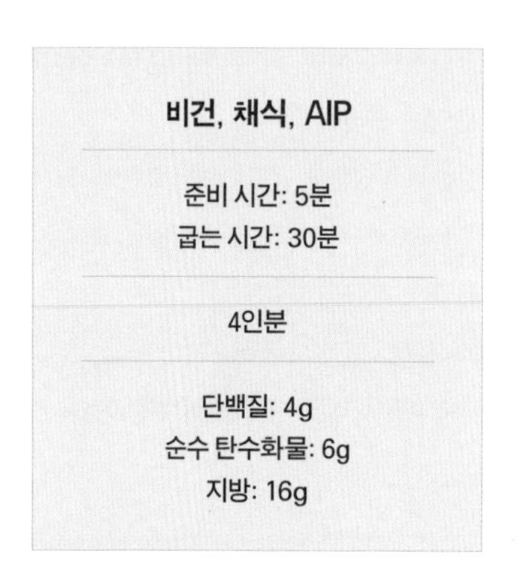

비건, 채식, AIP

준비 시간: 5분
굽는 시간: 30분

4인분

단백질: 4g
순수 탄수화물: 6g
지방: 16g

- 브로콜리 송이로 뗀 것 6컵
- 올리브(칼라마타) 씨를 빼고 잘게 다진 것 $\frac{1}{4}$컵
- 올리브오일 4큰술
- 생 레몬즙 2작은술
- 레몬제스트 곱게 채썬 것 $\frac{1}{2}$작은술
- 레몬 웨지 모양 1개
- 소금 $\frac{1}{4}$작은술

1. 오븐을 200℃로 예열한다.
2. 브로콜리를 볼에 담고 올리브오일 3큰술, 소금을 넣고 골고루 버무린다.
3. 오븐팬에 **2**를 한 층으로 고르게 편다.
4. 브로콜리가 부드럽고 갈색을 띨 때까지 오븐에서 30~35분 정도 굽는다. 굽는 중간에 2~3번 위아래로 섞는다.
5. 올리브, 레몬즙, 레몬제스트, 올리브오일 1큰술을 볼에 넣고 섞는다.
6. 구운 브로콜리에 **5**를 올리고 레몬을 곁들인다.

Smoothies, Elixirs, And Snacks

스무디와 건강차, 간식

고르고 고른 슈퍼푸드로 만든 케토채식 간식과 음료 레시피를 소개한다.
케토채식은 장점이 무척 많지만 무엇보다 식사 중간에 뭘 먹을 필요가 없다는 점이 매력적이다.
이미 우리는 허기에서 자유롭기 때문이다. 간식을 꼭 먹어야 한다고 생각하지 말자.
언제든지 원할 때 활용할 수 있는 간단하고 맛있는 레시피로 받아들이면 된다.

코코넛라즈베리스무디

Coconut Raspberry Smoothie

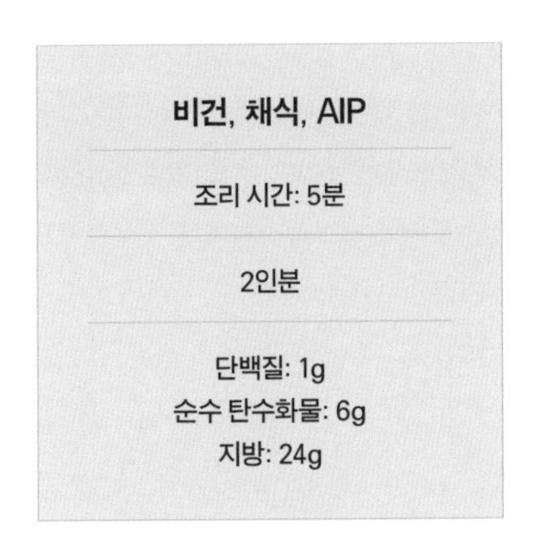

비건, 채식, AIP

조리 시간: 5분

2인분

단백질: 1g
순수 탄수화물: 6g
지방: 24g

- 코코넛밀크(플레인, 무가당) 3컵
- 생 라즈베리 1컵
- 코코넛슬라이스(무가당) $\frac{1}{4}$컵
- 코코넛오일 2큰술
- 바닐라익스트랙 2작은술
- 천일염 $\frac{1}{8}$작은술
- 리퀴드스테비아 2~4방울

1 모든 재료를 믹서에 담는다.

2 고속으로 2분 정도 곱게 간다.

* 코코넛오일은 상온에서 고체 상태이므로 초강력 모터가 달린 믹서를 사용해야 곱고 매끄러운 스무디를 만들 수 있다.

딸기아보카도스무디

Strawberry Avocado Smoothie

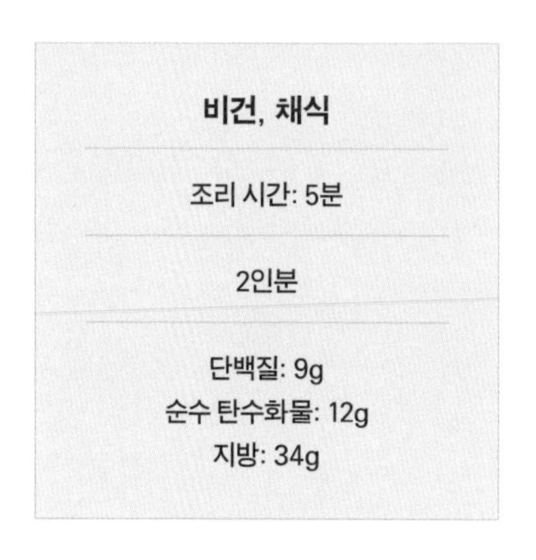

비건, 채식

조리 시간: 5분

2인분

단백질: 9g
순수 탄수화물: 12g
지방: 34g

- 딸기(냉동) 슬라이스한 것 1컵
- 아보카도(중간 것) ½개
- 캐슈너트 18개
- 코코넛밀크 1컵
- 찬물 ½컵
- 헴프프로틴파우더 2큰술
- 아보카도오일 1큰술
- 리퀴드스테비아 4~6방울

1 캐슈너트는 하룻밤 동안 불리고 건져서 물기를 제거한다.

2 아보카도는 반으로 자르고 씨와 껍질을 제거한다.

3 딸기, 아보카도, 캐슈너트, 코코넛밀크, 찬물, 헴프프로틴파우더, 아보카도오일을 믹서에 넣고 곱게 간다.

4 스테비아로 단맛을 조절한다.

* 캐슈너트는 작은 볼에 담고 충분히 잠기도록 찬물을 붓는다. 하룻밤 동안 불린 뒤 캐슈너트를 건져서 씻고 물기를 제거한 다음 사용한다.

스피룰리나슈퍼스무디

Spirulina Super Smoothie

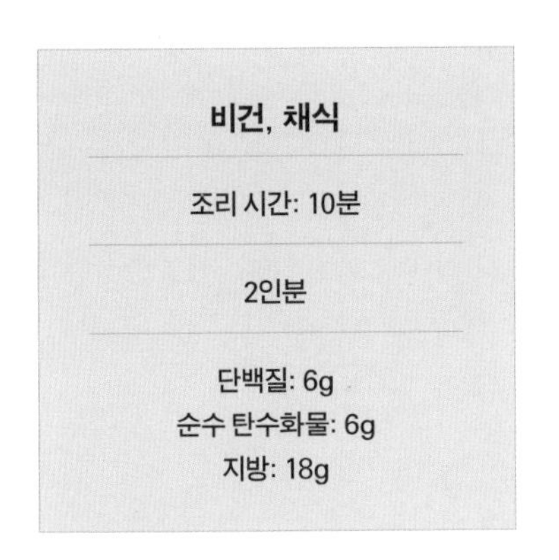

비건, 채식

조리 시간: 10분

2인분

단백질: 6g
순수 탄수화물: 6g
지방: 18g

- 오이 $\frac{1}{2}$개
- 아보카도(큰 것) $\frac{1}{2}$개
- 콜라드Collard(초록) 28g
- 코코넛밀크 1$\frac{1}{2}$컵
- 라즈베리 $\frac{1}{4}$컵
- 아몬드버터 2큰술
- 스피룰리나 1작은술
- 말차 1작은술
- 생 레몬즙 $\frac{1}{2}$작은술(선택)

1 오이는 씨를 제거하고 껍질째 갈기 좋게 썬다.

2 아보카도는 반으로 자르고 씨와 껍질을 제거한 뒤 깍둑 썬다.

3 콜라드는 줄기를 제거하고 먹기 좋게 찢는다.

4 모든 재료를 믹서에 넣고 원하는 질감이 될 때까지 짧은 간격으로 끊어가며 간다.

* 스피룰리나슈퍼스무디는 바로 마시는 것이 좋다. 2일 정도 냉장 보관이 가능하지만 시간이 지나면 내용물이 분리된다.

말차라테

Matcha Latte

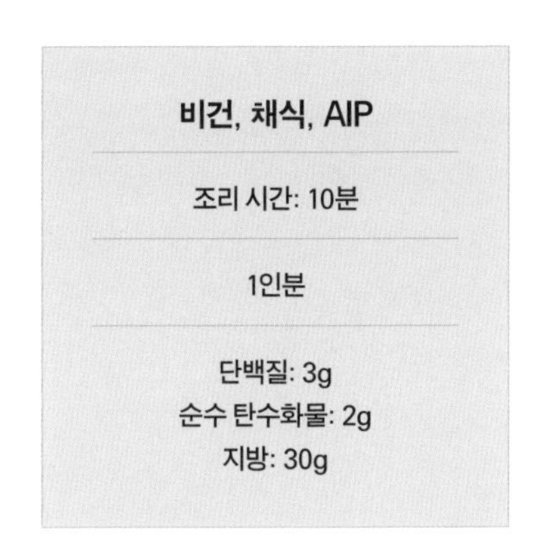

비건, 채식, AIP

조리 시간: 10분

1인분

단백질: 3g
순수 탄수화물: 2g
지방: 30g

- 말차 1작은술
- 코코넛밀크 $\frac{1}{2}$컵
- 물 $\frac{1}{2}$컵
- 버진 코코넛오일 1큰술 *정제 과정을 거치지 않은 신선한 코코넛오일
- 리퀴드스테비아 2~4방울

1 코코넛밀크와 물을 작은 냄비에 담고 중불에서 뜨겁고 김이 오르되 끓지는 않을 정도로 가열한다.

2 1을 내열용 믹서에 붓고 말차와 코코넛오일을 넣은 뒤 거품이 생길 때까지 간다.

3 스테비아로 단맛을 조절한다.

해독차

Daily Detox Drink

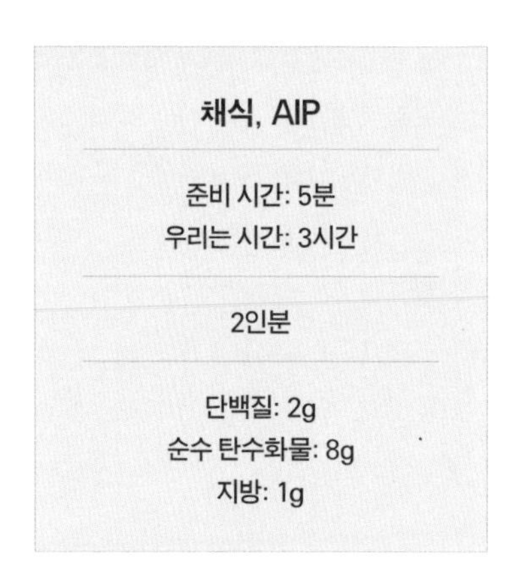

채식, AIP

준비 시간: 5분
우리는 시간: 3시간

2인분

단백질: 2g
순수 탄수화물: 8g
지방: 1g

- 시나몬스틱 1개(길이 7.5cm)
- 자몽 $\frac{1}{2}$개
- 비트잎 찢은 것 1$\frac{1}{2}$컵
- 고수 2줄기
- 뜨거운 물 1컵
- 생강 깍둑썬 것 1큰술
- 화분 2작은술

1 시나몬스틱은 잘게 부수고 자몽은 껍질을 제거하고 과육만 도려낸다. 고수는 줄기를 다듬는다.
2 시나몬스틱, 생강, 화분, 물을 계량컵에 넣고 섞는다.
3 덮개를 씌운 뒤 냉장고에서 3시간에서 하룻밤 정도 우린다.
4 고운 체에 걸러서 건더기를 제거한다.
5 **4**를 믹서에 붓고 자몽과 비트잎, 고수를 넣은 뒤 곱게 간다.
6 잔에 얼음을 담고 **5**를 붓는다. 남은 것은 냉장 보관한다.

* 건강한 지방을 늘리고 싶다면 MCT오일 또는 코코넛오일 1큰술을 더한다.

팻밤

Fat Bombs

비건, 채식

단백질: 2g
순수 탄수화물: 2g
지방: 15g
(크기에 따라 달라질 수 있다)

코코아아몬드버터팻밤

- 초콜릿(베이킹용, 무가당) 28g
- 버진 코코넛오일 $\frac{1}{4}$컵
- 아몬드버터 $\frac{1}{4}$컵
- 코코아가루 1큰술
- 리퀴드스테비아 $\frac{1}{2}$작은술

초콜릿페퍼민트마카다미아너트밤

- 코코아가루 $\frac{1}{2}$컵
- 버진 코코넛오일 $\frac{1}{2}$컵
- 마카다미아 곱게 다진 것 $\frac{1}{4}$컵
- 페퍼민트익스트랙 5방울
- 천일염 약간
- 리퀴드스테비아 $\frac{1}{2}$작은술

코코넛레몬팻밤

- 버진 코코넛오일 $\frac{1}{2}$컵
- 코코아버터 $\frac{1}{2}$컵
- 레몬즙 2큰술
- 레몬제스트 1큰술
- 리퀴드스테비아 $\frac{1}{2}$작은술

1 코코아아몬드버터팻밤 재료, 초콜릿페퍼민트마카다미아너트밤 재료, 코코넛레몬팻밤 재료를 각각 팬에 담고 불에 올려서 녹인다. 계속 저어서 타지 않도록 주의한다. 초콜릿 전용 중탕기나 일반 중탕기를 이용해도 된다.

2 각각 실리콘 틀에 붓고 냉동실에 넣어 딱딱하게 굳힌다.

3 틀에서 꺼내고 밀폐용기에 담아 냉동 보관한다.

* 팻밤은 직역하면 지방 폭탄을 말하지만 케토채식의 팻밤은 건강한 지방 함량이 높은 공 모양 간식을 일컫는다.

토마토마요네즈소스와 아보카도튀김

Baked Avocado Fries With Smoky Tomato Mayo

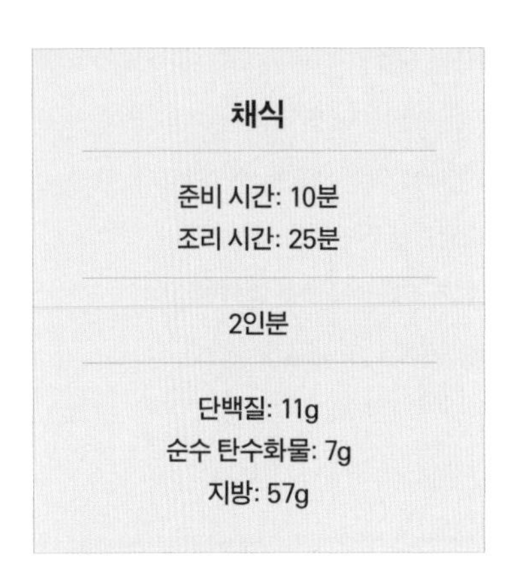

채식

준비 시간: 10분
조리 시간: 25분

2인분

단백질: 11g
순수 탄수화물: 7g
지방: 57g

- 아보카도(큰 것) 1개
- 아몬드가루 $\frac{3}{4}$컵
- 칠리파우더 $\frac{1}{4}$작은술
- 아몬드밀크(플레인, 무가당, 또는 캐슈너트밀크) 2큰술
- 소금 $\frac{1}{4}$작은술
- 올리브오일 약간

소스

- 아보카도오일마요네즈 $\frac{1}{4}$컵
- 토마토페이스트 1작은술
- 생 라임즙 1작은술
- 훈제 파프리카가루 약간

1. 오븐을 200℃로 예열하고 오븐팬에 유산지를 깔고 올리브오일을 바른다.
2. 아몬드가루, 칠리파우더, 소금을 볼에 담고 거품기로 섞는다.
3. 아보카도는 반으로 잘라서 씨와 껍질을 제거하고 8등분한다.
4. 아보카도를 하나씩 2에 담갔다가 다른 볼에 담은 아몬드밀크에 담근 뒤 다시 2에 담근다.
5. 튀김옷을 입힌 아보카도를 오븐팬에 올리고 앞뒤에 올리브오일을 골고루 바른다.
6. 중간에 한 번 뒤집으면서 겉이 노릇하고 바삭해질 때까지 25분 정도 굽는다. 단, 타지 않도록 주의한다.
7. 소스 재료를 볼에 넣고 골고루 섞는다.
8. 뜨거운 아보카도 튀김에 7의 소스를 곁들인다.

코코넛믹스너트구이

Spicy Coconut Mixed Nuts

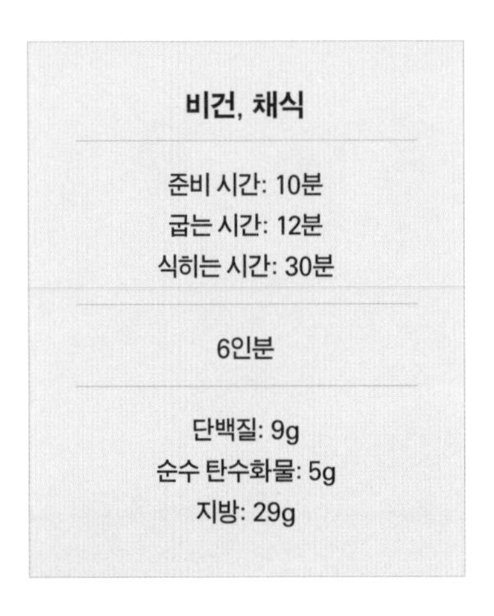

비건, 채식

준비 시간: 10분
굽는 시간: 12분
식히는 시간: 30분

6인분

단백질: 9g
순수 탄수화물: 5g
지방: 29g

- 생 아몬드 $\frac{3}{4}$컵
- 생 마카다미아 $\frac{1}{2}$컵
- 생 피스타치오 껍질을 제거한 것 $\frac{1}{2}$컵
- 코코넛플레이크(무가당) $\frac{1}{3}$컵
- 호박씨 껍질 제거한 것 $\frac{1}{4}$컵
- 코코넛오일(정제) 1큰술
- 코리앤더가루 $\frac{1}{2}$작은술
- 생강가루 $\frac{1}{2}$작은술
- 코셔소금 $\frac{1}{2}$작은술
- 카이엔페퍼 $\frac{1}{4}$작은술
- 시나몬가루 $\frac{1}{8}$작은술

1 오븐을 175℃로 예열한다.

2 코리앤더가루, 생강가루, 카이엔페퍼, 시나몬가루, 코셔소금을 작은 볼에 담아 섞는다.

3 얇고 큰 오븐팬에 아몬드, 마카다미아, 피스타치오를 펼쳐 담고 코코넛오일을 뿌린다.

4 2를 3 위에 골고루 뿌리고 오븐에서 코코넛오일이 녹을 때까지 2분 정도 구운 뒤 한 번 골고루 섞는다.

5 다시 오븐에서 10분 정도 익힌다. 중간에 한 번 골고루 섞는다.

6 코코넛플레이크, 호박씨를 넣고 노릇하고 바삭해질 때까지 2~3분 정도 오븐에 더 익힌다.

7 팬을 꺼내 식힘망에 얹어 식힌다. 밀폐용기에 담아서 2주 정도 보관할 수 있다.

케일칩

Kale Chips

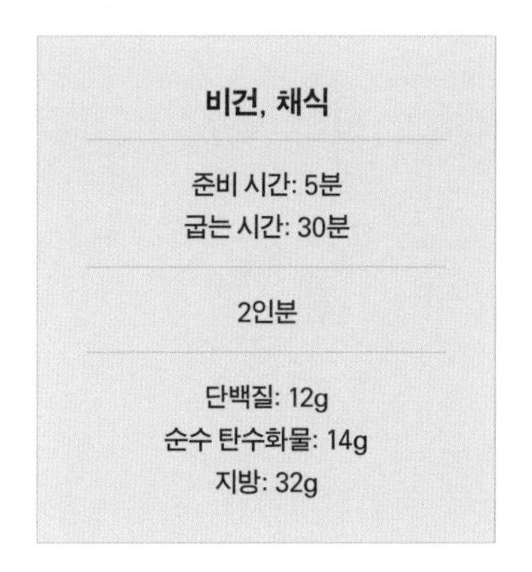

비건, 채식

준비 시간: 5분
굽는 시간: 30분

2인분

단백질: 12g
순수 탄수화물: 14g
지방: 32g

- 케일잎 1단(꾹꾹 눌러 담았을 때 8컵)
- 아보카도오일 2큰술
- 참기름 2큰술
- 참깨 4작은술
- 쌀식초(무가당) 2작은술
- 라임제스트 1작은술
- 천일염 $\frac{1}{4}$작은술

1 오븐을 200℃로 예열하고 오븐팬에 유산지를 깐다.

2 케일잎은 줄기를 제거하고 잎만 찢어서 종이타월로 두드려 물기를 제거한다.

3 케일잎을 볼에 담고 아보카도오일을 뿌려 골고루 버무린 뒤 오븐팬에 펼친다. 버무린 볼은 그대로 둔다.

4 케일잎을 오븐에 넣어 바삭해질 때까지 30분 정도 굽는다. 중간에 한 번 위아래로 섞는다.

5 구운 케일잎을 다시 볼에 담고 참기름, 참깨, 쌀식초, 라임제스트, 천일염을 넣어 버무린다.

코코넛아몬드볼

Coconut Almond Balls

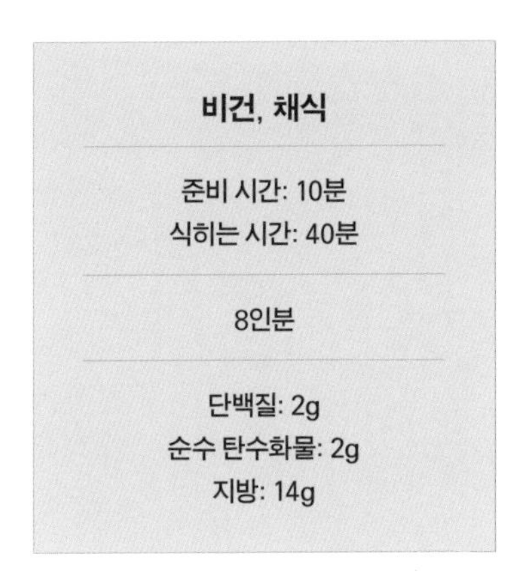

비건, 채식

준비 시간: 10분
식히는 시간: 40분

8인분

단백질: 2g
순수 탄수화물: 2g
지방: 14g

- 아몬드버터(무방부제, 무가당) $\frac{1}{3}$컵
- 버진 코코넛오일 녹인 것 $\frac{1}{4}$컵
- 코코넛슬라이스(무가당) 곱게 간 것 $\frac{1}{4}$컵
- 카카오닙스 1큰술
- 바닐라 $\frac{1}{4}$작은술

1 아몬드버터, 코코넛오일, 카카오닙스, 바닐라를 볼에 담고 골고루 섞는다.

2 1에 덮개를 씌워서 냉장고에 넣고 단단하게 굳을 때까지 30~40분 정도 둔다.

3 2를 1큰술씩 떠서 코코넛슬라이스에 굴려 작고 둥글게 만든다.

4 냉장고에서 10분 정도 굳힌다. 남는 것은 덮개를 씌워서 냉장 보관한다.

* 오래 보관할 경우에는 냉동실에 넣는다. 먹기 전에 살짝 해동한다.

Fish And Seafood

생선과 해산물 요리

채식 중심의 식단에 자연산 생선을 추가하면? 바로 베가쿠아리언이 된다!
이 레시피들은 케토채식 식단을 확장하고 싶은 사람을 위한 신선한 케토제닉 겸 페스코테리언 메뉴다.
푸른 행성 지구에서 생물학적으로 이용 가능한 오메가지방산과 미량미네랄은 대양 속의 슈퍼푸드에 들어 있다.
깨끗하고 균형 잡힌 케토채식 음식이 먹고 싶다면 언제든지 이 맛있는 해산물 요리를 식탁에 올려보자.

연어구이와 브로콜리라브

Lemon Garlic Salmon With Broccoli Rabe

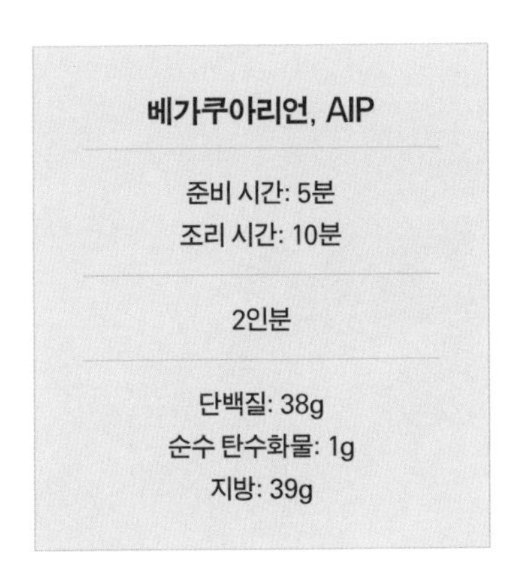

베가쿠아리언, AIP

준비 시간: 5분
조리 시간: 10분

2인분

단백질: 38g
순수 탄수화물: 1g
지방: 39g

- 연어 필레(껍질째) 2개(각 170g)
- 브로콜리라브 226g
- 올리브오일 3큰술
- 생 레몬즙 $1\frac{1}{2}$작은술
- 마늘 다진 것 1쪽 분량
- 올리브(칼라마타) 씨를 빼고 저민 것 2큰술
- 코코넛오일 1큰술
- 딜 다진 것 1큰술
- 생 레몬제스트 $1\frac{1}{2}$작은술
- 케이퍼 $1\frac{1}{2}$작은술
- 소금 $\frac{1}{4}$작은술
- 후추 간 것 $\frac{1}{4}$작은술

1. 조리용 브러시로 오븐팬에 올리브오일 1큰술을 바른다.
2. 연어를 껍질이 아래로 오도록 오븐팬에 담고 레몬즙, 올리브오일 2큰술, 마늘을 올린다. 소금과 후추로 간한다.
3. 연어가 완전히 익을 때까지 오븐이나 팬에서 굽는다.
4. 브로콜리라브는 굵은 줄기를 제거하고 2.5cm 길이로 자른다. 케이퍼는 물기를 제거한다.
5. 코코넛오일을 두른 팬을 중강불에 달구고 브로콜리라브를 넣은 뒤 섞어가며 2분 정도 볶는다.
6. **5**에 올리브, 딜, 레몬제스트, 케이퍼를 넣어 버무린다.
7. 접시에 **6**을 담고 연어를 올린다.

참치니수아즈샐러드

Tuna Niçoise Salad With Dijon Vinaigrette

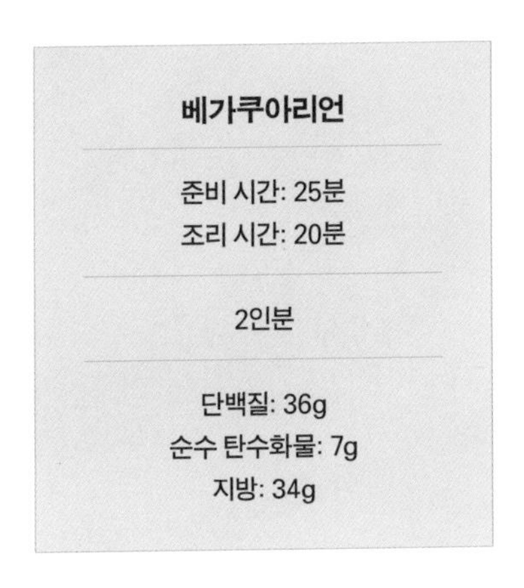

베가쿠아리언

준비 시간: 25분
조리 시간: 20분

2인분

단백질: 36g
순수 탄수화물: 7g
지방: 34g

- 생 참치(스테이크용, 두께 2.5~5cm) 170g
- 올리브(오일에 절인 것) 8개
- 로메인 잘게 썬 것 2컵
- 방울토마토 8개
- 생 깍지콩 113g
- 달걀(큰 것) 4개
- 아보카도오일 1큰술
- 소금 1작은술
- 후추 간 것 $\frac{1}{4}$작은술

드레싱

- 아보카도오일 2큰술
- 사과주식초 2큰술
- 차이브 다진 것 2작은술
- 디종머스터드 1작은술
- 소금 $\frac{1}{4}$작은술
- 후추 약간

1 참치는 2등분하고 올리브는 씨를 제거하고 방울토마토는 반으로 자른다.

2 볼에 얼음물을 담고 소금 $\frac{1}{2}$작은술을 푼다.

3 작은 냄비에 물을 $\frac{2}{3}$ 정도 채운 다음 소금 $\frac{1}{4}$작은술을 넣고 뚜껑을 닫고 한소끔 끓인다.

4 3이 끓으면 깍지콩을 넣고 초록색을 살짝 아삭하게 유지할 정도로 4분 정도 데친다. 건져서 2의 얼음물에 담가 2분 정도 식힌다.

5 끓는 물에 달걀을 넣고 10분 정도 삶은 뒤 건져서 얼음물에 담가 3분 정도 식힌다. 달걀 껍질을 벗기고 세로로 2등분한다.

6 참치는 종이타월로 물기를 제거하고 소금 $\frac{1}{4}$작은술과 후추를 앞뒤로 뿌려서 간한다.

7 아보카도오일을 두른 팬을 중강불에 달구고 참치를 넣은 뒤 한 면이 노릇해질 때까지 2분 정도 굽는다.

8 뒤집어서 반대쪽도 노릇하도록 1~2분 정도 더 굽는다. 속은 화사한 분홍색을 유지하는 것이 적당하다.

9 참치를 도마에 옮겨서 결 반대 방향으로 슬라이스한다.

10 분량의 재료를 거품기로 골고루 섞어 드레싱을 만든다.

11 올리브, 로메인, 방울토마토, 깍지콩, 10의 드레싱 $\frac{3}{4}$ 분량을 볼에 담고 조심스럽게 버무린 뒤 접시 2개에 나눠 담는다.

12 달걀과 참치를 접시에 나눠 얹고 남은 드레싱을 뿌린다.

* 달걀을 빼면 AIP 레시피가 된다.

자몽샐러드와 넙치구이

Grilled Halibut With Grapefruits Salad

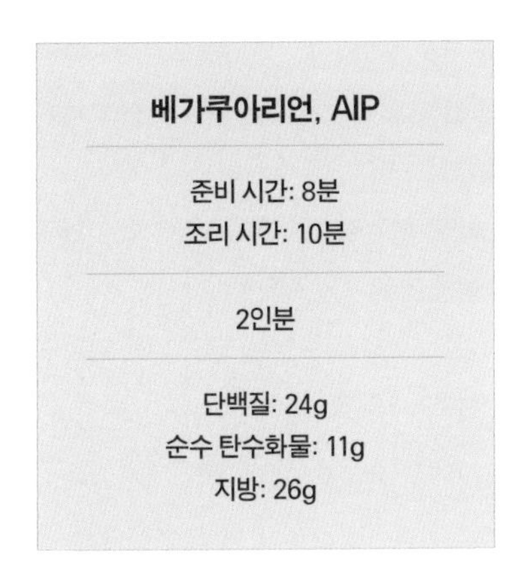

베가쿠아리언, AIP

준비 시간: 8분
조리 시간: 10분

2인분

단백질: 24g
순수 탄수화물: 11g
지방: 26g

- 넙치(스테이크용, 두께 2.5cm) 2장(각 110~140g)
- 아보카도(중간 것) 1개
- 자몽(작은 것) 1개
- 어린 시금치잎 찢은 것 1컵
- 바질잎(또는 파슬리잎) 굵게 다진 것 $\frac{1}{3}$컵
- 적양파 곱게 다진 것 2큰술
- 아보카도오일(또는 올리브오일) 2큰술
- 코리앤더가루 $\frac{1}{4}$작은술
- 생강가루 $\frac{1}{4}$작은술
- 화이트와인식초 1큰술
- 코셔소금 $\frac{1}{4}$작은술
- 후추 간 것 $\frac{1}{4}$작은술

1. 냉동 넙치를 구입했다면 해동하고 찬물에 씻은 뒤 종이타월로 두드려 물기를 제거한다.
2. 아보카도는 반으로 잘라 씨와 껍질을 제거해 깍둑썰고 자몽은 과육만 잘라낸다.
3. 코리앤더가루, 생강가루, 코셔소금, 후추 분량의 $\frac{1}{2}$을 볼에 넣고 섞는다.
4. 조리용 브러시로 넙치에 아보카도오일 1큰술을 앞뒤로 고르게 바르고 **3**을 골고루 뿌린다.
5. 넙치를 그릴이나 석쇠에서 8~12분 정도 굽고 중간에 한 번 뒤집는다. 결대로 부서질 정도면 완성이다.
6. 아보카도오일 1큰술, 화이트와인식초, 남은 후추를 볼에 담고 거품기로 섞는다.
7. **6**에 아보카도, 자몽, 적양파를 넣고 버무린다.
8. 먹기 직전에 시금치잎과 바질잎을 넣고 골고루 버무린 뒤 접시에 담고 넙치를 올린다.

자몽아보카도참치샐러드

Albacore Tuna Salas With Grapefruits And Avocado

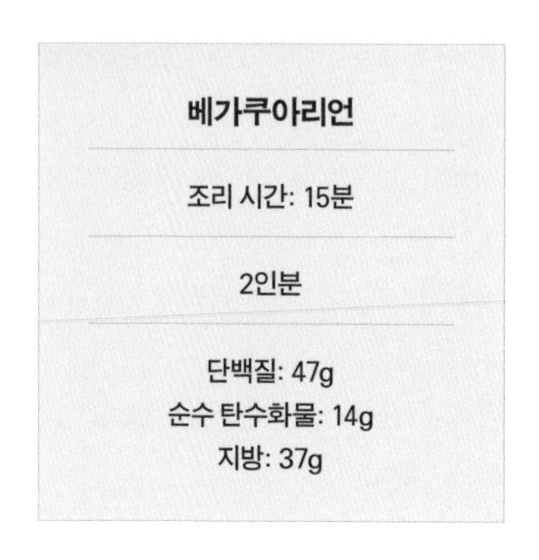

- 알바코어참치 1캔(340g)
- 핑크자몽 1개
- 아보카도(큰 것) 1개(대)
- 아보카도오일마요네즈 $\frac{1}{4}$컵
- 샬롯(또는 적양파) 다진 것 2큰술
- 생 라임즙 2작은술
- 라임제스트 1작은술
- 천일염 $\frac{1}{8}$작은술 + 여분
- 후추 간 것 $\frac{1}{8}$작은술

1. 참치는 체에 밭쳐 물기를 뺀다.
2. 핑크자몽은 과육만 잘라내고 아보카도는 반으로 잘라 씨와 껍질을 제거하고 슬라이스한다.
3. 참치, 아보카도오일마요네즈, 샬롯, 라임즙 1작은술, 라임제스트, 천일염, 후추를 볼에 담고 골고루 섞는다.
4. 접시 2개에 핑크자몽과 아보카도를 나눠 담고 남은 라임즙과 여분의 소금을 뿌린 뒤 3의 참치를 올린다.

메기포보이랩과 셀러리악슬로

Catfish Po'boy Wraps With Celery Root Slaw

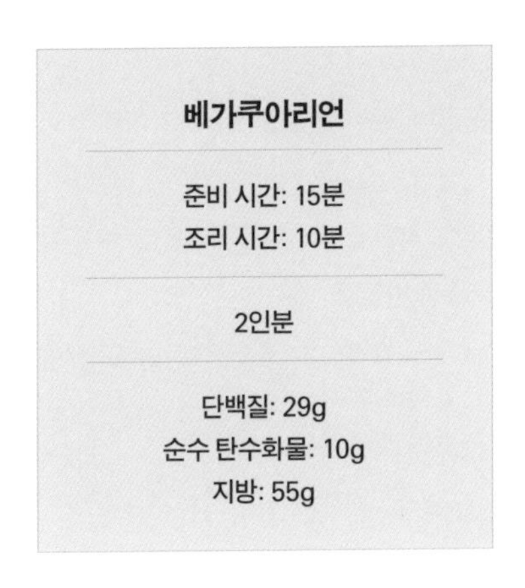

베가쿠아리언

준비 시간: 15분
조리 시간: 10분

2인분

단백질: 29g
순수 탄수화물: 10g
지방: 55g

- 메기(필레) 껍질 제거한 것 225g
- 셀러리악(또는 콜라비) 껍질을 벗기고 굵게 채썬 것 $\frac{3}{4}$컵
- 피망(빨강) 잘게 썬 것 $\frac{1}{3}$컵
- 실파 1대
- 달걀(큰 것) 1개
- 코코넛오일(정제 또는 아보카도오일) $\frac{1}{4}$컵
- 콜라드잎 4장
- 마늘 다진 것 1쪽 분량
- 아보카도오일마요네즈 2큰술
- 생 레몬즙 1큰술
- 아몬드가루 $\frac{1}{3}$컵
- 파프리카가루 $\frac{1}{2}$작은술
- 머스터드가루 $\frac{1}{4}$작은술
- 코셔소금 $\frac{1}{2}$작은술
- 후추 간 것 $\frac{3}{8}$작은술
- 레몬 웨지 모양 1개

1 냉동 메기를 구입했다면 해동한 뒤 찬물에 씻고 종이타월로 두드려 물기를 제거한 다음 4등분한다.

2 실파는 곱게 송송 썬다.

3 셀러리악, 피망, 실파를 볼에 넣고 골고루 섞는다.

4 아보카도오일마요네즈, 레몬즙, 마늘, 코셔소금 분량의 $\frac{1}{2}$, 후추 분량의 $\frac{1}{2}$을 볼에 담고 거품기로 섞는다.

5 4를 3에 붓고 골고루 버무린 뒤 덮개를 씌워서 생선을 조리하는 동안 냉장 보관한다.

6 아몬드가루, 파프리카가루, 머스터드가루, 남은 소금, 남은 후추를 트레이에 넣고 골고루 섞는다.

7 다른 트레이에 달걀을 담고 포크로 푼다.

8 메기를 7에 담가 앞뒤로 뒤집어가며 달걀물을 골고루 묻힌다. 달걀물을 털어내고 6에 올려 양념을 골고루 묻힌다.

9 코코넛오일을 두른 팬을 중불에 달구고 메기를 올려 노릇하고 결대로 부서질 때까지 6~8분 정도 굽는다.

10 접시에 콜라드잎을 깔고 5의 슬로를 고르게 얹는다. 그 위에 메기를 얹는다. 취향에 따라 레몬즙을 짜서 뿌려도 좋다.

11 구운 메기와 슬로를 콜라드잎으로 감싸서 먹는다.

* 포보이랩은 루이지애나의 전통 샌드위치로 바삭한 프랑스빵에 튀긴 굴, 새우 등 다양한 속을 채워 만든다.

* 메기와 슬로를 쉽게 감쌀 수 있을 정도로 콜라드잎을 부드럽게 만들려면 살짝 데쳐야 한다. 냄비에 물을 $\frac{3}{4}$ 정도 채우고 한소끔 끓인다. 콜라드잎 2장을 넣어서 화사한 초록을 띠고 부드럽게 휘어질 정도로 1~2분 정도 데친 뒤 건진다. 종이타월에 얹어서 물기를 제거한다. 나머지도 같은 과정을 반복한다.

훈제송어레터스랩

Smoked Trout Lettuce Wraps

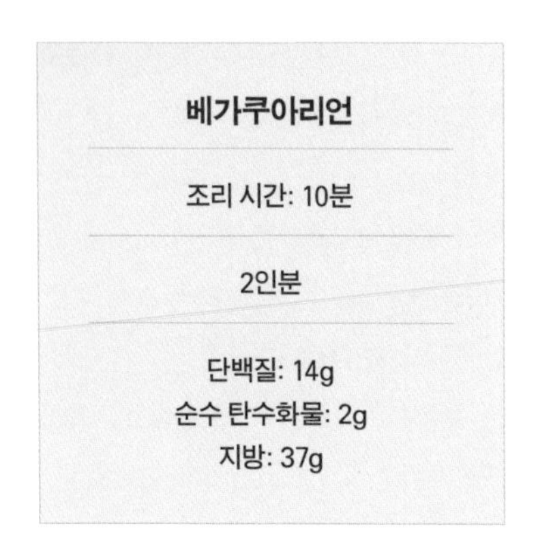

베가쿠아리언

조리 시간: 10분

2인분

단백질: 14g
순수 탄수화물: 2g
지방: 37g

- 훈제송어 113g
- 버터헤드(또는 빕 양상추잎) 6장
- 아보카도(중간 것) 1개
- 아보카도오일마요네즈 $\frac{1}{4}$컵
- 적양파 다진 것 1큰술
- 생 레몬즙 1작은술
- 딜 다진 것 1작은술
- 레몬제스트 $\frac{1}{2}$작은술

1 훈제송어는 결대로 자른다.

2 아보카도는 반으로 잘라 씨와 껍질을 제거하고 슬라이스한다.

3 아보카도오일마요네즈, 레몬즙, 딜, 레몬제스트를 볼에 담고 골고루 섞어서 소스를 만든다.

4 버터헤드를 깔고 아보카도, 훈제송어, 적양파를 나눠 담는다.

5 3의 소스를 올린다.

훈제청어콜라드랩

Smoked Herring Collard Wraps

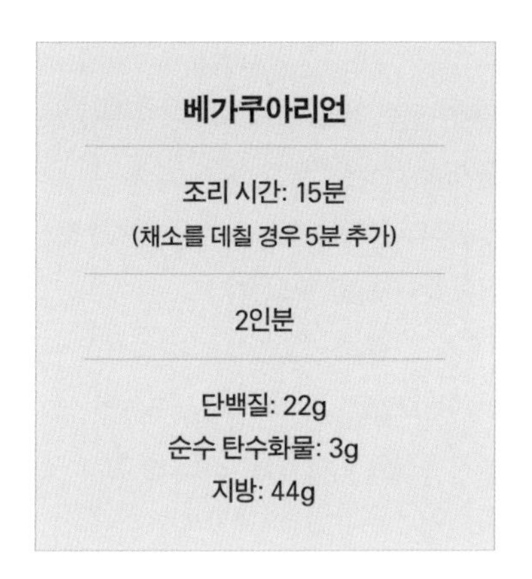

베가쿠아리언

조리 시간: 15분
(채소를 데칠 경우 5분 추가)

2인분

단백질: 22g
순수 탄수화물: 3g
지방: 44g

랩

- 훈제청어(천연 재료만 사용한 것) 1캔(190g)
- 오이 얇게 저민 것 $\frac{1}{2}$컵
- 래디시 가늘게 채썬 것 $\frac{1}{4}$컵
- 콜라드그린(큰 것, 또는 케일잎) 2장
- 아보카도(중간 것) 1개
- 생 레몬즙 2작은술
- 소금 $\frac{1}{8}$작은술
- 후추 간 것 약간

소스

- 아보카도오일마요네즈 $\frac{1}{4}$컵
- 파슬리 다진 것 1큰술
- 생 레몬즙 1작은술
- 레몬제스트 곱게 채썬 것 $\frac{1}{2}$작은술

1 훈제청어는 체에 밭쳐 물기를 제거하고 결대로 찢는다.

2 아보카도는 반으로 잘라 씨와 껍질을 제거하고 으깬다.

3 아보카도오일마요네즈, 파슬리, 레몬즙과 레몬제스트를 볼에 담고 섞는다. 먹기 전까지 냉장 보관한다.

4 콜라드그린은 줄기를 잘라내고 날카로운 칼로 잎 뒷면의 질긴 섬유질을 깎아낸다. 훨씬 쉽게 랩을 만들 수 있다.

5 아보카도, 레몬즙, 소금, 후추를 볼에 담고 골고루 섞는다.

6 콜라드그린의 잎 위쪽이 위로 오도록 깔고 잎의 가운데 $\frac{1}{3}$ 지점에 **5**를 얹는다.

7 훈제청어와 오이, 래디시를 켜켜이 깔고 돌돌 말아서 랩을 완성한다.

8 꼬치로 고정해서 반으로 자르고 **3**의 소스를 곁들인다.

* 콜라드그린을 훨씬 부드럽게 만들려면 끓는 물에 15~30초 정도 데친 뒤 얼음물에 담가 식힌다. 건져서 물기를 빼고 종이타월로 두드린다. 잎이 찢어지지 않도록 조심스럽게 작업한다.

생강코코넛훈제연어

Plank-Smoked Ginger Coconut Salmon

베가쿠아리언, AIP

준비 시간: 1시간(재우는 시간 포함)
조리 시간: 20분

2인분

단백질: 33g
순수 탄수화물: 7g
지방: 26g

- 야생 연어 필레(껍질째) 1개(283~340g)
- 레몬 2개
- 케일잎 찢은 것 3컵
- 코코넛밀크 $\frac{1}{3}$컵
- 리퀴드아미노스 1큰술
- 생강 간 것 1큰술
- 강황(또는 강황가루 $\frac{1}{4}$작은술) 간 것 $\frac{1}{2}$작은술
- 올리브오일 2큰술
- 마늘 다진 것 1쪽 분량
- 차이브 다진 것 1큰술
- 소금 $\frac{1}{4}$작은술
- 후추 간 것 $\frac{1}{4}$작은술 + 여분

1 연어는 찬물로 씻고 종이타월을 두드려 물기를 제거한다.

2 코코넛밀크, 리퀴드아미노스, 생강, 강황, 후추, 소금 분량의 $\frac{1}{2}$을 볼에 담고 거품기로 섞는다.

3 연어에 **2**의 양념을 묻히고 덮개를 씌운 뒤 냉장고에서 1~3시간 정도 재운다. 중간에 한 번 뒤집는다.

4 올리브오일 1큰술, 마늘, 남은 소금을 볼에 넣고 섞는다.

5 **4**에 케일잎, 남은 올리브오일을 넣는다. 케일잎 표면에 소스를 묻히면서 부드럽게 주물러 가볍게 숨이 죽도록 한다. 덮개를 씌우고 1~2시간 정도 냉장고에서 차갑게 보관한다.

6 가장자리가 얕은 팬에 화학 처리를 하지 않은 큼직한 삼나무판을 깐다. 판이 잠길 만큼 물을 붓고 필요하면 판 위에 볼을 얹어서 물에 푹 잠기도록 한다. 판을 1시간 정도 불린다.

7 **3**의 연어를 꺼내고 절임액을 털어낸다. **6**의 판에 연어 껍질이 아래로 가도록 얹는다.

8 레몬 1개를 얇게 슬라이스해서 연어 위에 올린다.

9 그릴에 삼나무판을 얹고 연어가 결대로 부서질 때까지 중불에서 16~20분 정도 굽는다.

10 남은 레몬은 길게 반으로 자른다. 반을 즙을 낸 뒤 **5**에 넣고 남은 레몬은 다시 길게 반으로 자른다.

11 스패출러로 연어를 삼나무판에서 들고 껍질을 제거한 뒤 반으로 자른다.

12 접시 2개에 연어를 나눠 담고 차이브와 여분의 후추를 뿌린다. 연어 옆에 **5**의 샐러드를 담고 레몬을 곁들인다.

정어리토마토샐러드

Sardine Stuffed Tomatoes

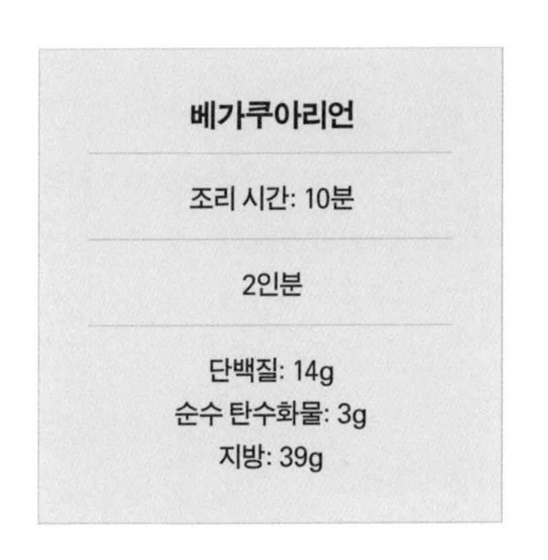

베가쿠아리언

조리 시간: 10분

2인분

단백질: 14g
순수 탄수화물: 3g
지방: 39g

- 정어리(엑스트라버진 올리브오일에 재운 것) 1캔(124g)
- 토마토(중간 것, 잘 익은 것) 2개
- 셀러리 잘게 썬 것 $\frac{1}{4}$컵
- 아보카도오일마요네즈 3큰술
- 엑스트라버진 올리브오일 1큰술
- 파슬리 다진 것 2작은술
- 디종머스터드(무방부제, 무가당) 1작은술
- 화이트와인식초 1작은술
- 소금 $\frac{1}{8}$작은술
- 후추 간 것 약간

1. 정어리는 체에 밭쳐 물기를 제거하고 결대로 찢는다.
2. 토마토는 꼭지를 자르고 과육을 도려낸다.
3. 토마토 안에 올리브오일과 화이트와인식초를 두르고 소금, 후추를 뿌린다.
4. 정어리, 셀러리, 아보카도오일마요네즈, 파슬리, 디종머스터드를 볼에 담고 골고루 섞는다.
5. 4를 3의 토마토 안에 채운다.

연어타코

Salmon Tacos

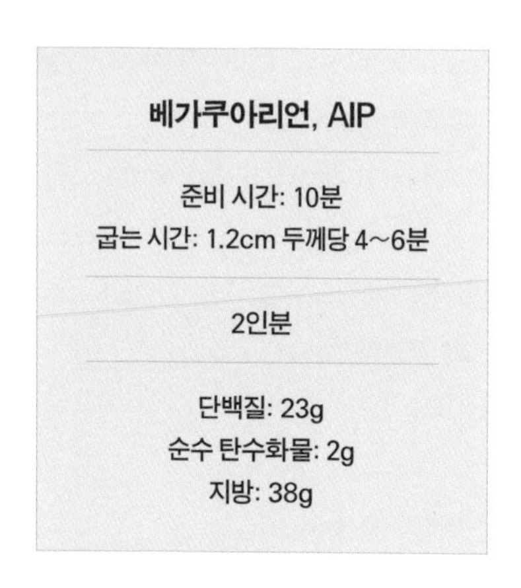

베가쿠아리언, AIP

준비 시간: 10분
굽는 시간: 1.2cm 두께당 4~6분

2인분

단백질: 23g
순수 탄수화물: 2g
지방: 38g

필링

- 생 연어(필레) 껍질을 제거한 것 226g
- 올리브오일 1큰술
- 칠리파우더 $1\frac{1}{2}$작은술
- 쿠민가루 $\frac{1}{4}$작은술
- 소금 $\frac{1}{4}$작은술

소스

- 아보카도오일마요네즈 $\frac{1}{4}$컵
- 고수 다진 것 1큰술
- 라임즙 1작은술
- 라임제스트 곱게 채썬 것 $\frac{1}{2}$작은술
- 할라페뇨 다진 것 $\frac{1}{2}$작은술

장식

- 버터헤드(또는 빕레터스) 6장
- 래디시 얇게 저민 것 2큰술
- 라임 웨지 모양 1개

1 오븐을 230℃로 예열한다.

2 연어는 찬물로 씻고 종이타월로 두드려 물기를 제거한다.

3 얕은 오븐팬에 올리브오일을 바르고 연어를 넣은 뒤 조리용 브러시로 남은 올리브오일을 생선에 바른다.

4 칠리파우더, 쿠민가루, 소금을 볼에 넣고 섞은 뒤 연어 위에 뿌린다.

5 연어가 결대로 찢어질 때까지 오븐에서 한 면당 4~6분씩 굽는다. 식으면 한입 크기로 부순다.

6 분량의 재료를 골고루 섞어 소스를 만든다.

7 버터헤드에 연어와 래디시를 담고 6의 소스와 라임을 곁들인다.

* 칠리파우더를 빼면 AIP 레시피가 된다.

가지새우볶음

Italian Eggplant And Shrimp Sauté

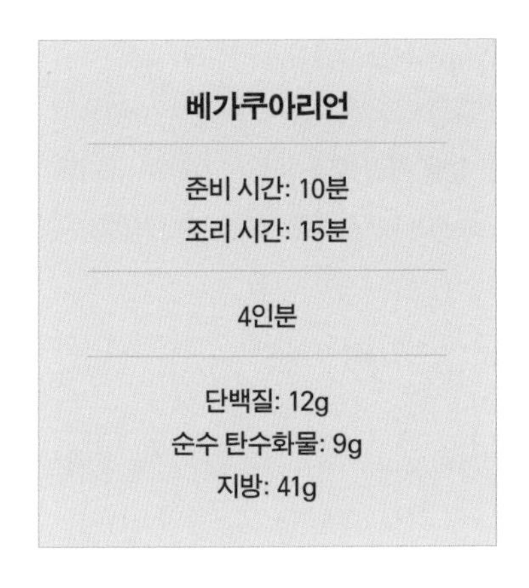

베가쿠아리언

준비 시간: 10분
조리 시간: 15분

4인분

단백질: 12g
순수 탄수화물: 9g
지방: 41g

- 가지(큰 것) 1개
- 걸프Gulf새우(자연산) 225g(40~50마리)
- 코코넛오일 2큰술
- 샬롯 다진 것 1개 분량
- 마늘 다진 것 2쪽 분량
- 선드라이토마토 다진 것 2개 분량
- 올리브(칼라마타) 씨를 빼고 굵게 다진 것 2큰술
- 바질페스토 $\frac{1}{4}$컵
- 레몬 웨지 모양 1개
- 파슬리 다진 것 2큰술
- 레드페퍼 부순 것 $\frac{1}{4}$작은술
- 천일염 $\frac{1}{4}$작은술 + 여분

1 가지는 1.2cm 두께로 슬라이스하고 여분의 천일염을 뿌려 10분 정도 절인다. 종이타월로 두드려서 물기를 제거하고 2.5cm 크기로 깍둑썬다.

2 걸프새우는 껍질과 내장을 제거한다.

3 코코넛오일을 두른 팬을 중불에 달구고 샬롯과 마늘을 넣어 향이 올라올 때까지 2분 정도 익힌다. 샬롯과 마늘을 팬 가장자리로 밀어낸다.

4 가지를 넣고 자주 저어가며 3분 정도 익힌다.

5 걸프새우, 천일염, 레드페퍼를 넣고 새우가 불투명해질 때까지 3~5분 정도 익힌다.

6 선드라이토마토, 올리브, 바질페스토를 넣고 골고루 섞은 뒤 레몬즙, 파슬리를 뿌린다.

바질페스토

- 바질잎 2컵(눌러 담은 것)
- 마늘 3쪽
- 엑스트라버진 올리브오일 1컵
- 후추 간 것 $\frac{1}{4}$작은술
- 파슬리 1컵(눌러 담은 것)
- 잣 구운 것 $\frac{1}{2}$컵
- 소금 $\frac{1}{2}$작은술

1 바질잎, 파슬리, 마늘, 잣을 푸드프로세서에 담고 짧은 간격으로 곱게 간다.

2 올리브오일을 천천히 부어가며 푸드프로세서를 돌려 골고루 섞은 뒤 소금과 후추로 간한다.

* 적당량씩 나눠서 밀폐용기에 담으면 3개월 정도 냉동 보관할 수 있다.

새우마늘올리브볶음

Saute'ed Shrimp With Garlic, Chile, And Olives

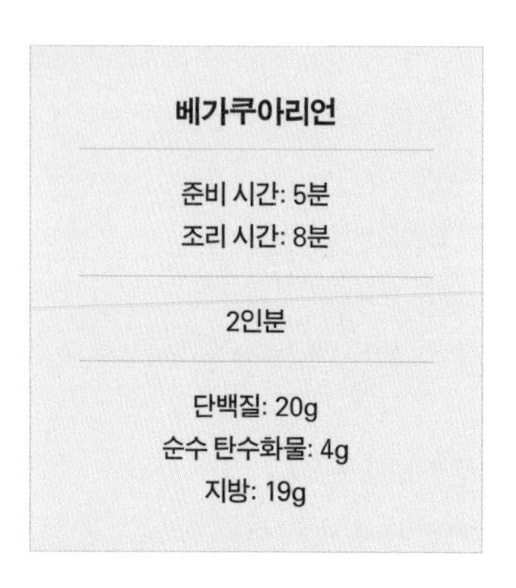

베가쿠아리언

준비 시간: 5분
조리 시간: 8분

2인분

단백질: 20g
순수 탄수화물: 4g
지방: 19g

- 새우(자연산) 280g(28~32마리)
- 올리브(칼라마타) 10개
- 화이트와인(드라이한 것) 2큰술
- 올리브오일 2큰술
- 마늘 다진 것 1큰술
- 레몬제스트 $\frac{1}{2}$작은술
- 이탈리안시즈닝 $\frac{1}{4}$작은술
- 천일염 $\frac{1}{4}$작은술
- 레드페퍼 부순 것 $\frac{1}{8}$작은술

1 새우는 꼬리를 남기고 껍질과 내장을 제거한다.

2 올리브는 씨를 제거하고 반으로 자른다.

3 올리브오일을 두른 팬을 중강불에 올리고 마늘과 레드페퍼를 넣어 2분 정도 볶는다. 단, 노릇한 색이 나지 않도록 주의한다.

4 새우, 이탈리안시즈닝, 천일염을 넣고 새우가 불투명해질 때까지 2분 정도 볶는다.

5 화이트와인과 올리브를 넣고 새우가 옅은 분홍색을 띨 때까지 2분 정도 더 볶는다. 너무 오래 볶지 않도록 주의한다.

6 레몬제스트를 넣어서 버무린다.

토마토펜넬홍합찜

Tomato Fennel Broth Bowls With Mussels

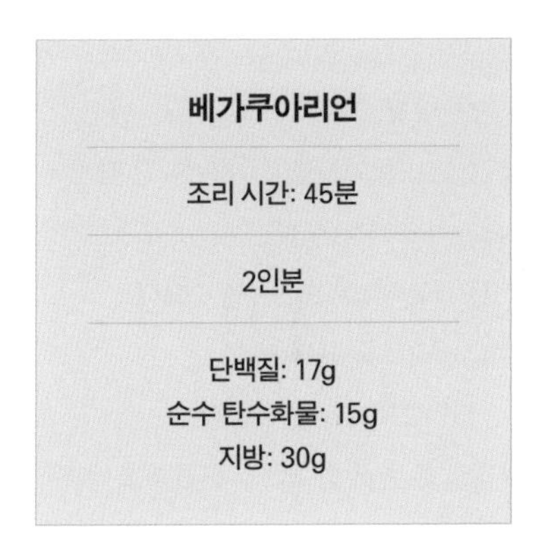

- 홍합 450g
- 펜넬(중간 것) 1개
- 양파(노랑) 1개
- 셀러리 1대
- 표고버섯 기둥을 제거하고 저민 것 $\frac{3}{4}$컵
- 토마토 다진 것 1컵
- 마늘 으깬 것 2쪽 분량
- 물 2컵
- 다시마(사방 7.5cm) 말린 것 1장
- 생강 얇게 저민 것 3개
- 화이트와인(드라이한 것) $\frac{1}{3}$컵
- 참기름 4큰술
- 차이브 다진 것 1큰술
- 파슬리 다진 것 1큰술
- 생강 곱게 다진 것 2작은술
- 레드페퍼 부순 것 $\frac{1}{8}$~$\frac{1}{4}$작은술

1 홍합은 흐르는 찬물에 깨끗하게 씻고 단단한 솔로 문질러 닦는다. 족사를 잡아당겨 제거하고 손질한 홍합은 따로 담아둔다.

2 양파는 굵게 다지고 셀러리는 4등분한다.

3 큰 냄비에 참기름 1큰술을 두르고 중강불에 올린 뒤 양파, 셀러리, 마늘을 넣고 노릇해질 때까지 가끔 저어가며 5~7분 정도 익힌다.

4 물을 붓고 다시마와 생강 저민 것을 넣은 뒤 한소끔 끓인다. 불을 낮추고 뚜껑을 닫아 45분 정도 뭉근하게 익힌다. 국물만 고운 체에 받치고 다시마는 건져서 잘게 썬다.

5 펜넬은 윗부분을 제거하고 깃털 같은 잎은 장식용으로 둔다. 줄기 끝부분을 얇게 한겹 저며내고 반으로 잘라 심을 제거한 뒤 잘게 썬다.

6 냄비에 남은 참기름을 두르고 중불에 달군 뒤 펜넬과 표고버섯을 넣고 부드럽고 노릇노릇해질 때까지 6~8분 정도 익힌다. 화이트와인을 붓고 거의 증발할 때까지 2~3분 정도 익힌다.

7 4의 채소국물, 토마토, 생강 다진 것, 레드페퍼를 넣고 한소끔 끓인다. 홍합을 넣고 섞은 뒤 뚜껑을 닫고 중불에서 홍합이 입을 벌릴 때까지 5~7분 정도 익힌다.

8 홍합을 건져서 볼 2개에 나누어 담는다.

9 7의 냄비에 다시마를 넣고 국물을 8의 홍합 위에 붓는다.

10 펜넬잎과 차이브, 파슬리를 뿌린다.

관자그릴구이

Southwest Grilled Scallops

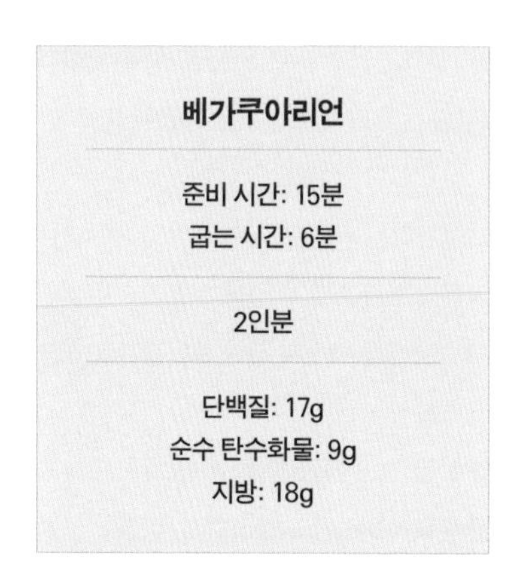

베가쿠아리언

준비 시간: 15분
굽는 시간: 6분

2인분

단백질: 17g
순수 탄수화물: 9g
지방: 18g

- 관자 6개
- 올리브오일 1큰술
- 쿠민가루 $\frac{1}{2}$작은술
- 오레가노 말린 것 $\frac{1}{2}$작은술
- 카이엔페퍼 $\frac{1}{4}$작은술

아보카도살사

- 아보카도(큰 것) 1개
- 로마토마토 1개 ＊길쭉한 형태의 토마토 품종. 날것 또는 통조림 형태로 구할 수 있다
- 적양파 다진 것 $\frac{1}{4}$컵
- 오이 껍질째 깍둑썬 것 2큰술
- 고수 다진 것 $1\frac{1}{2}$작은술
- 생 라임즙 $1\frac{1}{2}$작은술
- 쿠민가루 $\frac{1}{2}$작은술

1. 25~30cm 길이의 꼬치 2개를 준비한다. 대나무꼬치는 미리 물에 30분 정도 담가서 불린다.
2. 아보카도는 반으로 자르고 씨와 껍질을 제거한 뒤 잘게 썬다. 토마토는 씨를 제거하고 깍둑썬다.
3. 분량의 재료를 골고루 섞어 아보카도살사를 만든다.
4. 관자를 꼬치에 끼우고 올리브오일을 바른다.
5. 쿠민가루, 오레가노, 카이엔페퍼를 볼에 넣고 섞는다.
6. 관자에 5의 양념을 골고루 바른 뒤 관자가 탄탄해질 때까지 한 면당 3분 정도 그릴에서 굽는다.
7. 꼬치를 접시에 담고 아보카도살사를 곁들인다.

Instant Pot

인스턴트팟

최근 인스턴트팟이 인기를 끌고 있다.
인스턴트팟은 슬로우쿠커와 전기압력솥, 찜기,
요구르트 제조기, 보온기 역할을 모두 하는 다목적 기기다.
그야말로 다재다능한 소형 가전제품으로 요리 시간을 절약할 수 있어 유용하다.
간편하게 요리를 하고 싶다면 인스턴트팟(또는 유사한 가전제품)으로
맛있는 케토채식 메뉴를 만들어보자.

마늘디핑소스

Garlic Dipping Sauce

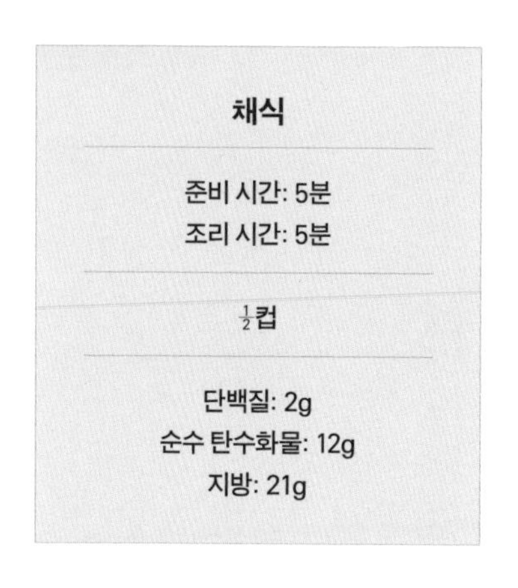

- 마늘 다진 것 1작은술
- 샬롯(중간 것) 곱게 다진 것 1개 분량
- 기 2큰술 + 여분
- 코코넛밀크 $\frac{1}{4}$컵
- 레몬즙 1개 분량
- 타임 다진 것 1큰술
- 소금 약간
- 후추 간 것 약간

1 여분의 기를 두른 팬을 약불에서 달구고 마늘과 샬롯을 넣어 부드러워질 때까지 3~5분 정도 익힌다.

2 1에 기 2큰술, 코코넛밀크를 넣고 골고루 섞는다.

3 다시 약불에 올려 살짝 보글거릴 때까지 데운다.

4 불을 끄고 레몬즙, 타임, 소금, 후추를 넣고 섞는다.

아티초크찜

Artichokes

비건, 채식

준비 시간: 5분
조리 시간: 10분

2인분

단백질: 9g
순수 탄수화물: 23g
지방: 1g

- 아티초크 2개(각 170~226g)
- 레몬(작은 것) 1개
- 물 1컵
- 마늘디핑소스 약간(P.270 참고)

1. 아티초크는 깨끗하게 씻고 상했거나 식용이 불가능한 잎을 모두 제거한다. 줄기를 잘라내고 윗동을 $\frac{1}{3}$ 정도 가로로 자른다. 안에 꽃잎이 남아 있으면 조리용 가위로 깨끗하게 잘라내고 줄기와 꽃잎은 먹을 수 없으므로 버린다.
2. 레몬을 반으로 잘라서 반은 그대로 두고 반은 얇게 슬라이스한다.
3. 인스턴트팟에 물을 붓고 슬라이스한 레몬을 넣는다. 찜기를 올리고 아티초크를 담은 뒤 레몬즙을 짜서 단면에 바른다.
4. 인스턴트팟의 고압 기능으로 8~10분(상태에 따라 15분까지) 정도 조리한 뒤 증기를 배출한다.
5. 아티초크를 조심스럽게 꺼내고 따뜻할 때 마늘디핑소스를 곁들인다.

* 인스턴트팟 대신 찜기나 압력솥을 사용해서 조리해도 된다.

아스파라거스찜

Asparagus

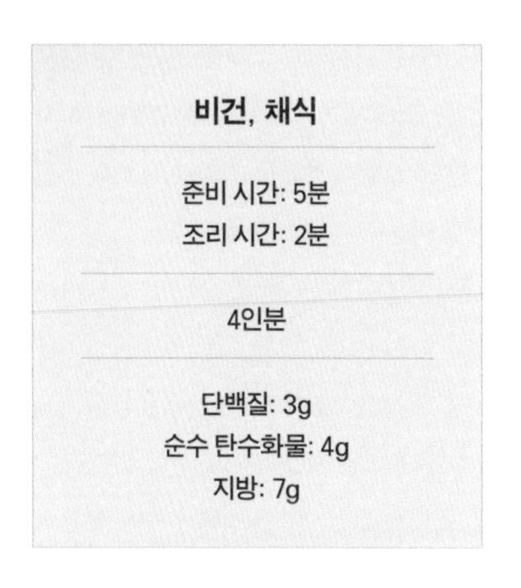

비건, 채식

준비 시간: 5분
조리 시간: 2분

4인분

단백질: 3g
순수 탄수화물: 4g
지방: 7g

- 아스파라거스 450g
- 물 1컵
- 올리브오일 2큰술
- 파슬리 다진 것 1큰술
- 차이브 다진 것 1큰술
- 양파가루 1큰술
- 소금 약간
- 후추 약간

1 아스파라거스는 기둥 끝부분을 2.5cm 정도 자른다.

2 인스턴트팟에 물을 붓고 찜기를 설치한 뒤 아스파라거스를 넣고 파슬리, 차이브, 양파가루를 뿌린다.

3 찜 기능으로 2분 정도 조리한 뒤 증기를 뺀다.

4 아스파라거스를 접시에 담고 올리브오일을 두른 뒤 소금과 후추로 간한다.

* 이 레시피는 슬로우쿠커로도 만들 수 있다. 아스파라거스를 손질하고 슬로우쿠커에 물을 $\frac{1}{4}$컵 붓는다. 그 위에 아스파라거스를 고르게 깔고 양념을 뿌린 뒤 고온에서 1~2시간 정도 조리한다. 아스파라거스의 색은 변하지만 맛은 그대로다! 집에 있는 슬로우쿠커의 크기가 4L 이상이라면 조리 시간을 줄여야 한다.

양파수프

Onion Soup

비건, 채식

준비 시간: 5분
조리 시간: 17분

5인분

단백질: 1g
순수 탄수화물: 13g
지방: 11g

- 양파 얇게 채썬 것 8컵
- 마늘 다진 것 1쪽 분량
- 아보카도오일 4큰술
- 레드와인식초 1큰술
- 채소국물(무방부제, 무가당) 6컵
- 타임 말린 것 1작은술
- 오레가노 말린 것 1작은술
- 천일염 1작은술
- 로즈메리 말린 것 ½작은술
- 세이지 말린 것 ½작은술
- 후추 간 것 ½작은술

1 인스턴트팟의 소테 기능을 켜고 아보카도오일을 두른다.

2 아보카도오일이 뜨겁게 달궈지면 양파와 마늘을 넣고 가끔 뒤적이면서 반투명하고 살짝 노릇해질 때까지 익힌다.

3 양파가 익어서 부피가 줄어들면 레드와인식초를 넣고 잘 저으면서 바닥에 붙은 파편을 조심스럽게 긁어낸다.

4 채소국물, 타임, 오레가노, 천일염, 로즈메리, 세이지, 후추를 넣고 골고루 젓는다.

5 인스턴트팟의 고압 기능을 켜고 10분 정도 조리한 뒤 증기를 뺀다.

6 5를 믹서나 블렌더로 곱게 간 뒤 접시에 담는다.

* 인스턴트팟 대신 압력밥솥을 사용해도 된다.

* 노랑 양파와 달콤한 양파를 섞어서 사용하면 균형 잡힌 맛을 낼 수 있다.

* 수프를 갈 때 믹서의 내열성 여부를 모른다면 한 김 식혀서 간다. 내열성이 있는 믹서라면 뜨거운 수프를 부어도 되지만 화상을 입지 않도록 주의한다.

* 풍미를 더 끌어올리고 싶다면 아보카도오일 대신 차이브 향을 가미한 올리브오일 또는 송로버섯오일을 사용한다.

당근크림수프

Creamy Carrot Soup

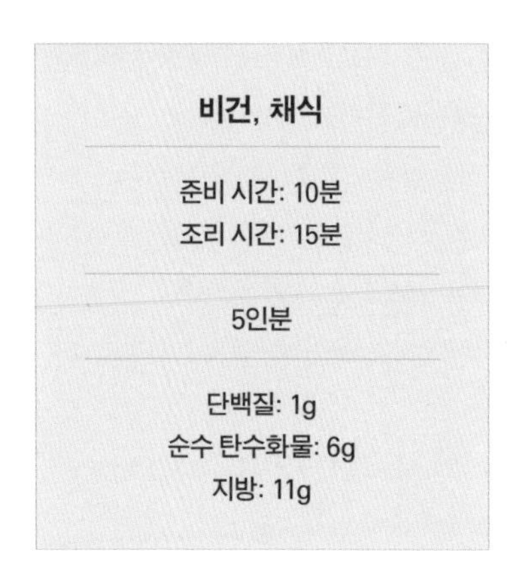

비건, 채식

준비 시간: 10분
조리 시간: 15분

5인분

단백질: 1g
순수 탄수화물: 6g
지방: 11g

- 당근 680g
- 셀러리 1대
- 양파 다진 것 2컵
- 마늘 다진 것 2쪽 분량
- 채소국물(무방부제, 무가당) 5컵
- 코코넛밀크 1컵
- 아보카도오일 2큰술
- 커리파우더 2작은술
- 강황가루 1작은술
- 생강 다진 것 $\frac{1}{2}$작은술
- 쿠민가루 $\frac{1}{2}$작은술
- 천일염 $\frac{1}{2}$작은술
- 후추 간 것 $\frac{1}{8}$작은술

토핑

- 코코넛크림 적당량
- 호박씨 구운 것 약간
- 파슬리 약간
- 세이지잎 튀긴 것 약간

1. 당근은 1.2cm 크기로 깍둑썰고 셀러리는 다진다.
2. 인스턴트팟의 소테 기능을 켜고 당근, 셀러리, 양파, 마늘, 아보카도오일을 넣고 양파가 반투명해질 때까지 5~7분 정도 볶는다.
3. 강황가루, 커리파우더, 생강, 쿠민가루, 천일염, 후추를 넣고 30초~1분 정도 섞는다.
4. 채소국물과 코코넛밀크를 붓고 섞는다.
5. 인스턴트팟의 고압 기능을 켜고 5분 정도 조리한 뒤 증기를 뺀다.
6. 5를 믹서나 블렌더로 곱게 갈고 그릇에 담은 뒤 원하는 토핑을 올린다.

* 인스턴트팟 대신 압력밥솥을 사용해도 된다.

코코넛밀크요구르트

Coconut Milk Yogurt

비건, 채식

준비 시간: 10분
조리 시간: 16시간, 40분

6인분

단백질: 2g
순수 탄수화물: 7g
지방: 22g

- 코코넛밀크 760ml
- 한천 플레이크 1큰술
- 프로바이오틱파우더(유제품이 함유되지 않은 것) 1작은술

1 코코넛밀크와 한천 플레이크를 인스턴트팟에 담아 섞고 소테 기능을 켜서 한소끔 끓인다.

2 소독한 주걱으로 저어가며 녹이다 온도가 82℃를 넘어서 거의 끓기 직전이 되면 인스턴트팟을 끄고 한천 플레이크가 완전히 녹을 때까지 젓는다.

3 43~46℃까지 식힌 뒤 프로바이오틱파우더를 넣고 골고루 섞는다.

4 인스턴트팟의 요구르트 기능을 켜고 10~24시간 발효한다. 조리 시간이 길수록 새콤해진다. 요구르트를 발효하는 동안 맛을 보고 원하는 상태가 되었는지 확인한다. 요구르트는 묽거나 지방과 물이 분리될 수 있으며 표면에 옅은 색의 막이 낄 수 있으나 모두 정상이다.

5 완성된 요구르트를 깨끗한 병에 담고 뚜껑을 닫아서 냉장고에 넣어 굳힌다. 식을수록 걸쭉해진다. 먹기 전에 골고루 젓는다.

* 인스턴트팟 대신 요구르트제조기를 사용해도 된다.

감사의 말

앰버Amber, 솔로몬Solomon, 그리고 실로Shiloh, 나의 근원이자 심장이 돼준 것에 감사를 표합니다. '사랑합니다'와 '감사합니다'로는 도저히 제 마음을 모두 표현할 수 없네요. 저의 숨결 하나까지 여러분의 것입니다.

우리 팀 안드레아Andrea, 애슐리Ashley, 이베트Yvette, 그리고 에밀리Emily. 여러분은 제 가족이자 가장 친한 친구입니다. 우리가 돌보는 모든 환자에 대한 끊임없는 헌신과 열정에 감사를 드립니다.

우리의 환자들, 건강을 되찾기 위한 신성한 여정에 저를 초대해줘서 정말 감사합니다. 제 의무를 절대 소홀히 하지 않겠습니다. 여러분을 돌볼 수 있어 영광입니다.

헤더Heather, 메건Megan, 매리언Marian, 그리고 에버리앤워터버리의 모든 직원들, 여러분은 제가 꿈꿔온 최고의 팀입니다. 저를 믿고 함께 책 작업에 임해 줘서 감사합니다.

제이슨Jason, 콜린Colleen, 그리고 마인드바디그린 가족, 그간의 모든 노고에 감사를 드립니다. 저에게 목소리와 집을 선사해줬지요. 영원히 감사하는 마음을 잃지 않겠습니다.

테리 웰스Terry Wahls 박사, 알레한드로 융거Alejandro Junger 박사, 조쉬 액스Josh Axe 박사, 프랭크 립맨Frank Lipman 박사, 웰니스와 식품의 세계에서 제 영웅이자 멘토, 친구가 돼줘서 감사합니다.

멜리사 하트위그Melissa Hartwig, 당신이 아니었다면 멋진 책을 만들 수 없었을 겁니다. 그동안 보여준 우정과 안내에 감사를 드립니다.

리Lee, 제이슨Jason, 에드Ed 및 앰플리파이 가족, 저의 스승이자 친구, 소중한 동료가 돼줘서 감사합니다.

마지막으로 기능 의학 및 웰니스 세계의 모든 이에게 감사를 드립니다. 모두 저에게는 특별합니다. 우리는 세상을 더 나은 곳으로 바꾸기 위해 노력하고 있지요. 언제나 감사하고 있습니다.

Notes

참고문헌

Introduction
케토채식 선언문

1 National Institute of Mental Health, "Mental Illness," https://www.nimh.nih.gov/health/statistics/prevalence/any-mental-illness-ami-among-us-adults.shtml

2 C. Pritchard et al., "Changing Patterns of Neurological Mortality in the 10 Major Developed Countries—1979-2010," Public Health 126, no. 4 (April 2013): 357-368; doi: 10.1016/j.puhe.2012.12.018, https://www.ncbi.nlm.nih.gov/pubmed/23601790

3 CDC, "QuickStats: Suicide Rates for Teens Aged 15-19 Years, by Sex—United States, 1975-2015," MMWR Weekly 66, no. 30 (August 4, 2017): 816, https://www.cdc.gov/mmwr/volumes/66/wr/mm6630a6.htm

4 D. Munro, "U.S. Healthcare Ranked Dead Last Compared to 10 Other Countries," Forbes, June 16, 2014, https://www.forbes.com/sites/danmunro/2014/06/16/u-s-healthcare-ranked-dead-last-compared-to-10-other-countries/#1591ceb3576f

5 B. Starfield, "Is US Health Really the Best in the World?", JAMA 284, no. 4 (July 6, 2000): 483-485, doi:10.1001/jama.284.4.483, https://jamanetwork.com/journals/jama/article-abstract/192908

6 America's Health Rankings, Annual Report 2017, https://assets.americashealthrankings.org/app/uploads/2017annualreport.pdf

7 L. Girion et al., "Drug Deaths Now Outnumber Traffic Fatalities in U.S., Data Show," Los Angeles Times, September 17, 2011, http://articles.latimes.com/2011/sep/17/local/la-me-drugs-epidemic-20110918

8 B. Starfield, "Is US Health Really the Best in the World," JAMA 284, no. 4 (2000): 483-485. doi:10.1001/jama.284.4.483 https://jamanetwork.com/journals/jama/article-abstract/192908

9 J. Lazarou et al., "Incidence of Adverse Drug Reactions in Hospitalized Patients: A Meta-Analysis of Prospective Studies," JAMA 279, no. 15 (April 15, 1998): 1200-1205, https://www.ncbi.nlm.nih.gov/pubmed/9555760

10 K. Adams et al., "Nutrition Education in U.S. Medical Schools: Latest Update of a National Survey," Academic Medicine 85, no. 9 (September 2010): 1537-1542, https://www.aamc.org/download/451374/data/nutriritoneducationinusmedschools.pdf

11 K. Adams et al., "The State of Nutrition Education at US Medical Schools," Journal of Biomedical Education 2015 (2015), Article ID 357627, 7 pages, http://dx.doi.org/10.1155/2015/357627, https://www.hindawi.com/journals/jbe/2015/357627

12 M. Castillo et al., "Basic Nutrition Knowledge of Recent Medical Graduates Entering a Pediatric Residency Program," International Journal of Adolescent Medicine and Health 28, no. 4 (November 1, 2016): 357–361, doi: 10.1515/ijamh-2015-0019, https://www.ncbi.nlm.nih.gov/pubmed/26234947

Part 1
케토제닉의 이해

1 J. Medina and A. Tabernero, "Lactate Utilization by Brain Cells and Its Role in CNS Development," Journal of Neuroscience Research 79 (2005): 2–10, https://www.researchgate.net/publication/234095885

2 S. Schilling et al., "Plasma Lipids and Cerebral Small Vessel Disease," Neurology 83, no. 20 (November 11, 2014): 1844–1852, doi: 10.1212/WNL.0000000000000980, https://www.ncbi.nlm.nih.gov/pubmed/25320101; I. Schatz et al., "Cholesterol and All-Cause Mortality in Elderly People from the Honolulu Heart Program: A Cohort Study," Lancet 358, no. 9279 (August 4, 2001): 351–355, http://www.thelancet.com/journals/lancet/article/PIIS0140673601055532/abstract

3 C. Ramsden et al., "Re-evaluation of the Traditional Diet-Heart Hypothesis: Analysis of Recovered Data from Minnesota Coronary Experiment (1968–73)," British Medical Journal (April 12, 2016): 353, doi: https://doi.org/10.1136/bmj.i1246, http://www.bmj.com/content/353/bmj.i1246

4 A. Feranil et al., "Coconut Oil Predicts a Beneficial Lipid Profile in Pre-Menopausal Women in the Philippines," Asia Pacific Journal of Clinical Nutrition 20, no. 2 (2011): 190–195, https://www.ncbi.nlm.nih.gov/pmc/articles/PMC3146349

5 C. Cox et al., "Effects of Dietary Coconut Oil, Butter and Safflower Oil on Plasma Lipids, Lipoproteins and Lathosterol Levels," European Journal of Clinical Nutrition 52, no. 9 (September 1998): 650–654, https://www.ncbi.nlm.nih.gov/pubmed/9756121

6 R. de Souza et al., "Intake of Saturated and Trans Unsaturated Fatty Acids and Risk of All Cause Mortality, Cardiovascular Disease, and Type 2 Diabetes: Systematic Review and Meta-Analysis of Observational Studies," British Medical Journal (August 12, 2015): 351, doi: https://doi.org/10.1136/bmj.h3978, http://www.bmj.com/content/351/bmj.h3978

7 V. Veum et al., "Visceral Adiposity and Metabolic Syndrome after Very High-Fat and Low-Fat Isocaloric Diets: A Randomized Controlled Trial," American Journal of Clinical Nutrition 105, no. 1 (January 1, 2017): 85–89, doi: 10.3945/ajcn.115.123463, http://ajcn.nutrition.org/content/early/2016/11/30/ajcn.115.123463.abstract

8 University of North Carolina Health Care, "Did Butter Get a Bad Rap?," April 12, 2016, https://www.eurekalert.org/pub_releases/2016-04/uonc-dbg041216.php

9 J. Medina and A. Tabernero, "Lactate Utilization by Brain Cells and Its Role in CNS Development."

10 K. Nylen et al., "The Effects of a Ketogenic Diet on ATP Concentrations and the Number of Hippocampal Mitochondria in Aldh5a1(-/-) Mice," Biochimica et Biophysica Acta 1790, no. 3 (March 2009): 208–212, doi: 10.1016/j.bbagen.2008.12.005, https://www.ncbi.nlm.nih.gov/pubmed/19168117

11 Z. Zhao, "A Ketogenic Diet as a Potential Novel Therapeutic Intervention in Amyotrophic Lateral Sclerosis," BMC Neuroscience 7 (April 3, 2006): 29, https://www.ncbi.nlm.nih.gov/pmc/articles/PMC1488864

12 "Autoimmune Disease Statistics," https://www.aarda.org/news-information/statistics
13 "Adrenal Insufficiency & Addison's Disease," https://www.niddk.nih.gov/health-information/endocrine-diseases/adrenal-insufficiency-addisons-disease
14 J. Milder et al., "Acute Oxidative Stress and Systemic Nrf2 Activation by the Ketogenic Diet," Neurobiology of Disease 40, no. 1 (October 2010): 238–244, doi: 10.1016/j.nbd.2010.05.030, https://www.ncbi.nlm.nih.gov/pubmed/20594978
15 T.-D. Kannaganti, "Inflammatory Bowel Disease and the NLRP3 Inflammasome," New England Journal of Medicine 377 (August 17, 2017): 694–696, doi: 10.1056/NEJMcibr170653, http://www.nejm.org/doi/full/10.1056/NEJMcibr1706536
16 H. Bae et al., "ß-Hydroxybutyrate Suppresses Inflammasome Formation by Ameliorating Endoplasmic Reticulum Stress via AMPK Activation," Oncotarget 7, no. 41 (October 11, 2016): 66444–66454, https://www.ncbi.nlm.nih.gov/pmc/articles/PMC5341812/; A. Salminen et al., "AMP-Activated Protein Kinase Inhibits NF-B Signaling and Inflammation: Impact on Healthspan and Lifespan," Journal of Molecular Medicine 89, no. 7 (July 2011): 667–676, https://www.ncbi.nlm.nih.gov/pmc/articles/PMC3111671
17 S.-P. Fu et al., "Anti-Inflammatory Effects of BHBA in Both In Vivo and In Vitro Parkinson's Disease Models Are Mediated by GPR109A-Dependent Mechanisms," Journal of Neuroinflammation 12, no. 9 (2015), https://jneuroinflammation.biomedcentral.com/articles/10.1186/s12974-014-0230-3
18 M. McCarty et al., "Ketosis May Promote Brain Macroautophagy by Activating Sirt1 and Hypoxia-Inducible Factor-1," Medical Hypotheses 85, no. 5 (November 2015): 631–639, doi: 10.1016/j.mehy.2015.08.002, https://www.ncbi.nlm.nih.gov/pubmed/26306884
19 I. Björkhem and S. Meaney, "Brain Cholesterol: Long Secret Life behind a Barrier," Arteriosclerosis, Thrombosis, and Vascular Biology 24 (2004): 806–815, http://atvb.ahajournals.org/content/24/5/806.full
20 C. Chang et al., "Essential Fatty Acids and Human Brain," Acta Neurologica Taiwanica 18, no. 4 (December 2009): 231–241, https://www.ncbi.nlm.nih.gov/pubmed/20329590
21 Iowa State University, "Cholesterol-Reducing Drugs May Lessen Brain Function, Says ISU Researcher," February 23, 2009, http://www.public.iastate.edu/~nscentral/news/2009/feb/shin.shtml
22 A. Hadhazy, "Think Twice: How the Gut's 'Second Brain' Influences Mood and Well-Being," Scientific American, February 12, 2010, https://www.scientificamerican.com/article/gut-second-brain
23 V. Perry, "Contribution of Systemic Inflammation to Chronic Neurodegeneration," Acta Neuropathologica 120, no. 3 (September 2010): 277–286, doi: 10.1007/s00401-010-0722-x, https://www.ncbi.nlm.nih.gov/pubmed/20644946
24 M. Block and J. Hong, "Microglia and Inflammation-Mediated Neurodegeneration: Multiple Triggers with a Common Mechanism," Progress in Neurobiology 76, no. 2 (June 2005): 77–98, https://www.ncbi.nlm.nih.gov/pubmed/16081203
25 O. Schiepers et al., "Cytokines and Major Depression," Progress in Neuro-psychopharmacology and Biological Psychiatry 29, no. 2 (February 2005): 201–217, https://www.ncbi.nlm.nih.gov/pubmed/15694227
26 O. Abdel-Salam et al., "Oxidative Stress in a Model of Toxic Demyelination in Rat Brain: The Effect of Piracetam and Vinpocetine," Neurochemical Research 36, no. 6 (June 2011): 1062–1072, https://doi.org/10.1007/s11064-011-0450-1, https://link.springer.com/article/10.1007%2Fs11064-011-0450-1?wt_mc=Affiliate.CommissionJunction.3.EPR1089.DeepLink&utm_medium=affiliate&utm_source=commission_junction&utm_campaign=3_nsn6445_deeplink&utm_content=deeplink#citeas

27 G. Ede, "Ketogenic Diets for Psychiatric Disorders: A New 2017 Review," Psychology Today, June 30, 2017, https://www.psychologytoday.com/blog/diagnosis-diet/201706/ketogenic-diets-psychiatric-disorders-new-2017-review
28 A. Swidsinski et al., "Reduced Mass and Diversity of the Colonic Microbiome in Patients with Multiple Sclerosis and Their Improvement with Ketogenic Diet." Front Microbiol, 2017:8:1141. Published 2017 Jun 28. doi: 10.3389/fmicb.2017.01141.ncbi.nlm.nih.gov/pmc/articles/PMC5488402
29 S. Thaler et al., "Neuroprotection by Acetoacetate and -Hydroxybutyrate against NMDA-Induced RGC Damage in Rat—Possible Involvement of Kynurenic Acid," Graefe's Archive for Clinical and Experimental Ophthalmology 248, no. 12 (December 2010): 1729–1735, https://www.ncbi.nlm.nih.gov/pmc/articles/PMC2974203
30 M. Reger et al., "Effects of Beta-Hydroxybutyrate on Cognition in Memory-Impaired Adults," Neurobiology of Aging 25, no. 3 (March 2004): 311–314, https://www.ncbi.nlm.nih.gov/pubmed/15123336
31 K. Tieu et al., "D-ß-Hydroxybutyrate Rescues Mitochondrial Respiration and Mitigates Features of Parkinson Disease," Journal of Clinical Investigation 112, no. 6 (September 15, 2003): 892–901, https://www.ncbi.nlm.nih.gov/pmc/articles/PMC193668
32 M. Morris et al., "Consumption of Fish and n-3 Fatty Acids and Risk of Incident Alzheimer Disease," Archives of Neurology 60, no. 7 (July 2003): 940–946, https://www.ncbi.nlm.nih.gov/pubmed/12873849
33 T. Vanitallie et al., "Treatment of Parkinson Disease with Diet-Induced Hyperketonemia: A Feasibility Study," Neurology 64, no. 4 (February 2005): 728–730, https://www.ncbi.nlm.nih.gov/pubmed/15728303
34 A. Evangeliou et al., "Application of a Ketogenic Diet in Children with Autistic Behavior: Pilot Study," Journal of Child Neurology 18, no. 2 (February 2003): 113–118, https://www.ncbi.nlm.nih.gov/pubmed/12693778
35 S. Henderson, "High Carbohydrate Diets and Alzheimer's Disease," Medical Hypotheses 62, no. 5 (2004): 689–700, https://www.ncbi.nlm.nih.gov/pubmed/15082091
36 M. Prins, "Diet, Ketones and Neurotrauma," Epilepsia 49, suppl. 8 (November 2008): 111–113, https://www.ncbi.nlm.nih.gov/pmc/articles/PMC2652873
37 S. Masino and J. Rho, "Mechanisms of Ketogenic Diet Action," in J. Noebels et al., eds., Jasper's Basic Mechanisms of the Epilepsies, 4th ed. (Bethesda, MD: National Center for Biotechnology Information, 2012), https://www.ncbi.nlm.nih.gov/pubmed/22787591
38 A. Bergqvist et al., "Fasting versus Gradual Initiation of the Ketogenic Diet: A Prospective, Randomized Clinical Trial of Efficacy," Epilepsia 46, no. 11 (November 2005): 1810–1819, https://www.ncbi.nlm.nih.gov/pubmed/16302862
39 S. Kinsman et al., "Efficacy of the Ketogenic Diet for Intractable Seizure Disorders: Review of 58 Cases," Epilepsia 33, no. 6 (November–December 1992): 1132–1136, https://www.ncbi.nlm.nih.gov/pubmed/1464275
40 P. Azevedo de Lima et al., "Neurobiochemical Mechanisms of a Ketogenic Diet in Refractory Epilepsy," Clinics (São Paulo) 69, no. 10 (October 2014): 699–705, https://www.ncbi.nlm.nih.gov/pmc/articles/PMC4221309
41 A. McKenzie et al., "A Novel Intervention Including Individualized Nutritional Recommendations Reduces Hemoglobin A1c Level, Medication Use, and Weight in Type 2 Diabetes," JMIR Diabetes 2, no. 1 (January–June 2017):ie5, http://diabetes.jmir.org/2017/1/e5
42 C. Burns, "Higher Serum Glucose Levels Are Associated with Cerebral Hypometabolism in Alzheimer Regions," Neurology 80, no.

17 (April 23, 2013): 1557–1564, doi: 10.1212/WNL.0b013e31828f17de, https://www.ncbi.nlm.nih.gov/pubmed/23535495
43 A. Paoli, "Ketogenic Diet for Obesity: Friend or Foe?," International Journal of Environmental Research and Public Health 11, no. 2 (February 2014): 2092–2107, https://www.ncbi.nlm.nih.gov/pmc/articles/PMC3945587
44 https://jamanetwork.com/journals/jama/article-abstract/2669724?redirect=true
45 F. McClernon, "The Effects of a Low-Carbohydrate Ketogenic Diet and a Low-Fat Diet on Mood, Hunger, and Other Self-Reported Symptoms," Obesity (Silver Spring) 15, no. 1 (January 2007): 182–187, https://www.ncbi.nlm.nih.gov/pubmed/17228046
46 M. Hussein et al., "Long-Term Effects of a Ketogenic Diet in Obese Patients," Experimental and Clinical Cardiology 9, no. 3 (Fall 2004): 200–205, https://www.ncbi.nlm.nih.gov/pmc/articles/PMC2716748
47 N. Al-Zaid et al., "Low Carbohydrate Ketogenic Diet Enhances Cardiac Tolerance to Global Ischaemia," Acta Cardiologica 62, no. 4 (August 2007): 381–389, https://www.ncbi.nlm.nih.gov/pubmed/17824299
48 "Cancer Facts & Figures 2017," https://www.cancer.org/research/cancer-facts-statistics/all-cancer-facts-figures/cancer-facts-figures-2017.html
49 "Cancer Facts & Figures 2017"; E. Woolf et al., "Tumor Metabolism, the Ketogenic Diet and ß-Hydroxybutyrate: Novel Approaches to Adjuvant Brain Tumor Therapy," Frontiers in Molecular Neuroscience 9 (November 16, 2012): 122, https://www.ncbi.nlm.nih.gov/pubmed/27899882
50 C. Otto et al., "Growth of Human Gastric Cancer Cells in Nude Mice Is Delayed by a Ketogenic Diet Supplemented with Omega-3 Fatty Acids and Medium-Chain Triglycerides," BMC Cancer 8 (April 30, 2008): 122, doi: 10.1186/1471-2407-8-122, https://www.ncbi.nlm.nih.gov/pubmed/18447912
51 B. Allen et al., "Ketogenic Diets Enhance Oxidative Stress and Radio-Chemo-Therapy Responses in Lung Cancer Xenograft," Clinical Cancer Research 19, no. 14 (July 2013): 3905–3913, doi: 10.1158/1078-0432.CCR-12-0287, https://www.ncbi.nlm.nih.gov/pubmed/23743570
52 S. Freedland et al., "Carbohydrate Restriction, Prostate Cancer Growth, and the Insulin-Like Growth Factor Axis," Prostate 68, no. 1 (January 1, 2008): 11–19, https://www.ncbi.nlm.nih.gov/pubmed/17999389
53 J. March et al., "Drug/Diet Synergy for Managing Malignant Astrocytoma in Mice: 2-Deoxy-D-Glucose and the Restricted Ketogenic Diet," Nutrition and Metabolism (London) 5 (2008): 33, https://www.ncbi.nlm.nih.gov/pmc/articles/PMC2607273
54 J. Maroon et al., "The Role of Metabolic Therapy in Treating Glioblastoma Multiforme," Surgical Neurology International 6 (2015): 61, https://www.ncbi.nlm.nih.gov/pmc/articles/PMC4405891
55 W. Li et al., "Targeting AMPK for Cancer Prevention and Treatment," Oncotarget 6, no. 10 (April 10, 2015): 7365–7378, https://www.ncbi.nlm.nih.gov/pmc/articles/PMC4480686
56 E. Carmina, "PCOS: Metabolic Impact and Long-Term Management," Minerva Ginecologica 64, no. 6 (December 2012): 501–505, https://www.ncbi.nlm.nih.gov/pubmed/23232534
57 G. Muscogiuri et al., "Current Insights into Inositol Isoforms, Mediterranean and Ketogenic Diets for Polycystic Ovary Syndrome: From Bench to Bedside," Current Pharmaceutical Design 22, no. 36 (2016): 5554–5557, https://www.ncbi.nlm.nih.gov/pubmed/27510483
58 "Food Allergies: Reducing the Risks," https://www.fda.gov/ForConsumers/ConsumerUpdates/ucm089307.htm; "Lactose Intolerance," http://www.mayoclinic.org/diseases-conditions/lactose-intolerance/basics/definition/con-20027906
59 W. Veith and N. Silverberg, "The Association of Acne Vulgaris with Diet," Cutis 88, no. 2 (August

2011): 84-91, https://www.ncbi.nlm.nih.gov/pubmed/21916275
60 P. Cani et al., "Metabolic Endotoxemia Initiates Obesity and Insulin Resistance," Diabetes 56, no. 7 (July 2007): 1761–1772, https://www.ncbi.nlm.nih.gov/pubmed/17456850
61 P. Cani et al., "Changes in Gut Microbiota Control Metabolic Endotoxemia-Induced Inflammation in High-Fat Diet-Induced Obesity and Diabetes in Mice," Diabetes 57, no. 6 (June 2008): 1470–1481, doi: 10.2337/db07-1403, https://www.ncbi.nlm.nih.gov/pubmed/18305141
62 "Magnesium," https://ods.od.nih.gov/factsheets/Magnesium-HealthProfessional
63 I. Slutsky et al., "Enhancement of Synaptic Plasticity through Chronically Reduced Ca2+ Flux during Uncorrelated Activity," Neuron 44, no. 5 (December 2004): 835–849, https://www.ncbi.nlm.nih.gov/pubmed/15572114
64 A. Mauskop et al., "Intravenous Magnesium Sulfate Relieves Cluster Headaches in Patients with Low Serum Ionized Magnesium Levels," Headache 35, no. 10 (November–December 1995): 597–600, https://www.ncbi.nlm.nih.gov/pubmed/8550360
65 F. Jacka et al., "Association between Magnesium Intake and Depression and Anxiety in Community-Dwelling Adults: The Hordaland Health Study," Australian and New Zealand Journal of Psychiatry 43, no. 1 (2009): 45–52, http://www.tandfonline.com/doi/abs/10.1080/00048670802534408
66 R. Moncayo and H Moncayo, "The WOMED Model of Benign Thyroid Disease: Acquired Magnesium Deficiency Due to Physical and Psychological Stressors Relates to Dysfunction of Oxidative Phosphorylation," BBA Clinical 3 (November 12, 2014): 44–64, doi: 10.1016/j.bbacli.2014.11.002, https://www.ncbi.nlm.nih.gov/pubmed/26675817
67 P. Jakszyn and C. Gonzalez, "Nitrosamine and Related Food Intake and Gastric and Oesophageal Cancer Risk: A Systematic Review of the Epidemiological Evidence," World Journal of Gastroenterology 12, no. 27 (July 21, 2006): 4296–4303, https://www.ncbi.nlm.nih.gov/pubmed/16865769; S. Bingham et al., "Does Increased Endogenous Formation of N-Nitroso Compounds in the Human Colon Explain the Association between Red Meat and Colon Cancer?," Carcinogenesis 17, no. 3 (March 1996): 515–523, https://www.ncbi.nlm.nih.gov/pubmed/8631138; K. Honikel, "The Use and Control of Nitrate and Nitrite for the Processing of Meat Product," Meat Science 78, no. 1–2 (January 2008): 68–76, doi: 10.1016/j.meatsci.2007.05.030, https://www.ncbi.nlm.nih.gov/pubmed/22062097

Part 2
채식의 장점과 단점

1 H. Springmann et al., "Analysis and Valuation of the Health and Climate Change Cobenefits of Dietary Change," Proceedings of the National Academy of Sciences 113, no. 15 (2016): 4146–4151.
2 J. Powell et al., "Evidence for the Role of Environmental Agents in the Initiation or Progression of Autoimmune Conditions," Environmental Health Perspectives 107, suppl. 5 (October 1999): 667–672, https://www.ncbi.nlm.nih.gov/pmc/articles/PMC1566242
3 M. Gago-Dominguez et al., "Use of Permanent Hair Dyes and Bladder-Cancer Risk," International Journal of Cancer 91, no. 4 (February 2001): 575–579, https://www.ncbi.nlm.nih.gov/pubmed/11251984
4 C. Cobbett and P. Goldsbrough, "Phytochelatins and Metallothioneins: Roles in Heavy Metal Detoxification and Homeostasis," Annual Review of Plant Biology 53 (2002): 159–182, https://www.ncbi.nlm.nih.gov/pubmed/12221971
5 J. Lamb et al., "A Program Consisting of a

Phytonutrient-Rich Medical Food and an Elimination Diet Ameliorated Fibromyalgia Symptoms and Promoted Toxic-Element Detoxification in a Pilot Trial," Alternative Therapies in Health and Medicine 17, no. 2 (March–April 2011): 36–44, https://www.ncbi.nlm.nih.gov/pubmed/21717823

6 P. Tak and G. Firestein, "NF-kB: A Key Role in Inflammatory Diseases," Journal of Clinical Investigation 107, no. 1 (January 1, 2001): 7–11, https://www.ncbi.nlm.nih.gov/pmc/articles/PMC198552

7 I. Rahman et al., "Regulation of Inflammation and Redox Signaling by Dietary Polyphenols," Biochemical Pharmacology 72, no. 11 (November 2006): 1439–1452, https://www.ncbi.nlm.nih.gov/pubmed/16920072

8 G. Owens and R. Bunge, "Schwann Cells Depleted of Galactocerebroside Express Myelin-Associated Glycoprotein and Initiate but Do Not Continue the Process of Myelination," Glia 3, no. 2 (1990):118–124, https://www.ncbi.nlm.nih.gov/pubmed/1692007

9 C. Hallert et al., "Increasing Fecal Butyrate in Ulcerative Colitis Patients by Diet: Controlled Pilot Study," Inflammatory Bowel Diseases 9, no. 2 (March 2003): 116–121, https://www.ncbi.nlm.nih.gov/pubmed/12769445; A. Di Sabatino et al., "Oral Butyrate for Mildly to Moderately Active Crohn's Disease," Alimentary Pharmacology and Therapeutics 22, no. 9 (November 2005): 789–794. https://www.ncbi.nlm.nih.gov/pubmed/16225487

10 "Diet Rich in Processed Meat 'May Worsen Asthma Symptoms,'" http://www.nhs.uk/news/2016/12December/Pages/Diet-rich-in-processed-meat-may-worsen-asthma-symptoms.aspx

11 P. Tuso, "Nutritional Update for Physicians: Plant-Based Diets," Permanente Journal 17, no. 2 (Spring 2013): 61–66, https://www.ncbi.nlm.nih.gov/pmc/articles/PMC3662288

12 H. Vertanen et al., "Intake of Different Dietary Proteins and Risk of Type 2 Diabetes in Men: The Kuopio Ischaemic Heart Disease Risk Factor Study," British Journal of Nutrition 117, no. 6 (March 2017): 882–893, doi: 10.1017/S0007114517000745, https://www.ncbi.nlm.nih.gov/pubmed/28397639

13 A. Vieira et al., "Foods and Beverages and Colorectal Cancer Risk: A Systematic Review and Meta-Analysis of Cohort Studies, an Update of the Evidence of the WCRF-AICR Continuous Update Project," Annals of Oncology 28, no. 8 (August 1, 2017): 1788–1802, doi: 10.1093/annonc/mdx171, https://www.ncbi.nlm.nih.gov/pubmed/28407090

14 A. Perloy et al., "Intake of Meat and Fish and Risk of Head-Neck Cancer Subtypes in the Netherlands Cohort Study," Cancer Causes and Control 28, no. 6 (June 2017): 647–656, doi: 10.1007/s10552-017-0892-0, https://www.ncbi.nlm.nih.gov/pubmed/28382514

15 J. Ranganathan and R. Waite, "Sustainable Diets: What You Need to Know in 12 Charts," World Resources Institute, April 20, 2016. http://www.wri.org/blog/2016/04/sustainable-diets-what-you-need-know-12-charts

16 Food and Agriculture Organization, Tackling Climate Change through Livestock: A Global Assessment of Emissions and Mitigation Opportunities (Rome: FAO, 2013); R. Goodland and J. Anhang, "Livestock and Climate Change. What If the Key Actors in Climate Change Were Pigs, Chickens and Cows?," World Watch, November/December 2009; Springmann et al., "Analysis and Valuation of the Health and Climate Change Cobenefits of Dietary Change."

17 "Drawdown: Solutions," http://www.drawdown.org/solutions

18 http://www.hpj.com/bickel/despite-naysayers-some-follow-savory-path-to-holistic-farming/article_62c97d26-0cf3-11e8-adef-ef0dd43e4388.html

19 L. Cordain et al., "Origins and Evolution of the Western Diet: Health Implications for the 21st Century," American Journal of Clinical Nutrition 81, no. 2 (February 2005): 341–354, http://ajcn.nutrition.org/content/81/2/341.full

20 A. Di Sabatino et al., "Small Amounts of Gluten in Subjects with Suspected Nonceliac Gluten Sensitivity: A Randomized, Double-Blind, Placebo-Controlled, Cross-Over Trial," Clinical Gastroenterology and Hepatology 13, no. 9 (September 2015): 1604–1612.e3, doi: 10.1016/j.cgh.2015.01.029, https://www.ncbi.nlm.nih.gov/pubmed/25701700
21 E. Luca et al., "Evidence for the Presence of Non-Celiac Gluten Sensitivity in Patients with Functional Gastrointestinal Symptoms: Results from a Multicenter Randomized Double-Blind Placebo-Controlled Gluten Challenge," Nutrients 8, no. 2 (February 2016): 84, https://www.ncbi.nlm.nih.gov/pmc/articles/PMC4772047
22 P. Cuatrecasas and G. Tell, "Insulin-Like Activity of Concanavalin A and Wheat Germ Agglutinin—Direct Interactions with Insulin Receptors," Proceedings of the National Academy of Sciences of the USA 70, no. 2 (February 1973): 485–489, https://www.ncbi.nlm.nih.gov/pmc/articles/PMC433288
23 T. Jönsson et al., "Agrarian Diet and Diseases of Affluence—Do Evolutionary Novel Dietary Lectins Cause Leptin Resistance?," BMC Endocrine Disorders 5, no. 10 (2005), https://bmcendocrdisord.biomedcentral.com/articles/10.1186/1472-6823-5-10
24 J. Greger, "Nondigestible Carbohydrates and Mineral Bioavailability," Journal of Nutrition 129, no. 7 (July 1, 1999): 1434S–1435S, http://jn.nutrition.org/content/129/7/1434S.full
25 I. Johnson et al., "Influence of Saponins on Gut Permeability and Active Nutrient Transport In Vitro," Journal of Nutrition 116, no. 11 (November 1, 1986): 2270–2277, http://europepmc.org/abstract/MED/3794833/reload=0;jsessionid=lNql0XVFddJUexYpGqH9.2
26 J. Barrett, "The Science of Soy: What Do We Really Know?," Environmental Health Perspectives 114, no. 6 (June 2006): A352–A358, https://www.ncbi.nlm.nih.gov/pmc/articles/PMC1480510
27 "Recent Trends in GE Adoption," https://www.ers.usda.gov/data-products/adoption-of-genetically-engineered-crops-in-the-us/recent-trends-in-ge-adoption.aspx
28 L. Dolan et al., "Naturally Occurring Food Toxins," Toxins (Basel) 2, no. 9 (September 2010): 2289–2332, https://www.ncbi.nlm.nih.gov/pmc/articles/PMC3153292/#B73-toxins-02-02289
29 R. Gupta et al., "Reduction of Phytic Acid and Enhancement of Bioavailable Micronutrients in Food Grains," Journal of Food Science and Technology 52, no. 2 (February 2015): 676–684, https://www.ncbi.nlm.nih.gov/pmc/articles/PMC4325021
30 L. Pizzorno, "Highlights from the Institute for Functional Medicine's 2014 Annual Conference: Functional Perspectives on Food and Nutrition: The Ultimate Upstream Medicine," Integrative Medicine (Encinitas) 13, no. 5 (October 2014): 38–50, https://www.ncbi.nlm.nih.gov/pmc/articles/PMC4684110
31 "Fish Oil," https://www.mayoclinic.org/drugs-supplements-fish-oil/art-20364810
32 B. Davis and P. Kris-Etherton, "Achieving Optimal Essential Fatty Acid Status in Vegetarians: Current Knowledge and Practical Implications," American Journal of Clinical Nutrition 78, 3 suppl. (September 2003): 640S–646S, https://www.ncbi.nlm.nih.gov/pubmed/12936959
33 J. Tur et al., "Dietary Sources of Omega 3 Fatty Acids: Public Health Risks and Benefits," British Journal of Nutrition 107 (2012): S23–S52, https://www.cambridge.org/core/services/aop-cambridge-core/content/view/0C287B125293EF075DFF6169154201A6/S0007114512001456a.pdf/dietary_sources_of_omega_3_fatty_acids_public_health_risks_and_benefits.pdf
34 S. Rosell et al., "Long-Chain n-3 Polyunsaturated Fatty Acids in Plasma in British Meat-Eating, Vegetarian, and Vegan Men," American Journal of Clinical Nutrition 82, no. 2 (August 2005): 327–334,

http://ajcn.nutrition.org/content/82/2/327.abstract

35 W. Craig, "Nutrition Concerns and Health Effects of Vegetarian Diets," Nutrition in Clinical Practice 25, no. 6 (December 2010): 613–620, doi: 10.1177/0884533610385707, https://www.ncbi.nlm.nih.gov/pubmed/21139125

36 U. Ikeda et al., "1,25-Dihydroxyvitamin D3 and All-Trans Retinoic Acid Synergistically Inhibit the Differentiation and Expansion of Th17 Cells," Immunology Letters 134, no. 1 (November 2010): 7–16, doi: 10.1016/j.imlet.2010.07.002, https://www.ncbi.nlm.nih.gov/pubmed/20655952

37 E. Hedrén et al., "Estimation of Carotenoid Accessibility from Carrots Determined by an In Vitro Digestion Method," European Journal of Clinical Nutrition 56, no. 5 (May 2002): 425–430, https://www.ncbi.nlm.nih.gov/pubmed/12001013

38 F. Watanabe et al., "Vitamin B12-Containing Plant Food Sources for Vegetarians," Nutrients 6, no. 5 (May 2014): 1861–1873, https://www.ncbi.nlm.nih.gov/pmc/articles/PMC4042564/#!po=55.8824

39 W. Hermann et al., "Vitamin B-12 Status, Particularly Holotranscobalamin II and Methylmalonic Acid Concentrations, and Hyperhomocysteinemia in Vegetarians," American Journal of Clinical Nutrition 78, no. 1 (July 2003): 131–136, https://www.ncbi.nlm.nih.gov/pubmed/12816782

40 C. Keen and M. Gershwin, "Zinc Deficiency and Immune Function," Annual Review of Nutrition 10 (1990): 415–431, https://www.ncbi.nlm.nih.gov/pubmed/2200472

41 K. Simmer and R. Thompson, "Zinc in the Fetus and Newborn," Acta Paediatrica Scandinavica Supplement 319 (1985): 158–163, https://www.ncbi.nlm.nih.gov/pubmed/3868917?dopt=Abstract

42 J. Hunt, "Bioavailability of Iron, Zinc, and Other Trace Minerals from Vegetarian Diets," American Journal of Clinical Nutrition 78, no. 3 (September 2003): 633S–639S, http://ajcn.nutrition.org/content/78/3/633S.long

Part 3
채식 기반의 케토채식

1 M. Moriya et al., "Vitamin K2 Ameliorates Experimental Autoimmune Encephalomyelitis in Lewis Rats," Journal of Neuroimmunology 170, no. 1–2 (December 2005): 11–20, https://www.ncbi.nlm.nih.gov/pubmed/16146654

2 S. Schilling et al., "Plasma Lipids and Cerebral Small Vessel Disease," Neurology 83, no. 20 (November 2014): 1844–1852, doi: 10.1212/WNL.0000000000000980, https://www.ncbi.nlm.nih.gov/pubmed/25320101

3 I. Schatz et al., "Cholesterol and All-Cause Mortality in Elderly People from the Honolulu Heart Program: A Cohort Study."

Part 4
케토채식 음식 알기

1 F. De Vadder et al., "Microbiota-Generated Metabolites Promote Metabolic Benefits via Gut-Brain Neural Circuits," Cell 156, no. 1–2 (January 16, 2014): 84–96, http://www.cell.com/cell/fulltext/S0092-8674(13)01550-X

2 M. Abou-Donia et al., "Splenda Alters Gut Microflora and Increases Intestinal P-Glyocoprotein and Cytochrome P-450 in Male Rats," Journal of Toxicology and Environmental Health. Part A 71, no. 21 (2008): 1415–1429, doi: 10.1080/15287390802328630 http://www.ncbi.nlm.nih.gov/pubmed/18800291

Part 6
케토채식을 시작하는 법

1 "What Are Proteins and What Do They Do?," https://ghr.nlm.nih.gov/primer/howgeneswork/protein

2 J. Anderson, "Measuring Breath Acetone for Monitoring Fat Loss: Review," Obesity (Silver Spring) 23, no. 12 (December 2015): 2327–2334, https://www.ncbi.nlm.nih.gov/pmc/articles/PMC4737348

3 Anderson, "Measuring Breath Acetone for Monitoring Fat Loss: Review."

4 P. Urbain, "Monitoring for Compliance with a Ketogenic Diet: What Is the Best Time of Day to Test for Urinary Ketosis?," Nutrition and Metabolism (London) 13 (2016): 77, https://www.ncbi.nlm.nih.gov/pmc/articles/PMC5097355

5 K. Borer et al., Medicine and Science in Sports Exercise 41, no. 8 (August 2009): 1606–1614, doi: 10.1249/MSS.0b013e31819dfe14, https://www.ncbi.nlm.nih.gov/pubmed/19568199

6 W. Fernando et al., "The Role of Dietary Coconut for the Prevention and Treatment of Alzheimer's Disease: Potential Mechanisms of Action," British Journal of Nutrition 114, no. 1 (July 14, 2015): 1–14, doi: 10.1017/S0007114515001452, https://www.ncbi.nlm.nih.gov/pubmed/25997382

7 Y. Liu and H. Wang, "Medium-Chain Triglyceride Ketogenic Diet, an Effective Treatment for Drug-Resistant Epilepsy and a Comparison with Other Ketogenic Diets," Biomedical Journal 26, no. 1 (January–February 2013): 9–15, doi: 10.4103/2319-4170.107154, https://www.ncbi.nlm.nih.gov/pubmed/23515148

8 M. McCarty and J. DiNicolantonio, "Lauric Acid-Rich Medium-Chain Triglycerides Can Substitute for Other Oils in Cooking Applications and May Have Limited Pathogenicity," Open Heart 3, no. 2 (July 27, 2016): e000467, doi: 10.1136/openhrt-2016-000467, https://www.ncbi.nlm.nih.gov/pubmed/27547436

Part 7
케토채식의 기술

1 M. Harvie et al., "The Effect of Intermittent Energy and Carbohydrate Restriction v. Daily Energy Restriction on Weight Loss and Metabolic Disease Risk Markers in Overweight Women," British Journal of Nutrition 110, no. 8 (October 2013): 1534–1547, doi: 10.1017/S0007114513000792, https://www.ncbi.nlm.nih.gov/pubmed/23591120

2 S. Aly, "Role of Intermittent Fasting on Improving Health and Reducing Diseases," International Journal of Health Sciences (Qassim) 8, no. 3 (July 2014): V–VI, https://www.ncbi.nlm.nih.gov/pmc/articles/PMC4257368

3 M. Bronwen et al., "Caloric Restriction and Intermittent Fasting: Two Potential Diets for Successful Brain Aging," Ageing Research Reviews 5, no. 3 (August 2006): 332–353, doi: 10.1016/; arr.2006.04.002, https://www.ncbi.nlm.nih.gov/pmc/articles/PMC2622429

4 S. Kumar and G. Kaur, "Intermittent Fasting Dietary Restriction Regimen Negatively Influences Reproduction in Young Rats: A Study of Hypothalamo-Hypophysial-Gonadal Axis," PLoS ONE 8, no. 1 (2013): e52416, https://doi.org/10.1371/journal.pone.0052416, http://journals.plos.org/plosone/article?id=10.1371/journal.pone.0052416

5 M. Wei et al., "Fasting-Mimicking Diet and Markers/Risk Factors for Aging, Diabetes, Cancer, and Cardiovascular Disease," Science Translational Medicine 9, no. 377 (February 15, 2017): eaai8700, doi: 10.1126/scitranslmed.aai8700

6 J. Goh et al., "Workplace Stressors & Health Outcomes: Health Policy for the Workplace," https://behavioralpolicy.org/articles/workplace-stressors-health-outcomes-health-policy-for-the-workplace

Bonus

식단표

이제 케토채식 레시피가 얼마나 맛있는지 알게 됐으니
케토채식의 하루가 어떻게 지나가는지 살펴보자.
추천 식단표에서 취향에 따라 메뉴를 빼거나 추가해도 좋다.
변화가 클수록 결과에 큰 영향을 미친다는 점을 언제나 염두에 두자.
간헐적 단식을 포함하면 주간 식단표의 형태도 달라진다.
식단표의 레시피는 1인분 기준이다.

Week 1

일요일	월요일	화요일
단백질 48g **순수 탄수화물** 29g **지방** 178g	**단백질** 59g **순수 탄수화물** 27g **지방** 175g	**단백질** 37g **순수 탄수화물** 29g **지방** 185g
아침 아스파라거스스크램블(P.194 참고) 케토커피 뜨거운 커피 1컵, 아몬드밀크(무가당) $\frac{1}{4}$컵, 헴프프로틴파우더 1큰술, 코코넛오일(정제) 1큰술을 믹서에 담고 거품이 생길 때까지 곱게 간다. **점심** 시금치샐러드(P.173 참고) 호두 구운 것 2큰술 **간식** 타히니딥 타히니 1$\frac{1}{2}$큰술, 올리브오일 1큰술, 레몬즙 2작은술, 소금 약간, 마늘가루 약간을 섞는다. 적당히 썬 오이 $\frac{1}{2}$컵을 곁들인다. **저녁** 콜리플라워스테이크(P.188 참고) 케일볶음 케일 1컵을 적당한 크기로 찢어서 올리브오일 2큰술과 함께 숨이 죽을 때까지 볶는다. 헴프시드 1큰술, 참깨 1작은술, 소금과 후추 약간씩을 뿌린다.	**아침** 말차라테(P.238 참고) 베리요구르트 견과류밀크 또는 코코넛밀크 요구르트(플레인, 무가당) 150g에 헴프프로틴파우더 1큰술을 섞는다. 생 블루베리 $\frac{1}{4}$컵과 생 라즈베리 $\frac{1}{4}$컵, 코코넛슬라이스 구운 것 2큰술, 헴프시드 1큰술을 올린다. **점심** 토마토올리브참치샐러드 생 시금치 1컵, 대추토마토 $\frac{1}{2}$컵, 오이 잘게 썬 것 $\frac{1}{4}$컵, 생 바질 $\frac{1}{4}$컵을 접시에 켜켜이 담고 올리브(칼라마타) 잘게 썬 것 $\frac{1}{4}$컵, 잣 구운 것 2큰술, 실파 초록 부분 송송 썬 것 1큰술을 뿌린다. 올리브오일 2큰술, 타히니 1큰술, 화이트와인식초 1큰술을 거품기로 곱게 섞어 뿌린다. 알바코어참치(캔) 56g의 물기를 제거하고 결대로 찢어서 올린다. **간식** 코코넛아몬드볼(P.246 참고) **저녁** 로메인아보카도달걀시저샐러드(P.210 참고)	**아침** 그린프리타타(P.214 참고) 아보카도 $\frac{1}{4}$개 **점심** 케밥 올리브오일 2큰술을 두른 팬에 4cm 크기로 썬 가지와 주키니를 $\frac{3}{4}$컵씩 넣은 뒤 중불에 5분 정도 볶은 다음 식힌다. 꼬치에 익힌 가지와 주키니, 방울토마토 6개, 올리브(초록) 6개를 골고루 끼운다. 아보카도마요네즈 3큰술, 올리브오일 1큰술, 디종머스터드 1작은술을 거품기로 잘 섞은 뒤 바질 다진 것 2큰술을 더해서 섞는다. 케밥과 함께 디핑소스를 곁들인다. **간식** 오이와 비건치즈스프레드 비건차이브크림치즈스프레드 $\frac{1}{3}$컵에 헴프프로틴파우더 1큰술을 섞는다. 오이 저민 것 $\frac{1}{2}$컵을 곁들인다. **저녁** 페스토주키니파스타(P.184 참고)

수요일 **단백질** 72g **순수 탄수화물** 28g **지방** 184g	목요일 **단백질** 50g **순수 탄수화물** 28g **지방** 178g	금요일 **단백질** 44g **순수 탄수화물** 25g **지방** 185g	토요일 **단백질** 39g **순수 탄수화물** 29g **지방** 190g
아침 치아푸딩브랙퍼스트볼 (P.196 참고)	**아침** 채소를 얹은 달걀프라이 기 4작은술을 두른 팬에 달걀 2개를 넣고 소금과 후추 약간씩으로 간한 뒤 달걀노른자가 원하는 상태가 되도록 익힌다. 올리브오일 1큰술을 두른 다른 팬에 어린 시금치잎 $\frac{3}{4}$컵과 실파 초록 부분 곱게 썬 것 1큰술을 넣고 30초 정도 볶는다. 달걀프라이 위에 채소를 올린다. 케토커피 뜨거운 커피 1컵, 아몬드밀크(무가당) $\frac{1}{4}$컵, 헴프프로틴파우더 1큰술, 코코넛오일(정제) 1큰술을 믹서에 담고 거품이 생길 때까지 곱게 간다.	**아침** 치즈아보카도구이와 달걀 아보카도 1개를 반으로 잘라 씨를 제거한다. 오븐팬에 알루미늄포일을 깔고 아보카도를 단면이 위로 오도록 얹어 소금과 후추를 뿌린다. 160℃의 오븐에서 8~10분 정도 굽는다. 카이트힐Kite Hill할라페뇨크림치즈스프레드 $\frac{1}{2}$컵을 얹어 1분 정도 더 익힌다. 달걀 1개를 완숙으로 삶고 껍질을 벗긴 뒤 소금과 후추로 가볍게 간한다.	**아침** 달걀근대스크램블 (P.201 참고) 말차라테(P.238 참고)
점심 오이래디시깍지완두콩샐러드 (P.220 참고)	**점심** 오이바질레터스랩 레터스잎(큰 것) 4장을 준비해서 2장씩 겹쳐 쌓는다. 생 바질 $\frac{1}{2}$컵, 오이 얇게 슬라이스한 것 $\frac{1}{2}$컵, 파프리카(빨강) 잘게 썬 것 $\frac{1}{4}$컵, 잣 구운 것 $\frac{1}{4}$컵, 헴프시드 2큰술을 양쪽에 나누어 얹고 검은 후추를 뿌린다. 비건차이브크림치즈스프레드 $\frac{1}{4}$컵을 나눠 얹고 돌돌 만다.	**점심** 리코타케일토마토구이 토마토(큰 것) 1개의 꼭지 부분을 잘라내고 과육과 씨는 파서 다른 요리에 사용한다. 케일 $\frac{2}{3}$컵을 적당한 크기로 찢어서 올리브오일 2큰술, 레몬즙 1작은술, 소금과 후추 약간씩을 뿌려 골고루 버무린다. 비건리코타치즈 $\frac{1}{2}$컵을 넣어 섞고 토마토에 채운다. 실파 초록 부분을 송송 썬 것 1큰술을 뿌린다. 올리브(초록) 6개를 곁들인다.	**점심** 토마토아보카도랩 선푸드(또는 누코) 브랜드의 코코넛랩 1장에 아보카도마요네즈 2큰술과 칠리파우더 $\frac{1}{8}$작은술을 섞은 소스를 바른다. 그 위에 로메인 1장, 토마토(작은 것) 슬라이스한 것 2개, 아보카도 슬라이스한 것 $\frac{1}{2}$개 분량, 올리브(검정) 송송 썬 것 2큰술을 얹고 돌돌 만다.
간식 딸기셰이크 생 시금치 1컵, 아몬드밀크(무가당) $\frac{3}{4}$컵, 생 딸기 슬라이스한 것 $\frac{3}{4}$컵, 얼음 $\frac{1}{2}$컵, 헴프프로틴파우더 2큰술, 아마씨오일 1큰술을 믹서에 넣어 곱게 간다. 취향에 따라 리퀴드스테비아를 몇 방울 섞어도 좋다. 호두 구운 것 $\frac{1}{3}$컵을 곁들인다.	**간식** 코코넛아몬드볼(P.246 참고) 아몬드밀크(무가당) 1컵	**간식** 마카다미아 구운 것 $\frac{1}{2}$컵	**간식** 코코넛믹스너트구이(P.244 참고)
저녁 연어구이와 브로콜리라브 (P.249 참고) 시금치샐러드 생 시금치 $1\frac{1}{2}$컵에 잣 구운 것 1큰술과 차이브 잘게 썬것 2작은술을 섞는다. 올리브오일 2큰술과 레몬즙 1큰술을 섞어서 만든 드레싱을 곁들인다.	**저녁** 비트채소구이(P.181 참고, 호두 구워서 잘게 썬 것 2큰술을 뿌린다) 아보카도 1개	**저녁** 훈제송어레터스랩 (P.256 참고)	**저녁** 속을 채운 주키니(P.172 참고) 시금치샐러드 시금치잎 $1\frac{1}{2}$컵에 헴프시드 2큰술, 잣 구운 것 1큰술, 차이브 송송 썬 것 2작은술을 섞는다. 올리브오일 2큰술에 레몬즙 1큰술을 섞어서 만든 드레싱을 뿌린다.

Week 2

일요일 **단백질** 37g **순수 탄수화물** 53g **지방** 191g	월요일 **단백질** 61g **순수 탄수화물** 32g **지방** 175g	화요일 **단백질** 45g **순수 탄수화물** 49g **지방** 176g
아침 코코넛을 얹은 베리크림파르페(P.195 참고) **점심** 봄채소양상추랩(P.158 참고) 훈제연어(무가당 56g) **간식** 마카다미아 구운 것 $\frac{1}{2}$컵 **저녁** 모로코식 채소타진(P.162 참고)	**아침** 딸기크림치즈랩 선푸드(또는 누코) 브랜드의 코코넛랩 1장에 비건크림치즈스프레드(플레인, 카이트힐) 2큰술을 바른다. 그 위에 아루굴라 $\frac{1}{2}$컵, 딸기 잘게 썬 것 $\frac{1}{4}$컵, 아몬드슬라이스 구운 것 3큰술을 얹고 돌돌 만다. 2.5cm 길이로 썬다. 케토커피 뜨거운 커피 1컵, 아몬드밀크(무가당) $\frac{1}{4}$컵, 헴프프로틴파우더 1큰술, 코코넛오일(정제) 1큰술을 믹서에 담고 거품이 생길 때까지 곱게 간다. **점심** 방울양배추샐러드(P.226 참고) 아몬드 구운 것 $\frac{1}{3}$컵 **간식** 토마토마요네즈소스와 아보카도튀김(P.242 참고) **저녁** 연어타코(P.262 참고)	**아침** 채소해시와 달걀프라이(P.218 참고) **점심** 양배추펜넬샐러드 양배추 채썬 것 1컵에 펜넬 곱게 채썬 것 $\frac{1}{2}$컵, 당근 굵게 채썬 것 $\frac{1}{4}$컵, 고수 다진 것 2큰술, 아보카도오일 2큰술, 사과주식초 1큰술, 소금 $\frac{1}{8}$작은술, 후추 약간을 넣고 골고루 버무린다. 아보카도 잘게 썬 것 $\frac{1}{2}$개 분량을 넣고 섞는다. **간식** 스피룰리나슈퍼스무디(P.237 참고) **저녁** 버터콜리플라워(P.175 참고) 시금치샐러드 시금치 $1\frac{1}{2}$컵에 방울토마토 4개, 헴프시드 2큰술, 실파 초록 부분 송송 썬 것 1큰술을 얹는다. 올리브오일 2큰술과 레몬즙 1큰술을 섞어서 만든 드레싱을 뿌린다.

	수요일	목요일	금요일	토요일
	단백질 42g **순수 탄수화물** 51g **지방** 175g	**단백질** 47g **순수 탄수화물** 52g **지방** 196g	**단백질** 98g **순수 탄수화물** 40g **지방** 154g	**단백질** 53g **순수 탄수화물** 47g **지방** 184g
아침	아보카도코코넛오이카나페 (P.202 참고) 말차라테(P.238 참고)	치즈를 얹어 구운 아보카도 아보카도 1개를 반으로 갈라 씨를 제거한다. 오븐팬에 알루미늄포일을 깔고 아보카도 단면이 위로 오도록 얹은 뒤 소금과 후추를 뿌린다. 160℃의 오븐에서 따뜻해질 때까지 8~10분 정도 굽고 할라페뇨크림치즈스프레드 $\frac{1}{2}$컵을 얹은 뒤 1분 정도 더 굽는다. 따뜻하게 먹는다.	케토시리얼 모둠견과류(무염 마카다미아, 가염 피스타치오, 피칸) 구워서 다진 것 $\frac{1}{2}$컵에 코코넛슬라이스 구운것 2큰술을 섞는다. 헴프시드 1큰술과 오렌지필 가늘게 채썬 것 1작은술을 더한다. 딸기 잘게 썬 것 $\frac{1}{4}$컵, 코코넛밀크(또는 아몬드밀크, 무가당) $\frac{1}{3}$컵과 함께 볼에 담는다.	버섯근대치즈오믈렛 (P.209 참고)
점심	견과류채소도시락 모둠견과류(피스타치오, 마카다미아, 아몬드) 구운 것 $\frac{1}{2}$컵, 오이 슬라이스한 것, 파프리카(또는 방울토마토) 길게 썬 것 $\frac{3}{4}$컵, 라즈베리 $\frac{1}{2}$컵, 올리브(초록) 6개, 생 비건치즈(송로버섯, 딜, 차이브 함유된 것) $\frac{1}{4}$컵	콜리플라워후무스랩 (P.192 참고) 호두 $\frac{1}{2}$컵	자몽아보카도참치샐러드 (P.254 참고)	토마토아보카도랩 선푸드(또는 누코) 브랜드의 코코넛랩 1장에 칠리파우더 $\frac{1}{8}$작은술을 섞은 아보카도마요네즈 2큰술을 바른다. 그 위에 로메인 1장, 토마토(작은 것) 슬라이스 2쪽, 아보카도 슬라이스 $\frac{1}{2}$개 분량, 올리브(검정) 송송 썬 것 2큰술을 얹고 돌돌 만다.
간식	코코넛라즈베리스무디 (P.235 참고)	달걀 2개 달걀은 완숙으로 삶아 껍데기를 벗기고 반으로 자른다. 달걀노른자를 꺼내 볼에 담고 아보카도마요네즈 2큰술, 후추 약간을 넣고 포크로 으깬 뒤 다시 달걀흰자에 담는다.	딸기셰이크 생 시금치 1컵, 아몬드밀크(무가당) $\frac{3}{4}$컵, 딸기 슬라이스한 것 $\frac{3}{4}$컵, 얼음 $\frac{1}{2}$컵, 헴프프로틴파우더 2큰술, 아마씨오일 2큰술을 믹서에 담고 곱게 간다. 취향에 따라 리퀴드스테비아를 몇 방울 섞어도 좋다.	아몬드 구운 것 $\frac{1}{3}$컵 생 블루베리 $\frac{1}{3}$컵
저녁	달걀을 채운 포르토벨로버섯 (P.215 참고) 레몬과 올리브를 곁들인 브로콜리구이(P.232 참고)	태국식 코코넛캐슈너트커리 (P.160 참고)	매콤한 시금치올리브프리타타피자(P.212 참고)	양송이버섯레드와인라구 (P.161 참고) 시금치샐러드 시금치 $1\frac{1}{2}$컵에 방울토마토 4개, 헴프시드 2큰술, 실파 초록 부분 송송 썬 것 1큰술을 섞는다. 올리브오일 2큰술에 레몬즙 1큰술을 섞은 드레싱을 두른다.

Week 3

일요일 **단백질** 40g **순수 탄수화물** 52g **지방** 167g	월요일 **단백질** 58g **순수 탄수화물** 40g **지방** 178g	화요일 **단백질** 45g **순수 탄수화물** 49g **지방** 176g
아침 채소해시와 달걀프라이 (P.218 참고) **점심** 코코넛버섯수프(P.190 참고) **간식** 타히니딥 타히니 1큰술, 레몬즙 2작은술, 올리브오일 1작은술, 소금 약간, 마늘 가루 약간을 섞는다. 길게 썬 파프리카 $\frac{3}{4}$컵을 곁들인다. **저녁** 가지구이와 비트타히니요구르트(P.174 참고) 케일샐러드 적당한 크기로 찢은 케일 $1\frac{1}{2}$컵에 참기름 2큰술, 코셔소금 $\frac{1}{8}$작은술을 뿌려서 숨이 죽을 때까지 버무린다. 화이트와인식초 1큰술을 넣고 섞는다. 오이 잘게 썬 것 $\frac{1}{4}$컵과 잣 구운 것 2큰술을 얹는다.	**아침** 요구르트와 베리 견과류밀크요구르트(또는 코코넛밀크요구르트, 플레인, 무가당) 1개(150g)와 헴프프로틴파우더 1큰술을 섞는다. 생 블루베리 $\frac{1}{4}$컵, 생 라즈베리 $\frac{1}{4}$컵, 코코넛슬라이스 구운 것 2큰술, 헴프시드 1큰술을 얹는다. 케토커피 뜨거운 커피 1컵, 아몬드밀크(무가당) $\frac{1}{4}$컵, 헴프프로틴파우더 1큰술, 코코넛오일(정제) 1큰술을 믹서에 담고 거품이 생길 때까지 곱게 간다. **점심** 코코넛라즈베리샐러드 (P.224 참고) 호두 구운 것 $\frac{1}{2}$컵 **간식** 과카몰리와 채소 잘 익은 아보카도 $\frac{1}{2}$개에 아보카도오일 1큰술, 라임즙 1큰술, 스피룰리나파우더 2작은술, 코셔소금 $\frac{1}{8}$작은술, 마늘 다진 것 $\frac{1}{2}$쪽 분량을 넣고 으깬다. 방울토마토 10개를 곁들인다. **저녁** 콜리플라워볶음밥 (P.206 참고)	**아침** 아스파라거스스크램블 (P.194 참고) 스피룰리나슈퍼스무디 (P.237 참고) **점심** 정어리토마토샐러드 (P.260 참고) **간식** 코코넛믹스너트구이 (P.244 참고) **저녁** 주키니버섯꼬치구이 (P.170 참고) 크림케일(P.228 참고)

수요일

단백질 52g
순수 탄수화물 47g
지방 165g

아침

말차라테(P.238 참고)

살사아보카도구이
오븐팬에 알루미늄포일을 깔고 씨를 제거한 아보카도 반쪽을 올린 뒤 소금과 후추를 뿌리고 160℃의 오븐에서 8~10분 정도 굽는다. 할라페뇨크림치즈스프레드 $\frac{1}{4}$컵을 얹고 1분 정도 더 굽는다. 살사 2큰술을 올려서 따뜻하게 먹는다.

점심

니수아즈샐러드랩
빕레터스 잎 4장을 2장씩 겹친다. 그린빈 찐 것 $\frac{1}{2}$컵, 대추토마토 반으로 자른 것 $\frac{1}{4}$컵, 참치통조림 물기를 제거하고 결대로 부순 것 56g, 완숙 달걀 저민 것 1개 분량, 니수아즈 잘게 썬 것(또는 올리브) 2큰술, 샬롯 다진 것 1큰술을 골고루 섞는다. 빕레터스 잎 위에 나눠 담는다. 올리브오일 2큰술, 레몬즙 1큰술, 디종머스터드 $\frac{1}{2}$작은술을 섞어서 드레싱을 만든다. 샐러드 위에 드레싱을 골고루 뿌린 뒤 돌돌 만다.

간식

코코넛라즈베리스무디(P.235 참고)

저녁

채소구이와 올리브바질페스토(P.178 참고)

케일칩(P.245 참고)

목요일

단백질 68g
순수 탄수화물 44g
지방 166g

아침

치즈를 얹은 구운 아보카도
아보카도 1개를 반으로 갈라 씨를 제거한다. 오븐팬에 알루미늄포일을 깔고 아보카도 단면이 위로 오도록 올린 뒤 소금과 후추를 뿌린다. 160℃의 오븐에서 8~10분 정도 굽고 할라페뇨크림치즈스프레드 $\frac{1}{2}$ 컵을 얹은 뒤 1분 정도 더 익힌다.

점심

아보카도와 비트치즈바질카프레제(P.182 참고)

간식

딸기아보카도스무디(P.236 참고)
마카다미아 2큰술

스무디는 갈기 전에 헴프프로틴파우더 2큰술을 추가한다.

저녁

메기포보이랩과 셀러리악슬로(P.255 참고)

금요일

단백질 47g
순수 탄수화물 50g
지방 175g

아침

채소를 얹은 달걀프라이
기 4작은술을 두른 팬에 달걀 2개를 넣고 소금과 후추로 간한 뒤 달걀노른자가 원하는 상태가 되도록 익힌다. 올리브오일 1큰술을 두른 다른 팬에 한 입 크기로 썬 파프리카 $\frac{1}{2}$컵을 넣고 3분 정도 볶는다. 어린 시금치잎 $\frac{3}{4}$컵과 실파 초록 부분 송송 썬 것 1큰술을 넣고 섞는다. 익힌 채소를 달걀프라이 위에 얹는다.

점심

달걀샐러드를 채운 아보카도
씨를 제거한 아보카도 반쪽에서 과육 1큰술을 도려낸다. 도려낸 아보카도 과육에 아보카도마요네즈 1큰술을 넣고 으깬다. 완숙으로 삶은 달걀 다진 것 1개 분량, 시금치 다진 것 $\frac{1}{2}$컵, 파프리카(빨강) 다진 것 2큰술, 실파 초록 부분 송송 썬 것 1큰술을 넣고 섞는다. 과육을 도려낸 아보카도 반쪽에 달걀믹스를 채우고 소금과 후추를 약간씩 뿌린다.

간식

코코넛라즈베리스무디(P.235 참고, 헴프시드 1큰술을 뿌린다)
아몬드 구운 것 $\frac{1}{4}$컵

저녁

멕시코식 케일엔칠라다(P.165 참고)

토요일

단백질 51g
순수 탄수화물 38g
지방 182g

아침

비트아보카도자몽과 적양파피클(P.204 참고)
피칸 구운 것 $\frac{1}{4}$컵

점심

아보카도케일샐러드
케일 적당하게 자른 것 2컵에 올리브오일 3큰술, 코셔소금 $\frac{1}{4}$작은술, 후추 $\frac{1}{8}$작은술을 넣고 숨이 죽을 때까지 버무린다. 라임즙 1큰술을 넣고 다시 버무린다. 아보카도 슬라이스한 것 $\frac{1}{2}$개 분량, 파프리카(빨강) 길게 썬 것 $\frac{1}{4}$컵, 훈제연어(무가당) 결대로 썬 것 56g, 헴프시드 2큰술을 얹는다.

간식

달걀 2개
삶은 달걀을 반으로 자르고 달걀노른자를 꺼내 작은 볼에 담는다. 아보카도마요네즈 2큰술과 후추 약간을 넣고 포크로 으깨어 섞은 뒤 다시 달걀에 담는다.

저녁

콜리플라워피자(P.187 참고)

Week 4

일요일 **단백질** 64g **순수 탄수화물** 40g **지방** 175g	월요일 **단백질** 69g **순수 탄수화물** 44g **지방** 161g	화요일 **단백질** 43g **순수 탄수화물** 52g **지방** 174g
아침 달걀근대스크램블(P.201 참고) 딸기셰이크 생 시금치 1컵, 아몬드밀크(무가당) $\frac{3}{4}$컵, 생 딸기 슬라이스한 것 $\frac{3}{4}$컵, 얼음 $\frac{1}{2}$컵, 헴프프로틴파우더 2큰술, 아마씨오일 1큰술을 믹서에 담고 곱게 간다. 취향에 따라 리퀴드스테비아를 몇 방울 섞어도 좋다.	**아침** 연어달걀스크램블(P.200 참고) 말차라테(P.238 참고)	**아침** 코코넛을 얹은 베리크림파르페(P.195 참고)
점심 라임피시소스의 방울양배추구이(P.230 참고)	**점심** 동양식 양배추버섯수프(P.167 참고) 호두 $\frac{1}{3}$컵	**점심** 오이바질랩 선푸드(또는 누코) 브랜드의 코코넛랩 1장에 비건차이브크림치즈스프레드 2큰술을 바른다. 생 시금치잎 $\frac{1}{4}$컵, 생 바질 $\frac{1}{4}$컵, 오이 얇게 슬라이스한 것 $\frac{1}{4}$컵, 파프리카(빨강) 잘게 썬 것 2큰술, 잣 구운 것 2큰술, 헴프시드 1큰술을 얹고 후추를 뿌린 뒤 돌돌 만다.
간식 토마토마요네즈소스와 아보카도튀김(P.242 참고)	**간식** 비건크림치즈와 오이 비건차이브크림치즈스프레드 $\frac{1}{3}$컵, 헴프파우더 1큰술을 섞은 것을 오이 슬라이스한 것 $\frac{1}{2}$컵과 곁들인다.	**간식** 아몬드 구운 것 $\frac{1}{3}$컵 생 블루베리 $\frac{1}{4}$컵
저녁 자몽샐러드와 넙치구이(P.252 참고) 새콤한 올리브그린빈볶음(P.231 참고)	**저녁** 코코넛채소볶음과 콜리플라워밥(P.168 참고)	**저녁** 토마토올리브케이퍼소스에 익힌 달걀(P.216 참고) 시금치샐러드 시금치 1컵, 아루굴라 $\frac{1}{2}$컵, 파프리카 잘게 썬 것 2큰술, 호두 구워서 다진 것 2큰술을 섞는다. 올리브오일 2큰술에 화이트와인식초 1큰술을 섞어서 만든 드레싱을 두른다.

수요일	목요일	금요일	토요일
단백질 47g **순수 탄수화물** 45g **지방** 180g	**단백질** 61g **순수 탄수화물** 39g **지방** 172g	**단백질** 59g **순수 탄수화물** 49g **지방** 164g	**단백질** 41g **순수 탄수화물** 51g **지방** 176g
아침 에그카도(P.198 참고)	**아침** 케토시리얼 모둠견과류(무염 마카다미아, 가염 피스타치오, 피칸) 구워서 다진 것 $\frac{1}{2}$컵에 코코넛슬라이스 구운것 2큰술을 섞는다. 헴프시드 1큰술과 오렌지필 가늘게 채썬 것 1작은술을 더한다. 딸기 잘게 썬 것 $\frac{1}{4}$컵, 코코넛밀크(또는 아몬드밀크, 무가당) $\frac{1}{3}$컵과 함께 볼에 담는다. 케토커피 뜨거운 커피 1컵, 아몬드밀크(무가당) $\frac{1}{4}$컵, 헴프프로틴파우더 1큰술, 코코넛오일(정제) 1큰술을 믹서에 담고 거품이 생길 때까지 곱게 간다.	**아침** 그린프리타타(P.214 참고) 딸기아보카도스무디(P.236 참고)	**아침** 딸기크림치즈랩 선푸드(또는 누코) 브랜드의 코코넛랩 1장에 비건크림치즈스프레드(플레인, 카이트힐) 2큰술을 바른다. 그 위에 아루굴라 $\frac{1}{2}$컵, 딸기 잘게 썬 것 $\frac{1}{4}$컵, 아몬드슬라이스 구운 것 3큰술을 얹고 돌돌 만다. 2.5cm 길이로 썬다.
점심 비트칩샐러드(P.176 참고) 헴프시드 2큰술을 뿌린다.	**점심** 훈제송어레터스랩(P.256 참고)	**점심** 참깨레몬펜넬오이슬로(P.223 참고) 알바코어참치(캔) 85g 참치를 꺼내 물기를 제거하고 잘게 찢은 뒤 오이슬로와 함께 먹는다.	**점심** 이탈리아식 콜리플라워쌀수프(P.166 참고) 케일칩(P.245 참고)
간식 달걀 2개 삶은 달걀을 반으로 자르고 달걀노른자를 꺼내서 작은 볼에 담는다. 아보카도마요네즈 2큰술과 후추 약간을 넣고 포크로 으깨어 섞은 뒤 다시 달걀에 담는다.	**간식** 그린스무디 아몬드밀크(무가당), 근대잎(또는 시금치) 손질해서 찢은 것 $\frac{3}{4}$컵, 자몽 과육만 발라낸 것 $\frac{1}{2}$컵, 얼음 $\frac{1}{2}$컵, 헴프프로틴파우더 2큰술을 믹서에 담고 곱게 간다.	**간식** 타히니딥 타히니 2큰술, 레몬즙과 올리브오일 1큰술, 소금 약간, 마늘가루 약간을 볼에 넣고 골고루 섞은 뒤 파프리카 길게 썬 것 $\frac{3}{4}$컵을 곁들인다.	**간식** 마카다미아 구운 것 $\frac{1}{3}$컵 생 라즈베리 $\frac{1}{4}$컵
저녁 잣과 바질을 곁들인 국수호박스파게티(P.164 참고) 샐러드 오이 얇게 슬라이스한 것 $\frac{1}{2}$컵과 적양파 얇게 슬라이스한 것 1큰술을 섞는다. 견과류밀크요구르트(또는 코코넛밀크요구르트, 플레인, 무가당) 2큰술, 올리브오일 2작은술, 화이트와인식초 2작은술, 코셔소금 $\frac{1}{8}$작은술을 거품기로 골고루 섞어 드레싱을 만든 뒤 오이, 적양파에 넣어 버무린다.	**저녁** 양배추볶음과 달걀피망찜(P.208 참고) 시금치샐러드 시금치 1컵, 아루굴라 $\frac{1}{2}$컵, 파프리카 잘게 썬 것 2큰술, 호두 구워서 다진 것 2큰술을 섞는다. 올리브오일 2큰술에 화이트와인식초 1큰술을 섞어서 만든 드레싱을 두른다.	**저녁** 콜리플라워타코(P.180 참고)	**저녁** 로메인아보카도달걀시저샐러드(P.210 참고)

케토채식

1판 1쇄 발행 2020년 1월 20일
1판 4쇄 발행 2021년 10월 26일

지은이 닥터 윌 콜
옮긴이 정연주
편집인 김옥현

디자인 백주영
마케팅 정민호 박보람 김수현
홍보 김희숙 이미희 함유지 김현지 이소정
저작권 김지영 이영은 김하림
제작 강신은 김동욱 임현식
제작처 영신사

펴낸곳 (주)문학동네
펴낸이 염현숙
출판등록 1993년 10월 22일 제406-2003-000045호
임프린트 **테이스트**북스 **taste** BOOKS

주소 10881 경기도 파주시 회동길 210
문의전화 031)955-8895(마케팅), 031)955-2693(편집)
팩스 031)955-8855
전자우편 selina@munhak.com

ISBN 978-89-546-7029-6 13590

• 테이스트북스는 출판그룹 문학동네의 임프린트입니다. 이 책의 판권은 지은이와 테이스트북스에 있습니다.
이 책 내용의 전부 또는 일부를 재사용하려면 반드시 양측의 서면 동의를 받아야 합니다.

www.munhak.com